# 冶金工程概论

张训鹏　主编

中南大学出版社
www.csupress.com.cn
·长沙·

# 前　言

　　本书是按照高等学校冶金工程专业学科目录和冶金工程概论教学大纲编写的规划教材。

　　本书主要介绍了钢铁和主要有色金属(铜、铝、锌、钨等)的提取冶金过程的基本原理、工艺特点和基本工艺流程。通过学习，学生对冶金(包括火法、湿法和电冶金)生产过程有一个全面而概括的了解，初步掌握冶金的基本知识，为进一步学习冶金学理论和生产工艺打下必要的专业基础。除此之外，本书还简要介绍了金属分类，主要金属的性质、用途、资源状况、生产方法、近年来的世界产量和价格，以及发展我国冶金工业的基本国情等方面的内容。因此它可作为非冶金专业，尤其是冶金相关专业的普通冶金学教材，对从事冶金行业的管理人员也是一本实用的专业参考书。

　　本书由张训鹏(第1~6章)、贺庆元(第7章)、邓汝富(第8章)编写，由张训鹏任主编。本书由中南工业大学郭遂、彭容秋、李洪桂和龙远志四位教授审阅并提出了宝贵意见，谨此表示衷心感谢。

　　由于编者水平所限，书中错误和缺点难以避免，敬请读者批评指正。

编　者

1998 年 6 月

# 目　录

# 第1章　绪　论

## 1.1　金属及其分类

通常把元素周期表中具有光亮的金属光泽，很高的导热、导电性及良好的延展加工性的化学元素称为金属元素。

在目前已知的 109 种元素中，对于其中的 93 种金属元素(尚有一部分未在工业上应用)各国有不同的分类方法。有的分为铁金属和非铁金属两大类：铁金属系指铁和铁基合金，其中包括生铁、铁合金和钢；非铁金属则指铁及铁合金以外的金属元素。有的分为黑色金属和有色金属两大类。我国采用后一种分类方法，即将铁、铬、锰列入黑色金属，因为铬和锰的生产与铁及铁合金关系密切；将铁、铬、锰以外的金属列入有色金属。可见，我们所指的黑色金属即铁金属，有色金属即非铁金属。

在提取冶金工业中，通常按密度大小、矿物原料富集程度、发现的早晚以及用途和价格又将有色金属分为：轻金属、重金属、稀有金属及贵金属四大类，见图 1-1。

顾名思义，轻金属与重金属的区别在于其密度，轻金属的密度均在 4.5 $g/cm^3$ 以下，例如，铝(2.7)、镁(1.74)；重金属的密度均在 6 $g/cm^3$ 以上，例如，锑(6.62)、锌(7.14)、铜(8.95)、铅(11.34)、汞(14.2)。这两类有色金属的化学性质也有较大差异，轻金属比重金属化学性质活泼，提取比较困难。在我国惯常所说的 10 种常用有色金属(铝、铜、锌、铅、镍、镁、锡、锑、钛、汞)中就有 9 种是重金属和轻金属，因其产量大、用途广、价格低，又称常用有色金属或贱金属。

贵金属因其价格比一般常用金属昂贵而得名，如金、银和铂族金属等，它们与其它金属的区别还在于其化学活性很低，例如它们不与氧直接起反应，故又称惰性金属。

至于稀有金属，在目前已知的 93 种金属元素中约占 60 种(有的尚未在工业上应用)。这类金属中有的地壳丰度小，天然资源少；有的地壳丰度虽大，但赋存状态分散，不容易被经济地提取；有的在物理化学性质上近似而不容易分离成单一金属。这些金属因过去制取和使用得很少，故得名为稀有金属。稀有金属开发较晚。第二次世界大战以来，由于新技术的发展，需求量的增大，稀有金属的研究和应用得到迅速发展，冶金新工艺不断出现，生产量也逐渐增多。稀有金属所包括的金属也在变化，如钛在现代技术中应用日益广泛，产量增多，所以有时也被列入轻金属。

稀有金属根据各种元素的物理化学性质、赋存状态、生产工艺以及其它一些特征，又分为稀有轻金属、稀有高熔点金属、稀有分散性金属(稀散金属)、稀土金属和稀有放射性金属等五类。稀有轻金属，如锂、铍等，其特点是密度小，如锂的密度为 0.53 $g/cm^3$；稀有高熔点

金属
├ 黑色金属
│　铬 锰 铁
│　Cr Mn Fe
└ 有色金属
　├ 轻金属
　│　钠 镁 铝 钾
　│　Na Mg Al K
　│　钙 锶 钡
　│　Ca Sr Ba
　├ 重金属
　│　钴 镍 铜 锌 镉
　│　Co Ni Cu Zn Cd
　│　锡 锑 汞 铅 铋
　│　Sn Sb Hg Pb Bi
　├ 稀有金属
　│　├ 稀有轻金属
　│　│　锂 铍
　│　│　Li Be
　│　│　铷 铯
　│　│　Rb Sr
　│　├ 稀有高熔点金属
　│　│　钛 钒 锆 铌
　│　│　Ti V Zr Nb
　│　│　钼 铪 钽 钨
　│　│　Mo Hf Ta W
　│　├ 稀有分散性金属
　│　│　镓 锗 铟 铼
　│　│　Ga Ge In Re
　│　│　铊 硒 碲
　│　│　Tl Se Te
　│　├ 稀土金属
　│　│　钪(Sc)钇
　│　│　(Y)及元素
　│　│　周期表中57
　│　│　~71号的镧
　│　│　系金属
　│　└ 稀有放射性金属
　│　　　锝(Tc)钋(Po)
　│　　　钫(Fr)镭(Ra)
　│　　　及元素周期表
　│　　　中89~103号
　│　　　的锕系
　└ 贵金属
　　　钌 铑 钯 银
　　　Ru Rh Pd Ag
　　　锇 铱 铂 金
　　　Os Ir Pt Au

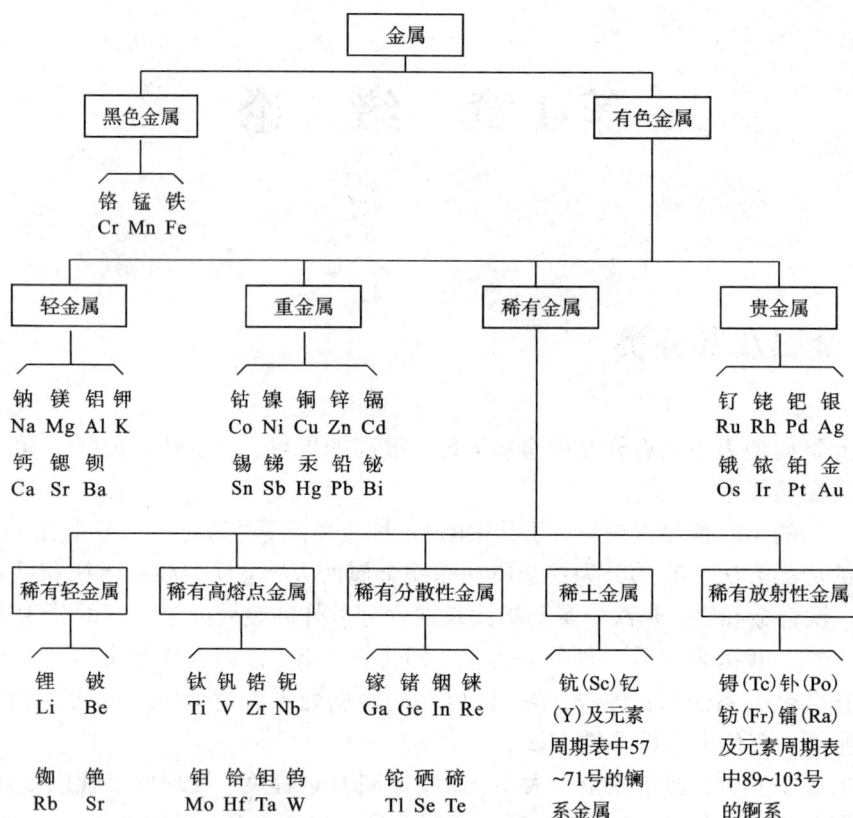

图 1-1　金属的分类

金属的特点是熔点都很高,如钛的熔点为 1660 ℃,钨的熔点为 3400 ℃;稀散金属,如铟、锗、镓、铊等,这一类金属在地壳中几乎是平均分布的,没有单独的矿物,更没有单一的矿床,它们经常以微量杂质形态存在于其它矿物的晶格中;稀土金属包括镧系元素和与之化学性质近似的钪和钇共 17 个元素。"稀土"是从 19 世纪沿用下来的名称,实际上稀土并不是土,能制得典型的单一金属;稀土也并不稀少,地壳中含量比铅、锌、锡、钼、钨和贵金属多几十倍或几百倍。稀土金属的物理性质和化学性质非常相近,相互间差别很小,所以在矿石原料中,稀土金属总是相互伴生的;也正因为稀土金属性质相近,所以提取各种单独的纯稀土金属或单个的纯稀土化合物都是相当困难的。稀有放射性金属包括各种天然放射性元素钋、镭、锕及锕系元素,其特点是具有放射性。稀有放射性金属习惯上不被视为普通提取冶金的对象。

## 1.2　金属产量和价格

众所周知,钢铁的产量特别大,而有色金属中的铝、铜、锌、铅等次之。大量生产的金属价格较低,如钢是最便宜的金属;反之,如铂族金属,产量很少,价格却昂贵。

世界主要金属的产量及其单价如图 1-2 所示。二者的关系大体上可用一圆滑的曲线表示，其中，金、银等金属除稀少之外，还具有作为稀贵金属的特殊价值。据 1996 年世界资料统计，铜、铝、铅、锌、镍、锡、金、银等 8 种有色金属的产量虽仅为钢产量（7.5 亿 t）的 6.4%，但其产值则达到钢产值的 50% 以上。有色金属和黑色金属相辅相成，共同构成现代金属材料体系。

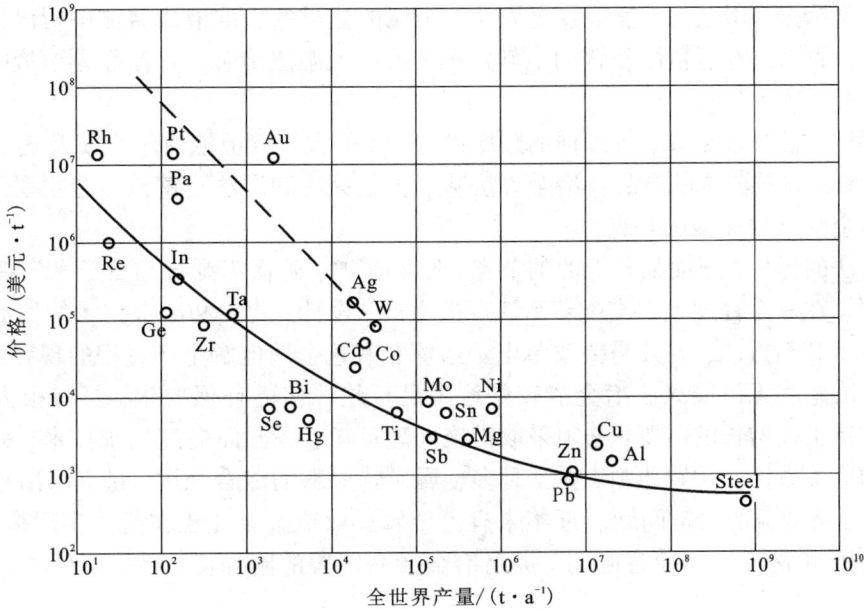

图 1-2　主要金属的产量与价格（1996 年）

## 1.3　冶金和冶金方法

冶金是一门研究如何经济地从矿石或精矿或其它原料中提取金属或金属化合物，并用各种加工方法制成具有一定性能的金属材料的科学。

广义的冶金包括矿石的开采、选矿、冶炼和金属加工。由于科学技术的进步和工业的发展，采矿、选矿和金属加工已各自形成独立的学科。狭义的冶金是指矿石或精矿的冶炼，即提取冶金。

从矿石或精矿提取金属（包括金属化合物）的生产过程称为提取冶金。由于这些生产过程伴有化学反应，又称为化学冶金；它研究火法冶炼、湿法提取或电化学沉积等各种过程的原理、流程、工艺及设备，故又称过程冶金学。习惯上把过程冶金学简称为冶金学。

冶金的方法很多，可归结为以下三种方法：

（1）火法冶金　它是指在高温下矿石或精矿经熔炼与精炼反应及熔化作业，使其中的金属与脉石和杂质分开，获得较纯金属的过程。整个过程一般包括原料准备、熔炼和精炼三个工序。过程所需能源主要靠燃料燃烧供给，也有依靠过程中的化学反应热来提供的。

（2）湿法冶金　它是在常温（或低于100℃）、常压或高温（100~300℃）高压下，用溶剂处理矿石或精矿，使所要提取的金属溶解于溶液中，而其它杂质不溶解，然后再从溶液中将金属提取和分离出来的过程。由于湿法冶金的绝大部分溶剂为水溶液，故也称水法冶金。该方法主要包括浸出、分离、富集和提取等工序。

（3）电冶金　它是利用电能提取和精炼金属的方法。按电能利用形式可分为两类：

①电热冶金：利用电能转变成热能，在高温下提炼金属，本质上与火法冶金相同。

②电化学冶金：用电化学反应使金属从含金属的盐类的水溶液或熔体中析出，前者称为水溶液电解，如铜的电解精炼和锌的电解沉积，可归入湿法冶金；后者称为熔盐电解，如电解铝，可列入火法冶金。

采用哪种方法提取金属，按怎样的顺序进行，在很大程度上取决于金属及其化合物的性质、所用的原料以及要求的产品。冶金方法基本上是火法和湿法。钢铁冶金主要用火法，而有色金属冶金则火法和湿法兼有。

冶金方法的采用，正面临着能源的节省、环境保护、矿物资源日趋贫乏和资源综合利用等紧迫问题。在一定程度上它支配着冶炼厂的生产、设计、建厂和冶金技术的发展。节约能源依靠新技术和新方法，尤其是要改革电炉熔炼和有色金属电解生产过程的现有工艺，降低电耗。湿法冶金和无污染火法冶金能较好地满足日趋严格的环保要求，具有很大的发展前景。为了维持工业增长的需要，必须采取措施处理贫矿，一方面提高选矿技术，另一方面研究更有效的冶炼方法。矿物原料，尤其是多金属矿物原料的综合利用，是提取冶金降低生产成本，提高经济效益的关键问题。近年来有色金属提取冶金企业正在努力实现多产品经营，并把金属生产和材料加工结合起来，提高冶金产品销售的附加值，借以降低主金属的冶炼成本。

从废金属和含金属的废料中回收金属对于扩大金属资源，降低金属生产能耗，减少环境污染有极其重要的意义和经济效益。常把金属废料称为二次原料以区别于矿物原料；把产出的金属产品称为再生金属以区别于矿产金属。近年来再生金属的产量在有色金属的消费量中已占有很高的比例，例如铜、铝、铅、锌等再生金属产量已占其金属总消费量的30%~50%。同样，炼钢厂所产钢量有35%左右是由返回的废钢铁炼出来的。再生金属工业已成为冶金工业的重要部分。

冶金和其他学科领域一样，涉及的范围很广，它与化学、物理化学、热工、化工、机械、仪表、计算机等有极其密切的关系。冶金学不断地吸收上述基础学科和相关学科的新成就，指导着生产技术向广度和深度发展，而冶金生产工艺的发展又会对冶金学的充实、更新和发展提供不尽的源流和推动力。

## 1.4　冶金工艺流程和冶金过程

黑色金属矿石的冶炼，一般情况下矿石的成分比较单一，通常采用火法冶金的方法进行处理，即使有的矿石较为复杂，通过火法冶金之后，也能促使其伴生的有价金属进入渣中，再进行处理，如高炉冶炼用钒钛磁铁矿就属于这种类型。

有色金属矿石的冶炼，由于其矿石或精矿的矿物成分极其复杂，含有多种金属矿物，不仅要提取或提纯某种金属,还要考虑综合回收各种有价金属,以充分利用矿物资源和降低生产费用。因此,考虑冶金方法时,要用两种或两种以上的方法才能完成。

由矿石或精矿提取和提纯金属不是一步可以完成的,需要分为若干个阶段才能实现,但各个阶段的冶炼方法和使用的设备都不尽相同。各阶段过程间的联系及其所获得的产品(包括中间产物)间流动线路图就称为某一种金属的冶炼工艺流程图。例如,钢铁冶金和湿法炼锌的工艺流程简图如图1-3所示。根据表示内容的不同,工艺流程图可分为设备连接图、原则流程图和数质量流程图。设备连接图是表示冶炼厂主要设备之间联系的图;原则流程图是表示各阶段作业间联系的图;数质量流程图则是表示各阶段作业所获产物的数量和质量情况的图。

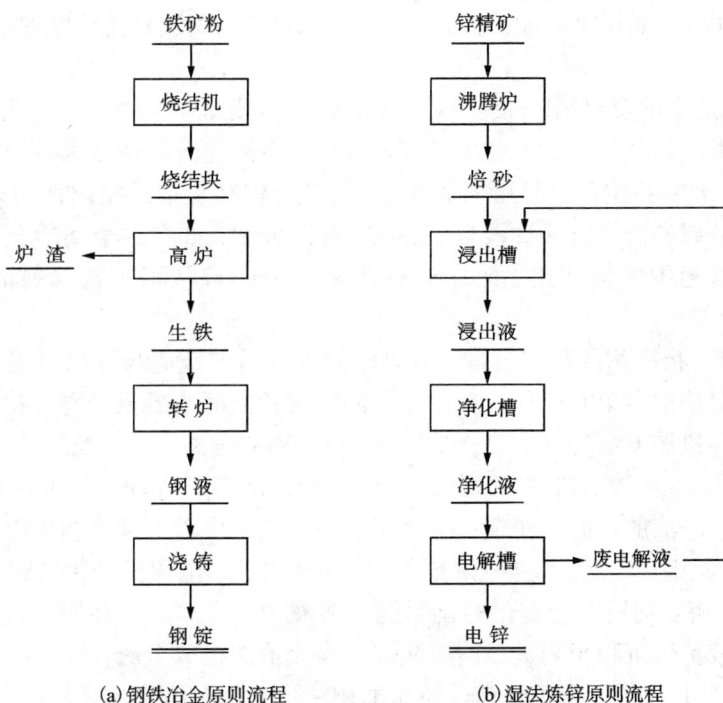

(a)钢铁冶金原则流程　　　　　　(b)湿法炼锌原则流程

图1-3 冶炼工艺流程图实例

从钢铁冶金和湿法炼锌的工艺流程图可知,一种金属的冶炼工艺流程包括多个冶炼阶段,而每一个冶炼阶段可能是火法、湿法或电化学冶金的过程。所以,通常把每一个冶炼阶段称为冶金过程。如高炉炼铁是一火法冶金过程,锌焙砂浸出是一湿法冶金过程,而净化液电积则为电化学冶金过程。

冶金工艺过程包括许多单元操作和单元过程。本节重点介绍几个单元冶金过程:

(1)焙烧:是指将矿石或精矿置于适当的气氛下,加热至低于它们的熔点温度,发生氧化、还原或其它化学变化的过程。其目的是改变原料中提取对象的化学组成,满足熔炼或浸出的要求。焙烧过程按控制气氛的不同,可分为氧化焙烧、还原焙烧、硫酸化焙烧、氯化焙烧等。

(2)煅烧:是指将碳酸盐或氢氧化物的矿物原料在空气中加热分解,除去二氧化碳或水分变成氧化物的过程，煅烧也称焙解，如石灰石煅烧成石灰，作为炼钢熔剂；氢氧化铝煅烧成氧化铝，作为电解铝原料。

（3）烧结和球团：将粉矿或精矿经加热焙烧，固结成多孔状或球状的物料，以适应下一工序熔炼的要求。例如，烧结是铁矿粉造块的主要方法；烧结焙烧是处理铅锌硫化精矿使其脱硫并结块的鼓风炉熔炼前的原料准备过程。

（4）熔炼：是指将处理好的矿石、精矿或其它原料，在高温下通过氧化还原反应，使矿物原料中金属组分与脉石和杂质分离为两个液相层即金属（或金属锍）液和熔渣的过程，也叫冶炼。熔炼按作业条件可分为还原熔炼、造锍熔炼和氧化吹炼等。

（5）火法精炼：在高温下进一步处理熔炼、吹炼所得含有少量杂质的粗金属，以提高其纯度。如熔炼铁矿石得到生铁，再经氧化精炼成钢；火法炼锌得到粗锌，再经蒸馏精炼成纯锌。火法精炼的种类很多，如氧化精炼、硫化精炼、氯化精炼、熔析精炼、碱性精炼、区域精炼、真空冶金、蒸馏等。

（6）浸出：用适当的浸出剂（如酸、碱、盐等水溶液）选择性地与矿石、精矿、焙砂等矿物原料中金属组分发生化学作用，并使之溶解而与其他不溶组分初步分离的过程。目前，世界上大约15%的铜、80%以上的锌、几乎全部的铝、钨、钼都是通过浸出而与矿物原料中的其它组分得到初步分离的。浸出又称浸取、溶出、湿法分解，如在重金属冶金中常称浸出、浸取等，在轻金属冶金中常称溶出，而在稀有金属冶金中常常将矿物原料的浸出称为湿法分解。

（7）液固分离：将矿物原料经过酸、碱等溶液处理后的残渣与浸出液组成的悬浮液分离成液相与固相的湿法冶金单元过程。在该过程的固液相之间一般很少再有化学反应发生，主要是用物理方法和机械方法进行分离，如重力沉降、离心分离、过滤等。

（8）溶液净化：将矿物原料中与欲提取的金属一道溶解进入浸出液的杂质金属除去的湿法冶金单元过程。净液的目的是使杂质不至于危害下一工序对主金属的提取。其方法多种多样，主要有结晶、蒸馏、沉淀、置换、溶剂萃取、离子交换、电渗析和膜分离等。

（9）水溶液电解：利用电能转化的化学能使溶液中的金属离子还原为金属而析出，或使粗金属阳极经溶液精炼沉积于阴极。前者从浸出净化液中提取金属，故又称电解提取或电解沉积（简称电积），也称不溶阳极电解，如铜电积、锌电积；后者以粗金属为原料进行精炼，常称电解精炼或可溶阳极电解，如粗铜、粗铅的电解精炼。

（10）熔盐电解：即利用电热维持熔盐所要求的高温，又利用直流电转换的化学能自熔盐中还原金属，如铝、镁、钠、钽、铌的熔盐电解生产。

在考虑某种金属的冶炼工艺流程及确定冶金单元过程时，应注意分析原料条件（包括化学组成、颗粒大小、脉石和有害杂质等），冶炼原理，冶炼设备，冶炼技术条件，产品质量和技术经济指标等。另外，还应考虑水电供应、交通运输等辅助条件。其总的要求（或原则）是过程越少越好，工艺流程越短越好。

由于冶金原料成分的复杂性，使用的冶金设备也是多种多样的，如火法冶金中的烧结机、沸腾炉、闪速炉、转炉、回转窑、反射炉、鼓风炉、电炉等。湿法冶金中有各种形式的电解槽和各种反应器。除此以外，还有收尘设备、液固分离设备。这些设备的使用选择，同样决定着冶金过程的效果，甚至是冶金能否取得成功的关键。

需要提及的是，冶炼金属的工艺流程，除了提取提纯金属以外，还要同时回收伴生有价金属，重视三废(废气、废渣、废液)治理和综合利用等方面的问题。因此，完整的工艺流程是很复杂的，所包含的冶金过程也是很多的。

## 1.5 冶金工业在国民经济中的地位和作用

冶金工业是整个原材料工业体系中的重要组成部分，它与能源工业和交通运输业一样，是构成国民经济的基础产业。材料是人类社会发展的物质基础和先导，没有金属材料便没有人类的物质文明。国民经济各个部门都离不开金属材料。目前，尽管陶瓷材料、高分子材料和复合材料发展很快，但是金属材料在今后很长时间内仍将占主导地位。

钢铁是用途最广泛的金属材料。人类使用的金属中，铁和钢占90%以上。人们的生活离不开钢铁，人们从事生产或其他活动所用的工具和设施也都要使用钢铁。钢铁产量往往是衡量一个国家工业化水平和生产能力的重要标志，钢铁的质量和品种对国民经济的其他工业部门产品的质量都有着极大的影响。

我国1997年生铁的产量为11374万t，钢10757万t，是目前世界上钢铁产量最大的国家。在今后，我国的钢铁工业将以提高质量、扩大品种、降低成本和节约原材料及能源为中心，进一步发展现代化钢铁冶炼技术。

世界有色金属的产量虽然只占钢产量的7%左右(我国目前只占4.8%)，但有色金属由于具有许多特殊的优良性能，例如它们分别具有导电、导热性好，密度小，化学性能稳定，耐热、耐酸碱和耐腐蚀，工艺性能好等特点，是电气、机械、化工、电子、通讯、轻工、仪表、航天等工业部门不可缺少的材料，也是其它材料所不能代替的材料。

当今国际社会公认，能源技术、信息技术和材料技术是人类现代文明的三大支柱。占元素周期表中约70%的有色金属及其相关元素是当今高科技发展必不可少的新材料的重要组成部分。飞机、导弹、火箭、卫星、核潜艇等尖端武器以及原子能、电视、通讯、雷达、电子计算机等尖端技术所需的构件或部件大都是由有色金属中的轻金属和稀有金属制成的。此外，没有镍、钴、钨、钼、钒、铌、稀土元素等有色金属，也就没有合金钢的生产发展。有色重金属和轻金属在某些用途(如电力工业等)上使用量也是相当可观的。科技发展需要有色金属，经济发展也需要有色金属，有色金属科技的发展又离不开人类科技和经济的发展，两者相互促进，相得益彰。

我国发展有色金属工业具有潜在的资源优势。我国的矿产资源潜在总值仅次于独联体和美国而居世界第3位，是世界上矿资源总量丰富，储量可观，品种较齐全，资源配套程度较高的少数国家之一，其中钨、锑、锡、钼、锂、铍、镁、稀土金属的储量占世界首位。

中华人民共和国成立以来，我国有色金属工业得到了持续发展，有色金属产量从1949年的1.33万t增加到1996年523.10万t，居世界第2位，仅次于美国。我国有色金属产量位列世界第一的有锌、锑、钨、锡、稀土，列第二位的有铅、镁、钼，列第三位的有汞、铋，列第四位的有铜、铝、钛、镉，另外镍列第7位，银列第8位。我国已稳居世界有色金属生产大国的行列之中。有色金属工业为国民经济创造了巨大财富，1996年有色金属工业总产值达736.18亿元，成为国家的优势产业。钨、锑、铅、锌、锡等有色金属是我国重要的出口产品，每年为国家换回大量的外汇。

在今后，发展我国有色金属工业的目标是充分利用有色金属资源，依靠科学技术进步，高效率，低成本，节能降耗，减少污染，提高综合利用水平，生产品种齐、纯度高，质量优的更多有色金属及其材料，以满足国民经济增长的需要，把我国从有色金属大国变成有色金属强国。

## 复习思考题

1. 有色金属分为哪几类？有色金属中的稀有金属又分哪几类？对于每一类有色金属和稀有金属你能举出几种有代表性的金属吗？

2. 提取冶金方法是如何分类的？

3. 火法、湿法、电化学法三种冶金方法包括哪些基本冶金过程？这些冶金单元过程在提取冶金工艺中各起什么作用？

4. 发展我国有色金属工业的资源优势何在？我国有色金属工业目前在世界上处于什么样的地位？

# 第 2 章　矿石与选矿

## 2.1　矿石

### 2.1.1　金属元素在地壳中的分布

地球的外壳称为地壳,大部分由硅酸盐组成,平均厚度约 12 km,其最外层平均厚度仅 1.6 km。通过钻探和岩层的褶皱分析估计,地壳中重金属(包括铁)的含量约占 6%,而铜、铅、锌、锡和镍五种有色金属总共不超过0.65%;但轻金属的含量相当高,达 18%,其中铝最高,其次为镁,钛含量也相当高。

根据地球化学的统计资料,地壳中丰度最大的元素是氧。表 2-1 列出了 60 种元素在地壳中的平均丰度。在 109 种已知的元素中,氧、硅、铝、铁、钙、钠、钾、镁、钛、锰、磷和氟等共占99.5%,其中仅有前 8 种的含量超过 1%。在表 2-2 所列的 24 种重要经济元素中也只有铝、铁、镁、钾等 4 种金属元素在地壳中的含量超过 1%。可见人类常用的大多数不可缺少的金属在地壳中含量是微乎其微的。然而,它们之所以能从地壳中被提取出来,是由于经过上亿万年的种种地质变迁过程,几十种金属富集成或大或小可供开采和提取的矿床。所以,矿产资源的保护、合理开发及综合利用是国民经济中的大事,必须将近期的利益和长远的利益结合起来,认真地加以规划。

### 2.1.2　矿床

矿床是具有一定规模,由一个或若干个矿体组成的矿石天然集合体。目前,把技术经济条件下符合开采和利用要求的矿床称为工业矿床,反之称为非工业矿床。矿床中的金属含量为金属储量或蕴藏量,其中经过勘探证明的为探明储量,根据地质条件推算的则称为潜在储量或资源。

工业矿床的开采方法分为露天开采和地下开采两类。如果矿床埋藏得比较浅,可采用露天开采;埋藏得深且薄,则可采用地下开采。

### 2.1.3　矿石

在现代技术经济条件下,把能以工业规模进行加工、提取金属或生产其他产品的矿物集合体称为矿石。能够为人类利用的矿物,称为有用矿物。不含有用矿物或含量过少,不宜以工业规模进行加工的称为脉石,脉石即废石。所以矿石由两部分构成,即有用矿物和脉石。矿石和脉石的概念是相对的,它随着经济的发展需要、矿山的开采和选矿、冶炼技术水平的提高而变化。

表 2-1　60 种元素在地壳岩石中的平均丰度 $10^{-6}$

| 元　素 | 丰　度 | 元　素 | 丰　度 |
|---|---|---|---|
| 氧(O) | 473000 | 钪(Sc) | 13 |
| 硅(Si) | 291000 | 铅(Pb) | 10 |
| 铝(Al) | 81000 | 钍(Th) | 10 |
| 铁(Fe) | 46000 | 硼(B) | 8 |
| 钙(Ca) | 33000 | 铪(Hf) | 3 |
| 钾(K) | 25000 | 铯(Cs) | 3 |
| 钠(Na) | 25000 | 铀(U) | 2.5 |
| 镁(Mg) | 17000 | 铍(Be) | 2 |
| 钛(Ti) | 4000 | 钽(Ta) | 2 |
| 锰(Mn) | 1000 | 砷(As) | 2 |
| 磷(P) | 900 | 锡(Sn) | 2 |
| 氟(F) | 600 | 锗(Ge) | 2 |
| 钡(Ba) | 580 | 溴(Br) | 1.8 |
| 锶(Sr) | 300 | 钼(Mo) | 1.5 |
| 硫(S) | 300 | 钨(W) | 1 |
| 碳(C) | 230 | 铊(Tl) | 0.45 |
| 铷(Rb) | 150 | 碘(I) | 0.15 |
| 钒(V) | 150 | 铋(Bi) | 0.1 |
| 锆(Zr) | 150 | 铟(In) | 0.1 |
| 氯(Cl) | 130 | 镉(Cd) | 0.1 |
| 铬(Cr) | 100 | 锑(Sb) | 0.1 |
| 铈(Ce) | 81 | 硒(Se) | 0.1 |
| 锌(Zn) | 80 | 银(Ag) | 0.05 |
| 镍(Ni) | 75 | 汞(Hg) | 0.02 |
| 铜(Cu) | 50 | 钯(Pd) | 0.01 |
| 锂(Li) | 30 | 铂(Pt) | 0.005 |
| 镓(Ga) | 26 | 金(Au) | 0.003 |
| 镧(La) | 25 | 碲(Te) | 0.002 |
| 钴(Co) | 25 | 铑(Rh) | 0.001 |
| 铌(Nb) | 20 | 铼(Re) | 0.0006 |

表 2-2　经济上重要的金属元素在地壳中的丰度（质量分数）　　　　　　　%

| 元　素 | 丰　度 | 元　素 | 丰　度 |
|---|---|---|---|
| 铝 | 8.00 | 钴 | 0.0028 |
| 铁 | 5.8 | 铅 | 0.0010 |
| 镁 | 2.77 | 铍 | 0.00020 |
| 钾 | 1.68 | 砷 | 0.00020 |
| 钛 | 0.86 | 锡 | 0.00015 |
| 磷 | 0.101 | 锡 | 0.00015 |
| 锰 | 0.100 | 铀 | 0.00016 |
| 钒 | 0.017 | 钨 | 0.0010 |
| 铬 | 0.0098 | 银 | 0.000008 |
| 锌 | 0.0082 | 汞 | 0.000002 |
| 镍 | 0.0072 | 铂 | 0.0000005 |
| 铜 | 0.0058 | 金 | 0.0000002 |

　　矿石中有用成分的含量称为矿石品位，常用百分数表示，例如，品位 0.5% 的铜矿石，就是指矿石中金属铜的含量为千分之五。对于贵金属，由于它们的含量一般都很低，所以其矿石品位常以每吨中含有的克数来表示，计作 g/t。

　　矿石价值主要取决于矿石中有用成分的含量及其价值，但同一有效成分矿石中脉石的成分和有害杂质的多少也是影响矿石价值的重要因素。矿石一般分为贫矿石、普通矿石和富矿石。这种划分没有统一的标准，每个国家甚至一个国家的不同矿区都有各自的计算范围。例如，我国的铁矿石如品位超过 55%，二氧化硅和硫、磷含量不多，可直接入平炉炼钢，称为平炉富矿；品位大致在 50% 以上，可直接入高炉炼铁的（脉石碱性氧化物多的允许含铁量更低一些），称为高炉富矿；品位太低，需经选矿而加工富集的，则称贫矿。

　　随着经济发展和科学技术进步，矿石的需求不断增加，矿石品位有逐年下降的趋势。1950 年我国开采铜矿石平均品位为 1.8%，80 年代只有 0.76%；锡矿石开采品位从 1.68% 降至 0.2%；钨矿石从 3% 降至 0.25%。又如美国的铁矿石品位从 1951 年的 49.5% 降到 80 年代的 22%~36%。

### 2.1.4　矿物

　　具有一定的化学成分及物理属性（如颜色、条痕、光泽、硬度、密度、磁性等）的天然元素和化合物称为矿物。

　　从提取冶金来看，矿石可以分为自然金属矿、氧化矿以及硫化矿三类。这里所说的氧化矿包括氧化物、碳酸盐、硅酸盐、硫酸盐及磷酸盐在内的广义的氧化物所构成的矿石，还包括其他含氧酸盐（如铬酸盐、钨酸盐等）构成的矿石。硫化矿指的是硫化物、砷化物、锑化物、碲化物等构成的矿石。

　　目前自然界中已知的矿物有 3000 多种，其中有 50 种为造岩矿物，约 200 种为经济矿物，而工业经济价值较大的金属矿物只有 100 多种。冶金工业中常见的矿物如表 2-3 所列。

表 2-3 冶金工业常见矿物

| 金属 | 矿 物 | 化 学 式 | 金属 | 矿 物 | 化 学 式 |
|---|---|---|---|---|---|
| 铁 | 磁铁矿 | $Fe_3O_4$ | 铝 | 高岭石 | $Al_2O_3 \cdot 2SiO_2 \cdot 2H_2O$ |
| | 赤铁矿 | $Fe_2O_3$ | 锰 | 菱锰矿 | $MnCO_3$ |
| | 褐铁矿 | $2Fe_2O_3 \cdot 3H_2O$ | | 软锰矿 | $MnO_2$ |
| | 菱铁矿 | $FeCO_3$ | | 蔷薇辉石 | $MnSiO_3$ |
| 铜 | 自然铜 | $Cu$ | 铬 | 铬铁矿 | $FeCr_2O_4$ |
| | 辉铜矿 | $Cu_2S$ | 钛 | 钛铁矿 | $FeO \cdot TiO_2$ |
| | 斑铜矿 | $Cu_5FeS_4$ | | 金红石 | $TiO_2$ |
| | 黄铜矿 | $CuFeS_2$ | 锆 | 斜锆石 | $ZrO_2$ |
| | 孔雀石 | $CuCO_3 \cdot Cu(OH)_2$ | | 锆英石 | $ZrSiO_4$ |
| 铝 | 一水硬铝石 | $Al_2O_3 \cdot H_2O$ | 钒 | 绿硫钒矿 | $V_2S_5$ |
| | 三水铝石 | $Al_2O_3 \cdot 3H_2O$ | | 钒铅矿 | $3Pb_3(VO_4)_2PbCl_2$ |
| 铅 | 方铅矿 | $PbS$ | 钨 | 黑钨矿 | $(Fe, Mn)WO_4$ |
| | 白铅矿 | $PbCO_3$ | | 白钨矿 | $CaWO_4$ |
| | 铅矾 | $PbSO_4$ | 银 | 自然银 | $Ag$ |
| 锌 | 闪锌矿 | $ZnS$ | | 辉银矿 | $Ag_2S$ |
| | 铁闪锌矿 | $mZnS \cdot nFeS$ | | 角银矿 | $AgCl$ |
| | 菱锌矿 | $ZnCO_3$ | 金 | 自然金 | $Au$ |
| 镁 | 菱镁矿 | $MgCO_3$ | | 碲金矿 | $AuTe_2$ |
| | 白云矿 | $MgCO_3 \cdot CaCO_3$ | | 针碲金(银) | $(AuAg)Te_2$ |
| 锡 | 锡石 | $SnO_2$ | 铍 | 绿柱石 | $3BeO \cdot Al_2O_3 \cdot 6SiO_2$ |
| | 黄锡矿 | $(Cu_2S \cdot FeS \cdot SnS_2)$ | 汞 | 辰砂 | $HgS$ |
| 镍 | 针镍矿 | $NiS$ | 铀 | 沥青铀矿 | $UO_2$ |
| | 硅镁镍矿 | NiMg 的水合硅酸盐 | 镉 | 辉镉矿 | $CdS$ |
| | 镍黄铁矿 | $(FeNi)_9S_8$ | 锑 | 辉锑矿 | $Sb_2S_3$ |
| 钼 | 辉钼矿 | $MoS_2$ | 钴 | 辉砷钴矿 | $CoAsS$ |
| | 钼华 | $MoO_3$ | | | |

从元素周期表的位置来看,处于中央部位的过渡族元素铁、钴、镍及其附近的元素(如钼、钒),既以氧化物又以硫化物产出;而周期表右侧的重金属如铜、铅、锌、镉、锑等则主要以硫化矿产出;相反,左侧的轻金属和稀有金属,如铝、镁、钨、钛等,却主要以氧化矿产出。

## 2.2 选矿

### 2.2.1 选矿的基本任务

从矿山直接开采出来的矿石称为原矿,其中除有用矿物外,还伴随有大量的无用矿物

（脉石）。这样的原矿，如果直接冶炼，无论是技术上还是经济上都是不利的，有时甚至是不可能的。因此，选矿作业是通过一定的方法（化学的、物理的或机械的），将脉石作为尾矿从原矿中除去，得到高品位精矿供冶炼用。选矿处理费用廉价，既不改变原矿的组成，又能使之高品位化。由于选矿作业除去了大量的脉石，矿石的运输和冶炼设备的投资、能源及人工费用都将大幅度降低，因此冶炼回收率有较大的提高。

此外，选矿方法还可用来分开两种以上的有用矿物，以便在冶金过程中对这些矿物分别处理，而有利于简化主金属的冶金工艺流程和降低冶炼费用，也有利于实现多金属矿物资源的综合利用。

原矿经过选矿得到精矿和尾矿两种产品。精矿是指经过选矿后有用矿物进一步富集的产品；尾矿是指经过选矿获得的主要为脉石或有害杂质的产品。

有色金属矿山采出的原矿和选矿厂产出的精矿与尾矿的主要化学成分如表 2-4 所示。

表 2-4　我国有色金属原矿和精矿成分实例　　　　　　　　　　　　　　　　%

| 矿山类别 | 硫化铜矿 | 铝土矿 | 黑钨矿 | 铅锌硫化矿 | | 海滨砂矿* | | |
|---|---|---|---|---|---|---|---|---|
| 金属或金属氧化物成分 | $Cu$ | $Al_2O_3$ | $WO_3$ | $Pb$ | $Zn$ | $TiO_2$ | $ZrO_2$ | $TREO$ |
| 原　矿 | 0.47 | 55~65 | 0.625 | 2.95 | 5.88 | 0.884 | 0.214 | 0.031 |
| 精　矿 | 24.06 | | 31.29 | 70.78 | 2.91 | 49.97 | 0.08 | 0.08 |
| | | | | （铅精矿） | | （钛铁矿精矿） | | |
| | | | | 0.63 | 44.48 | 0.26 | 65.11 | 0.16 |
| | | | | （锌精矿） | | （锆英石精矿） | | |
| | | | | | | 1.14 | 0.69 | 65.56 |
| | | | | | | （独居石精矿） | | |
| 尾　矿 | 0.05 | | 0.07 | 0.15 | 0.22 | | | |
| 选矿方法 | 浮　选 | 手　选 洗　选 | 重　选 浮　选 磁　选 | 浮　选 重　选 | | 重选、电选、磁选 | | |

\* 海滨砂矿是钛铁矿、金红石、锆英石及含稀土金属的独居石、磷钇矿等矿产品的主要来源之一，所含的稀土元素氧化物组分常以 TREO 表示。

另外，原矿中含有的杂质可能会使冶金产品质量下降或造成冶炼工艺复杂化，最好在冶炼前通过选矿将有害杂质除去，如铁矿石中的硫和磷，铜矿石中的砷和锑，铝土矿中的硅和铁。但对于铝土矿而言，尽管原矿的氧化铝含量高，但由于不能选矿进行富集和除杂质硅和铁，所以冶炼过程复杂、流程长，生产成本增加。

近年来，选矿方法也被用作冶炼厂从中间产物中分离和回收有价金属的重要手段，例如镍冶炼厂将铜-镍锍分离为 $Cu_2S$ 和 $Ni_3S_2$，铜冶炼厂从铜锍熔炼炉渣和吹炼炉渣中回收铜，以及湿法炼锌厂从浸出渣中回收银，目前都广泛采用了选矿的方法。

随着钢铁工业和有色金属工业的发展，富矿逐渐枯竭，矿石品位日趋下降，待处理的含多金属的和含有害杂质的复杂矿越来越多，因此选矿是冶金工业必不可少的重要环节。

## 2.2.2 选矿工艺

选矿是一个连续生产过程,由一系列作业工序组成,一般分为选别前准备、选别和选别后脱水三个阶段,其处理流程如图2-1所示。

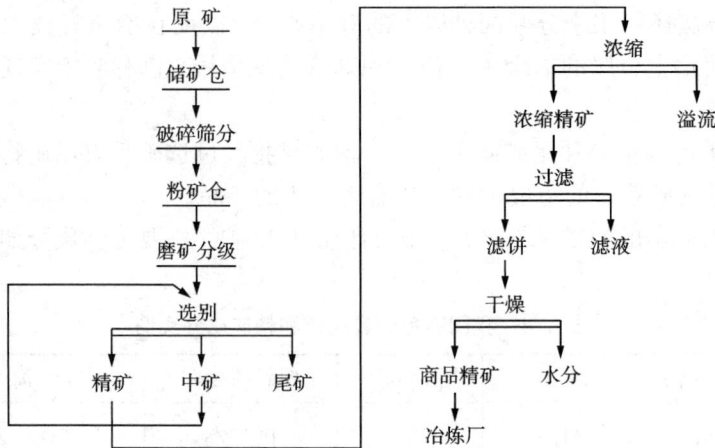

**图2-1 选矿工艺原则流程图**

(1)选别前准备 这一工序包括破碎、筛分、磨矿和分级。

(2)选别作业 根据各种矿物的不同性质,将采用不同的选矿方法,如浮选、重选、磁选或电选等。

(3)选别后的脱水 精矿脱水通常由浓缩、过滤和干燥三个过程组成。

矿石选别后所得产品分为精矿、尾矿和中矿。精矿是原矿经选别得到的有用矿物含量较高、适合于冶炼的最终产品。尾矿是经选别后所废弃的产品,其中大部分是脉石。中矿是中间产品,其中有用矿物含量比精矿低,但比尾矿高,还需进一步加工处理。

## 2.2.3 选矿的工艺指标

衡量选矿效果的工艺指标,主要有精矿品位、精矿产率、金属回收率、选矿比和富矿比等。

(1)精矿品位。它是产品中该金属与产品量之比,用百分数表示。

(2)精矿产率。它是指精矿量与入选原矿量之比,用百分数表示。它可通过选矿前后金属平衡来计算:

$$100 \times \frac{\alpha}{100} = \gamma \times \frac{\beta}{100} + (100-\gamma) \times \frac{\theta}{100}$$

整理上式得出精矿产率($\gamma$)的计算式:

$$\gamma = \frac{\alpha-\theta}{\beta-\theta} \times 100\%$$

式中　$\alpha$——原矿品位,%;

$\beta$——精矿品位,%;

$\theta$——尾矿品位,%。

（3）金属回收率。它是指精矿中金属量与原矿中该金属量之比，用百分数表示。金属回收率 $\varepsilon$ 为：

$$\varepsilon = \frac{\gamma\beta}{\alpha} \times 100\%$$

（4）选矿比。原矿量与精矿量之比，即选 1 t 精矿所需处理原矿的吨数。

（5）富矿比。它是指精矿品位与原矿品位之比，反映有用矿物在选矿过程的富集程度。

### 2.2.4 破碎与筛分

矿石破碎筛分的目的是使有用矿物单体解离，使之适合矿石选别处理对粒度的要求。

目前，工业生产主要利用机械力来破碎矿石，常用的方法是压碎、劈碎、折断、击碎与磨矿等（见图 2-2）。各种破碎设备的工作原理见图 2-3 所示。

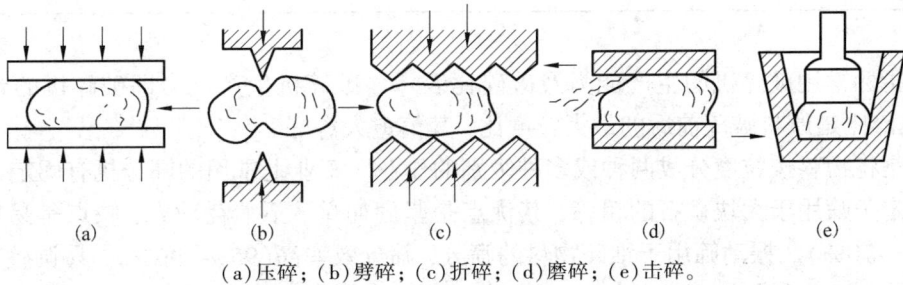

（a）压碎；（b）劈碎；（c）折碎；（d）磨碎；（e）击碎。

**图 2-2　常用的破碎方法**

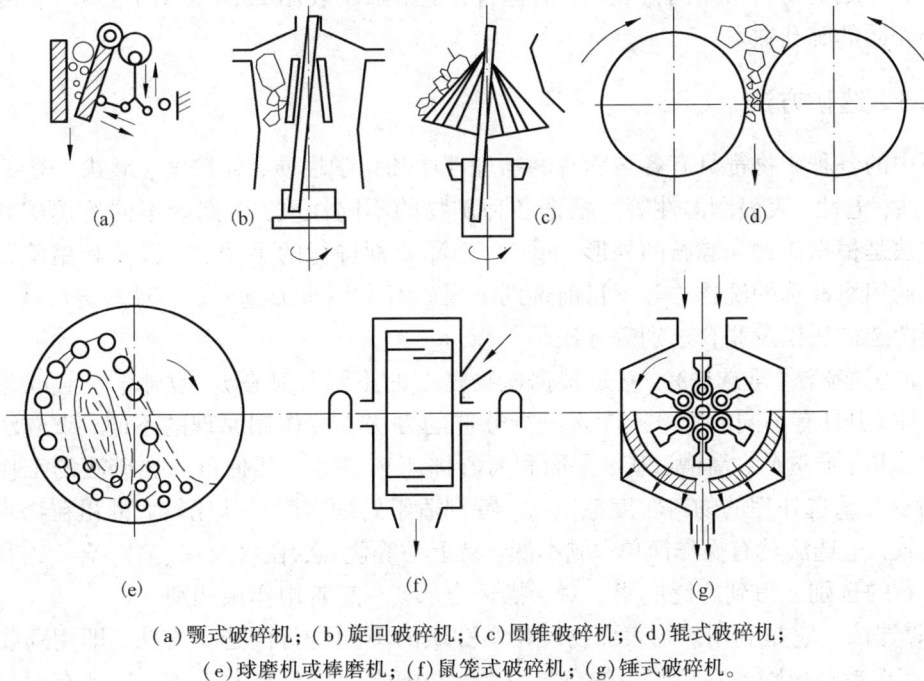

（a）颚式破碎机；（b）旋回破碎机；（c）圆锥破碎机；（d）辊式破碎机；
（e）球磨机或棒磨机；（f）鼠笼式破碎机；（g）锤式破碎机。

**图 2-3　各种破碎机的工作原理示意图**

根据对产品粒度要求的不同,破碎作业分为粗碎、中碎、细碎、粗磨和细磨等。破碎的粒度范围及破碎设备见表2-5。

表2-5 破碎作业分类

| 破碎阶段 | 粒度/mm | | 破 碎 设 备 |
|---|---|---|---|
| | 给 料 | 产 品 | |
| 粗 碎 | 1000~300 | 350~100 | 颚式、旋回、圆锥破碎机 |
| 中 碎 | 350~100 | 100~40 | 颚式、圆锥破碎机 |
| 细 碎 | 100~40 | 20~12 | 锤式、圆锥破碎机 |
| 粗 磨 | 20~12 | 1~0.1 | 球磨、棒磨机 |
| 细 磨 | 1~0.3 | -0.1 | 球磨、棒磨机 |

破碎指标常用破碎机的生产能力及破碎比表示。破碎机生产能力即破碎机的台时产量(t/h);破碎比是原料破碎前后的最大粒度比,其值愈大愈好。

筛分是将物料按粒度分成两种或多种级别的作业。工业上常用的筛分机有固定条筛和振动筛。固定条筛用于大块矿石的粗筛,其优点是坚固简单,不消耗动力;缺点是易堵塞,效率低(60%~70%)。振动筛用于细碎物料的筛分,筛分效率高(95%~96%),易调整,筛孔堵塞少,但需专门动力设备,消耗动力。所谓筛分效率,是指实际筛下物的量与筛分物料中粒度小于筛孔的物料总量之比,常用百分数表示。筛分尺寸用 mm 或 $\mu$m(1 $\mu$m = $10^{-6}$ m)表示。过去对粉碎很细的物料常用网目表示,简称目,是指筛子表面 25.4 mm(1 英寸)长度上所具有的大小相同的筛孔数。

### 2.2.5 选矿方法

矿石中的各种矿物都具有各自固有的物理性质和化学性质,如粒度、形状、密度、颜色、光泽、磁性、电性、表面润湿性等。根据各种矿物的不同性质,可选择不同的选矿方法。最简单的方法是根据矿物和脉石的外形、颜色、光泽差别进行的手选法,以及利用矿石和脉石的密度不同用水冲选的洗选法等。目前选别金属矿石常用重力选矿法、磁力选矿法、静电选矿法和浮游选矿法以及联合选别等方法。

(1)重力选矿法(重选法)。它是根据矿物密度的不同及其在介质(水、空气或其它密度较大的介质)中具有不同的沉降速度来进行分选的方法。按作用原理的不同,重选法可分为跳汰选矿、重介质选矿、溜槽选矿、平面和离心摇床选矿等。几种重力选矿法的工作原理如图2-4所示。重选处理的物料粒度范围大,特别适于处理密度悬殊比较大的粗粒物料。与其它方法比较,重选法具有操作简单、成本低、易上马等优点,在含有锡、钨、金、铂和其它重矿物的矿石的选别上得到广泛应用。对于黑色金属矿,它常用作预选别。

(2)浮选法。它是利用矿物表面物理化学性质的不同进行的选矿方法,即用药物处理过的矿粒,有选择性地附着在矿浆中的空气泡上,并随之上浮到矿浆表面,达到有用矿物与脉石分离的目的,也称泡沫选矿法。

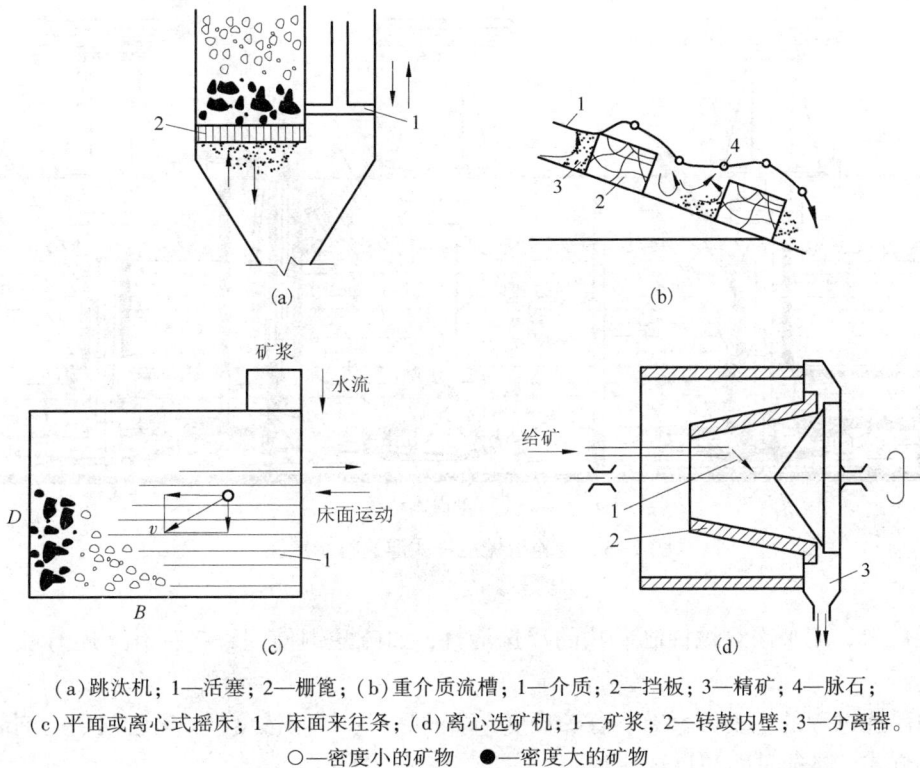

(a)跳汰机；1—活塞；2—栅箅；(b)重介质流槽；1—介质；2—挡板；3—精矿；4—脉石；
(c)平面或离心式摇床；1—床面来往条；(d)离心选矿机；1—矿浆；2—转鼓内壁；3—分离器。
○—密度小的矿物　●—密度大的矿物

**图 2-4　几种重力选矿方法工作原理示意图**

浮选前将矿石磨碎到一定粒度，使有用矿物和脉石矿物基本达到单体分离，以便进行分选。浮选时将空气导入带有浮选剂的矿浆中，以形成大量的气泡，于是不易被水润湿的(疏水性)矿物颗粒附着在气泡上，随同气泡上浮到矿浆表面，从而形成矿化泡沫，而那些亲水性矿物的颗粒，不能附着在气泡上而留在矿浆中。将矿化泡沫排出，即达到分选的目的。生产中，使有用矿物浮于泡沫中，脉石矿物留在矿浆中的浮选，叫正浮选，反之称为反浮选。

浮选法的设备是浮选机(或称浮选槽)、调和槽和给药机。图 2-5 为我国选矿厂较多用的叶轮机械搅拌式浮选机。

浮选药剂是用于调节与控制浮选过程的，能改善或削弱矿物的可浮性。按其用途划分，浮选药剂可分为如下五类：

①起泡剂。它系水溶性药剂，能降低水的表面张力，有助于气泡的形成和增大已成气泡的稳定性，如醇类、甲酚、松节油等。

②捕收剂。能增加预选的上浮矿物表面的疏水性，使其矿物颗粒附着在气泡上，如黄药(黄酸盐)、硫化磷酸盐、脂肪酸等。

③调整剂。用来改变矿浆的性质，包括 pH 调整剂，如石灰、碳酸钠、水玻璃、硫化钠等。

④抑制剂。在使某些待浮选的矿物保持其浮选性能的条件下，使另一些矿物受到抑制而留在矿浆中，如氰化物(NaCN、KCN)抑制黄铁矿，还有重铬酸钾、硫酸锌等。

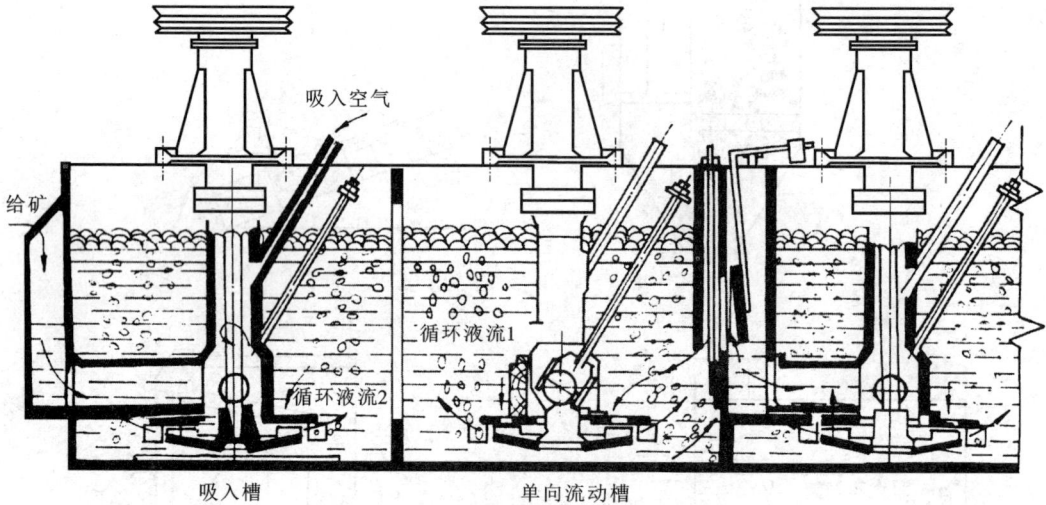

图 2-5　叶轮机械搅拌式浮选机示意图

⑤活化剂。用来恢复被抑制矿物的浮选活性，如硫酸铜使闪锌矿活化，还有硫化钠、硫酸等。

影响浮选过程的主要因素有：磨矿粒度、水的品质、矿浆浓度、矿浆温度、药剂制度、空气与搅拌方式、浮选时间和浮选流程等。

硫化铜矿石浮选流程及使用药剂的实例如图 2-6 和表 2-6 所示。

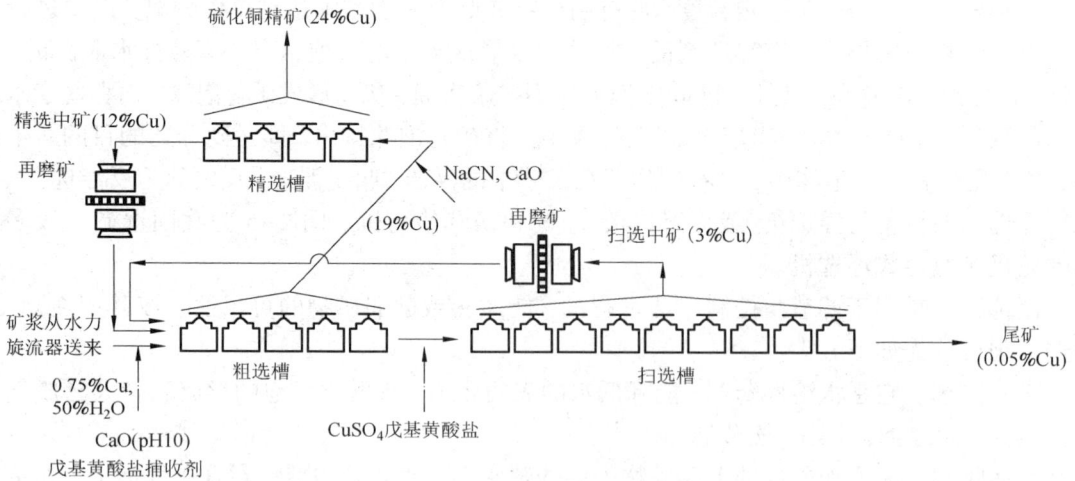

图 2-6　硫化铜矿石浮选的典型流程

表 2-6　硫化铜矿浮选作业所用药剂实例

| 作业 | 加入药剂 | 药剂用量 /(kg·t⁻¹ 矿粉) | 浮选时间 /min |
|------|---------|----------------------|--------------|
| 粗选 | 石灰(调整剂,pH 8.5~12.5 区间黄铜矿可浮,黄铁矿则被抑制)<br>戊基黄酸钾(捕收剂)<br>长链醇或松节油(起泡剂) | 0.5~5<br><br>0.001~0.01<br>0.01~0.02 | 20~30 |
| 精选 | 氰化钠(抑制黄铁矿) | 0.001~0.05 | 40~60 |
| 扫选 | 硫酸铜(使部分氧化了的铜矿物表面活化)<br>戊黄酸钾(提高捕收作用) | 0.005~0.01<br>0.001~0.002 | 40~60 |

　　选择浮选铜硫化物(此例中为黄铜矿 $CuFeS_2$),使之与铁硫化物(黄铁矿 $FeS_2$)分离,要改变不同硫化矿物的表面性质,使欲浮选的矿物(黄铜矿)上浮进入精矿,而杂质矿物(黄铁矿)和脉石下沉进入尾矿。如表 2-6 所示,该过程是在石灰控制 pH 和用黄酸盐类捕收剂的条件下完成的。

　　图 2-6 所示的流程表明,根据预定的生产目标可将浮选作业分为粗选、精选和扫选:

　　①粗选是原矿经过初次选别得到粗精矿和粗尾矿两种产品,要求铜的回收率高且获得合理的粗精矿品位(15%~20%Cu)。

　　②精选是对粗精矿进行再选别,以提高精矿中的金属品位,直至获得质量合格的精矿(20%~30%Cu)。精选时,非铜矿物(黄铁矿等)被抑制。

　　③扫选是对粗选尾矿进行最后的强化浮选处理(采用高浓度捕收剂和强化浮选条件),以降低尾矿中的铜含量,直到获得可废弃的尾矿(<0.05%Cu),以最大限度地回收铜。生产实践中扫选采用的浮选槽愈多,所得到的尾矿含铜愈低。

　　精选尾矿和扫选浮出物都称中矿,应返回浮选回路的开头,并再经球磨使矿物进一步单体分离,以提高选别效率。此外,也可在粗选和精选之间设置再磨矿工序。因此,浮选步骤是变化多端的。然而,用粗选和扫选提高回收率,用精选产出高品位精矿是普遍原则,是广为使用的操作程序。

　　浮选应用范围广泛,90%以上矿石是用浮选法选别的。利用浮选法处理细粒嵌布、成分复杂、品位低的贫矿石,效率比其它方法要高。但浮选法需将矿石磨得很细,所用浮选药剂较贵,所以它的选矿成本要比重选法和磁选法高。同时,由于精矿需要浓缩、过滤和脱水干燥等处理,选矿过程较复杂,且精矿含水较高,给火法冶炼生产带来困难。还有,浮选排除的尾矿水中含有药剂,对环境水质有污染,必须经过处理才能排放。

　　(3)磁选法。它是根据各种矿物的磁性不同,在磁选机的磁场中受到的作用力不同,使矿物达到分选的目的,如图 2-7 所示。

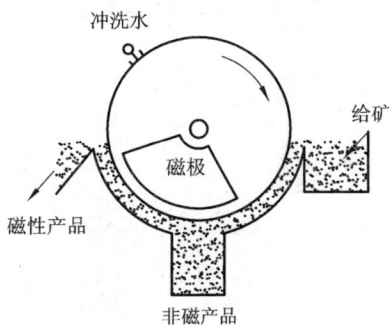

图 2-7　磁选过程示意图

矿粒混合物通过磁选机的磁场时，由于矿粒的磁性不同，在磁场的作用下，磁性矿粒受磁力的吸引，附着在磁选机圆筒上，被带到一定高度后，从筒上脱落。非磁性矿粒则不受磁力的吸引，由下部排出成为尾矿。从筒上被水冲下的磁性矿粒，即为精矿。磁选法主要用来分选含有铁、锰等黑色金属矿石和一些稀有金属矿石。磁选机种类很多，按其磁场强度的强弱可分为：

①弱磁场磁选机：磁场强度为 64000~160000 A/m，用于分选强磁性矿物。

②强磁场磁选机：磁场强度为 480000~2080000 A/m，用于分选弱磁性矿物。

③中磁场磁选机：磁场强度介于以上两者之间。

按选别方式的不同，在生产中将磁选机分为干式和湿式两种；按产生磁场的方式不同，又分为电磁磁选机和永磁磁选机；按结构不同，又可分为筒式、盘式、辊式、环式、转鼓式、转笼式及带式等。

矿石中各种矿物与脉石的特性往往是多方面的，采用单一的选矿方法并不能最大限度地回收原料中有用矿物，所以，实际生产中经常采用主选法和补选法相结合的联合选矿流程。

## 复习思考题

1. 何谓矿床、矿石、矿物和精矿？

2. 试列举铁、铜、铝、铅、锌、镁、锡、镍、钛、钼、钨等常用金属的最常见矿物的名称？指出其中哪些金属矿物原料是以硫化矿物为主？哪些属于氧化矿物？

3. 为什么要选矿？选矿生产工艺过程分几个阶段？各起什么作用？

4. 选矿方法有哪些？如何选用？衡量选矿效果有哪些技术经济指标？

5. 常用的矿石破碎和磨矿机械有哪些？其破碎原理是什么？如何选用？

6. 何谓筛分效率和筛分网目？矿石筛分常用什么机械？各有何优缺点？

7. 重力选矿法有哪几种？其基本原理是什么？

8. 浮选法选矿的基本原理是什么？常用的浮选药剂有哪几类？各起什么作用？

9. 参照书中图 2.1 的表示方法，画出用浮选法处理硫化铜矿石的原则工艺流程。

10. 为什么选矿过程常分为粗选、精选和扫选三个工序进行作业？这些工序的产品分别是什么？

11. 叙述磁选法的选矿原理。

# 第 3 章　炼　铁

## 3.1　概述

铁呈银白色，原子量 55.85，密度 7.866 g/cm³，熔点 1535 ℃，具有良好的导热、导电性和导磁性，易氧化。除陨铁之外，自然界中没有天然的纯铁。铁在地壳中的分布量为 5% 左右，仅次于氧、硅、铝三种元素而居第四位。

远在 3000 多年前，我们的祖先就发现自然界中存在着铁。到公元前 14 世纪，人类开始采用原始的办法从矿石中直接冶炼生铁。

高炉炼铁的方法迄今也有六百多年的历史。人类最原始的炼铁方法是把铁矿石和木炭放在极为简单的炉坑里进行还原，得到的是海绵铁，经过锤锻成为有韧性、塑性、锻焊性且强度良好的熟铁。

随着生产力的发展，人类对铁的需求增大，于是炼铁炉加大、加高。随着炉内温度的提高，还原出来的铁在炉内发生渗碳作用，熔点降低，所得产品不再是海绵铁，而是液态生铁。这种炼铁炉就是近代高炉的雏形。18 世纪以来，高炉生产技术又经历了若干个重要的发展阶段，诸如用焦炭取代木炭，蒸汽鼓风机的使用，预热鼓风，采用封闭式炉顶以利用高炉煤气，自熔性烧结矿的应用，喷吹燃料技术等等，这些都是高炉炼铁史上几次十分重要的技术革命，使高炉生产发生了一系列新的飞跃。

生铁是高炉炼铁的主要产品，它不同于化学元素所表示的纯铁，而是由铁和碳（一般含 3%~4.5%C）以及少量来自炼铁原料的硅、锰、硫、磷等杂质元素组成的合金。由于生铁含碳较高，其性质硬而脆，不能承受加工压力，只能铸成铸件使用。机械工业上制造机身、机座和一些不受冲击和拉力的零件就可用铸铁制造。目前世界各国生产的生铁中，大部分是作为炼钢的原料，进一步精炼成钢，而只有 10% 左右用于铸造各种机器的零部件。

## 3.2　高炉冶炼用原料

原料是高炉冶炼的物质基础，冶炼 1 t 生铁大约需要 1.6~2.0 t 矿石、0.4~0.6 t 焦炭和 0.2~0.4 t 熔剂。高炉冶炼是连续生产过程，因此必须尽可能为其提供数量充足，品位高，杂质少，强度好，粒度均匀，粉末少以及性能稳定的原料，对一些不能满足上述要求的原料，要进行一系列的准备处理，以确保高炉操作稳定运行，获得高产、优质、低耗及长寿的生产技术经济指标。

### 3.2.1 铁矿石

铁矿石种类较多,在自然界中已发现的有 300 多种含铁矿物。作为炼铁原料的铁矿石主要有磁铁矿、赤铁矿、褐铁矿及菱铁矿四种。各种矿石的组成及性能见表 3-1。

表 3-1 铁矿石的组成及特性

| 矿石名称 | 主要成分的化学式 | 密度 /(t·m$^{-3}$) | 理论含铁量 /% | 实际含铁量 /% | 工业品位 /% | 冶 炼 特 征 |
|---|---|---|---|---|---|---|
| 磁铁矿 | $Fe_3O_4$ | 5.2 | 72.4 | 45~70 | 20~25 | P、S 高,坚硬致密难还原 |
| 赤铁矿 | $Fe_2O_3$ | 5.0~5.3 | 70.0 | 55~60 | 30 | P、S 低,质软易碎易还原 |
| 褐铁矿 | $nFe_2O_3 \cdot mH_2O$ | 2.5~5.0 | 55~60 | 37~55 | 30 | P 高,疏松易还原 |
| 菱铁矿 | $FeCO_3$ | 3.8 | 48.2 | 30~40 | 25 | P、S 少,焙烧后易还原 |

磁铁矿坚硬致密,具有磁性,故其复合矿适宜用磁选的方法富集,但还原性差。赤铁矿质软,组织疏松易破碎,还原性优于磁铁矿。褐铁矿和菱铁矿在受热时,所含结晶水及碳酸盐分解或挥发后,形成疏松多孔结构,还原性好。

我国是世界上铁矿石资源较为丰富的国家之一,已探明的铁矿石储量有 443 亿 t。

我国铁矿资源特点:一是贫矿多,富矿少,平均含铁 34%,含铁量在 50% 以上可以直接入炉的富矿只占 5.7%,因此必须大力发展选矿和造块工业;二是复合矿多,含多种金属的复合矿约占总储量的 25%,如在包钢所用的白云鄂博铁矿中伴生的稀土元素总量比世界各国储量的总和还多,攀枝花铁矿含钒、钛,其钒的含量也占世界首位,因此必须注意综合利用。

世界上,澳大利亚、巴西、智利、印度、委内瑞拉等国,都有丰富的优质铁矿资源,都是铁矿石出口国,其航运条件方便,所以在发展我国沿海地区和内河航运可通海地区的钢铁工业时,可考虑进口优质铁矿石。铁矿石品质的好坏直接影响高炉冶炼的技术经济指标。就其化学成分而言,评价铁矿石的主要指标是矿石品位、脉石成分和杂质元素含量:

(1)矿石品位要高。矿石品位(含铁量)愈高,脉石含量愈少,冶炼时所需熔剂量和产出的渣量就少,因而能耗相应降低,产量增加。经验表明,含铁量每增加 1%,则焦比降低 2%,产量提高 3%;贫矿石直接入炉冶炼在经济上是不合算的,应经选矿提高品位后,制成烧结矿或球团矿再入炉冶炼。

(2)酸性脉石要低。一般铁矿石的脉石属酸性,主要成分为 $SiO_2$ 和 $Al_2O_3$。在高炉冶炼条件下,$Al_2O_3$ 不被还原,$SiO_2$ 只有很少量被还原,最终进入炉渣与金属分离。为获得熔点、黏度、碱度等性能适当的熔渣,就需在炉料中配加一定数量的碱性熔剂($CaCO_3$)。因此,矿石中 $SiO_2$ 和 $Al_2O_3$ 愈多,加入的熔剂就愈多,渣量也愈多,燃料消耗量愈多,所以矿石中酸性脉石含量愈低愈好。如果矿石中含有碱性氧化物($CaO$、$MgO$)较多,其含量与酸性氧化物大致相等,即($CaO+MgO$):($SiO_2+Al_2O_3$)$\approx 1$,加入高炉后则不需要再加入熔剂造渣,这样的铁矿石称为自熔性铁矿石。

(3)有害杂质要少。铁矿石中的有害杂质主要是硫和磷,它们在高炉冶炼中很容易进入生铁,从而对钢铁性能造成危害。在钢铁冶炼过程中,硫的脱除主要是在炼铁过程进行的,磷的脱除则主要是在炼钢过程完成的,因此铁矿石中硫和磷含量高会大大增加炼铁和炼钢的负担。

### 3.2.2 熔剂

矿石中的脉石、焦炭中的灰分在高炉冶炼过程中都将进入熔渣,而其氧化物的熔点都很高($SiO_2$ 1625 ℃,$Al_2O_3$ 2050 ℃),为使它们形成低熔点物质,必须加入一定量熔剂($CaO$、$MgO$)。如果添加的比例合适,则它们混合后的熔化温度可降到 1300 ℃以下,这样在高炉冶炼条件下不仅能完全熔化,而且有良好的流动性,从而使渣铁容易分离。此外,$CaO$ 还具有脱硫能力。

熔剂按其性质分为碱性和酸性两种。由于矿石中的脉石绝大多数是酸性的,所以高炉炼铁常使用碱性熔剂,主要有石灰石($CaCO_3$)和白云石($CaCO_3 \cdot MgCO_3$),其化学成分实例如表 3-2 所列。

表 3-2 高炉常用熔剂成分实例     %

| 种 类 | CaO | MgO | $SiO_2$ | $Al_2O_3$ | S | 烧损 |
|---|---|---|---|---|---|---|
| 石灰石 | 52.26 | 1.58 | 2.58 | 1.71 | 0.139 | 41.51 |
| 白云石 | 32.22 | 18.37 | 3.71 | 1.79 | 0.094 | 43.67 |

高炉炼铁用的熔剂要求碱性氧化物含量高,酸性氧化物含量低。一般要求 $w_{CaO+MgO} >$ 50%,$SiO_2$ 和 $Al_2O_3$ 尽可能少。否则,不仅自耗增大,而且其有效熔剂性能变坏。

$MgO$ 能改善高碱度熔渣的流动性,尤其是对高 $Al_2O_3$ 渣更为有效。一般情况下炉渣含 5%~7%$MgO$。如果当地无白云石,则可单独用石灰石作熔剂。

现代高炉多使用自熔性人造富矿,这样,高炉造渣所需的熔剂已在烧结或球团造块过程中加入,高炉中可以不再添加。

### 3.2.3 焦炭

焦炭在高炉内起到发热剂、还原剂和料柱骨架的作用。焦炭在风口前燃烧,并产生含有 $CO$、$H_2$ 的还原性气体,这些都是高炉冶炼过程所需的还原剂。高炉内充满着由炉料、熔融铁液和炉渣形成的料柱,其中焦炭占整个料柱体积的 1/3~1/2,特别是在高炉下部,矿石软融后焦炭是唯一以固态存在的炉料,故起着支撑高达数十米料柱的骨架作用,同时维持炉内煤气自下而上流动的通道。焦炭的这一作用目前还没有其它燃料所能代替。因此,世界各国的焦炭产量有 90%是用于高炉炼铁。

高炉炼铁要求焦炭有足够的机械强度,适当的气孔率和块度,尽可能高的含碳量,但灰分($SiO_2+Al_2O_3+Fe_2O_3$)和有害杂质($S$、$P$)要少。高炉用焦炭的成分和特性如表 3-3 所列。

表 3-3 焦炭的主要组成和性能

| 灰分/% | 挥发分/% | 固定碳/% | 全硫量/% | 气孔率/% | 抗压强度(15 mm 指数) | 粒度/mm |
|---|---|---|---|---|---|---|
| 10~12 | 1~2 | 83~89 | 0.5~0.6 | 45~50 | 92 以上 | 25~75 |

作为焦炭原料的煤是烟煤，它经一系列的处理后，装入炼焦炉的炭化室内，在隔绝空气、1200~1300 ℃的高温下进行干馏，除去其挥发分。烟煤含胶质高，在高温下黏结性强，炼出的焦炭强度大，而且硫分、灰分都低。全世界烟煤储量占总煤储量的5%左右，且主要集中在中国和苏联。由于焦煤资源短缺价昂，优质冶金焦供应日趋紧张。进入60年代以来，许多高炉都采用喷吹辅助燃烧代替部分焦炭，可大幅度降低高炉焦比。喷吹的燃料有煤粉、重油和天然气等。

### 3.2.4 铁矿粉造块

天然富矿开采和处理过程中产生的富矿粉以及贫矿富选、多金属共生复合矿分选后得到的精矿粉，其粒度大多小于 1 mm，都不能直接加入高炉，必须将其制成具有一定块度的块矿。

粉矿造块方法主要有烧结法和球团法。经造块后获得的烧结矿和球团矿，统称为人造富矿或熟料，具有优于天然富矿的冶金性能，如还原性好，有合适的强度和较高的软熔温度。造块生产中配加一定量的熔剂，可制成有足够碱度的人造富矿，高炉冶炼过程可不加或少加熔剂，避免了熔剂分解吸热而消耗焦炭。造块过程还可去除部分原料中的有害杂质硫等。

高炉使用熟料进行冶炼可提高产量，降低焦比，因此世界各国都很重视。使用未经处理的块矿的比例逐年减少，以自熔性烧结矿为中心、将天然矿变成人造块矿来使用的比例越来越高。许多高炉冶炼熟料比为90%以上，其熟料中约有90%为烧结矿。国外烧结矿主要用富矿粉生产，而我国以精矿粉为主。

烧结是粉矿造块的主要方法，其工艺是将粉矿(精矿粉和富矿粉)、燃料(焦粉和无烟煤粉)和熔剂(石灰石粉或石灰粉)按一定比例混合；利用其中燃料燃烧产生的热量使混合料发生一系列物理化学变化，部分原料颗粒表面发生软化和熔化，产生一定液相，并润湿其它未熔化的矿石颗粒；当冷却后，液相将矿粉颗粒黏结成块，这个过程称为烧结。生产烧结矿的主要设备是吸风带式烧结机，从纵剖面看，烧结机烧结过程如图3-1所示。

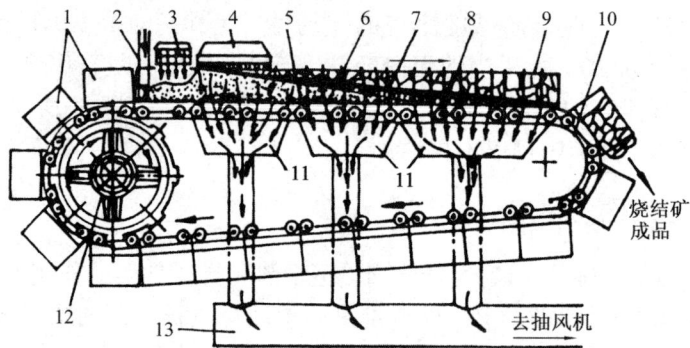

1—烧结台车；2—铺底料装置；3—梭式布料器；
4—煤气点火炉；5—底料层；6—生料层；
7—预热和烘干层；8—固体燃料燃烧带；
9—烧结矿带；10—机尾卸矿；11—吸风箱；
12—烧结机链带星形主动轮；13—废气集气管。

**图3-1 带式烧结机烧结过程**

带式烧结机类似一条运输带，不过这条带子不是织物或胶质带，而是由许多紧密挤靠排列在一起成环带式的烧结台车组成。台车用钢铸成，车底钢框上铺设有炉算(炉栅)。台车面积因烧结机规格不同而异，如75 m² 烧结机的单个台车尺寸为2.5 m×1.0 m。台车短边设有挡板，未设挡板的长边与前后相邻台车的长边互相紧靠，因此，各台车连接起来便成为一个铺有炉篦的大而长的浅槽，炉料在这里完成烧结过程。

在烧结机首部设有一个大齿轮,又称星型主动轮,在两个齿的空隙处嵌入台车。当大齿轮转动时,扣在齿轮内的台车上升到烧结机上部的轨道上,然后被推向烧结机的尾部。烧结机上部所有的台车是在吸风箱上缓慢移动,到达烧结机尾部便翻倒,再沿下部倾斜的轨道(倾斜角 2°~3°)借重力作用向烧结机首部大齿轮处滑动。

当台车在上部轨道行走经过吸风箱时,为了防止空气从移动的台车与吸风箱梁之间缝隙渗漏进入吸风箱,应采用专门的密封装置,以确保进入吸风箱的全部空气通过台车上的料层。烧结机的装料(料层厚度约 300 mm)、点火、烧结、卸除烧结块等作业是连续进行的。炉料反应时间共需 10~15 min。成品烧结矿由机尾的破碎机破碎,并经筛分设备筛去碎屑和粉尘(返回配料)后,即得到合格成品烧结矿。

烧结机大小按其有效吸风面积来表示,即烧结机的有效长度(也就是烧结机各个风箱上的长度之和)与台车宽度之乘积为烧结机的有效吸风面积。1911 年第一台烧结机面积为 8.3 m²,到 70 年代,烧结机面积最大已达 600 m²(宽 5 m、长 120 m)。我国现有的烧结机面积最大为 450 m²(宝钢)。

整个烧结过程是在负压抽风下、自上而下进行的,沿烧结机长度方向纵断层变化如图 3-2 所示。在烧结机上取中部某一烧结断面,从上至下依次出现烧结矿带(烧成部分)、燃烧熔融带、预热焙烧带和湿润带四个不同区域:

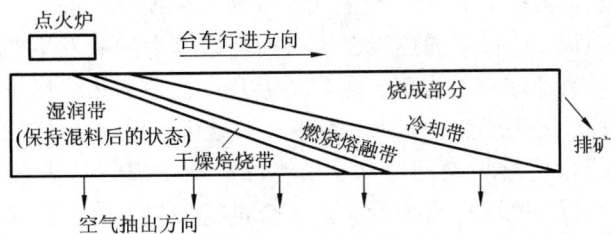

图 3-2　烧结层内反应状态的示意图

　(1)烧结矿带。亦称成矿带,主要变化是液相凝固,析出新矿物,预热空气,烧结矿本身被冷却。

　(2)燃烧熔融带。位于烧结矿带下面,燃料燃烧温度可达 1100~1500 ℃,混合料软化、熔融及形成部分液相。

　(3)预热焙烧带。混合料被燃烧带下来的热废气干燥和预热,废气温度从 1500 ℃降至 60 ~70 ℃。在此带的主要反应是水分蒸发,结晶水及碳酸盐分解,矿石的氧化还原和 FeS 焙烧脱硫等。

　(4)湿润带。因上面废气中带入了较多的水汽,进入冷料层温度降至露点以下时,水汽将大量冷凝于料层中形成湿润带。

在烧结料中主要矿物都是高熔点的,在烧结温度下大多不能熔化。当物料加热到一定温度时,各组分之间进行固相反应,生成熔点较低的共晶体和复杂化合物,如硅酸铁($2FeO \cdot SiO_2$,1205 ℃)、铁酸钙($CaO \cdot Fe_2O_3$,1216 ℃)、硅酸钙($2CaO \cdot SiO_2$)及铁钙橄榄石($2CaO \cdot FeO \cdot SiO_2$)等,这些新生成的液相硅酸盐和铁酸盐体系的矿物,是烧结矿成形的主要胶结物,将未熔化的物料颗粒黏结起来。当燃烧层移动后,被熔物温度下降,液相冷凝固结形成多孔烧结矿。烧结矿的一般化学成分及主要性能如表 3-4 所列。

表 3-4 烧结矿化学成分和机械性能

| 化学成分/% | | | | | | | 机械强度/% | |
|---|---|---|---|---|---|---|---|---|
| Fe总 | FeO | SiO$_2$ | CaO | MgO | MnO | S | 筛分指数<br>(≤5 mm) | 转鼓指数<br>(≥5 mm) |
| 54~60 | 5~9 | 5~7 | 5~18 | 0.2~2 | 0.1~0.6 | 0.01~0.008 | ≤10 | ≥78 |

## 3.3 高炉冶炼中铁氧化物碳热还原的一般规律

### 3.3.1 高炉冶炼过程

高炉冶炼是利用焦炭作发热剂和还原剂,把铁矿石还原成生铁的碳热还原熔炼过程。烧结矿及部分块状铁矿石与焦炭、熔剂从炉顶装入高炉中;从高炉下部的风口鼓入 1000~1300 ℃的热风,炉料中的焦炭在风口前与鼓风中的氧发生燃烧反应;反应产生的 2000 ℃以上的炽热的具有还原性的煤气,在炉内上升过程中加热缓慢下降的炉料。矿石料在下降过程中逐步被还原、熔化成生铁和渣,聚集在炉缸中,并定期从铁口、渣口放出。上升的高炉煤气流,由于将能量传给炉料而冷却,最终形成高炉煤气从炉顶排出。所以,可以把高炉看成是一个进行炉料下降、煤气上升的两个逆向物流运动的反应器。

焦炭在高炉中不熔化,只是到风口前才燃烧,少部分焦炭在还原氧化物时生成 CO。熔剂中的石灰石和白云石在 900 ℃左右受热分解。铁矿石在高炉中于 400 ℃ 开始被还原;部分还原的矿石在 1000~1100 ℃时就开始软化;到 1350~1400 ℃时完全熔化;超过 1400 ℃就滴落。焦炭和矿石在下降过程中,一直保持交替分层的结构。整个进程可分为块状、软熔、滴落、焦炭回旋和炉缸五区(见图 3-3):

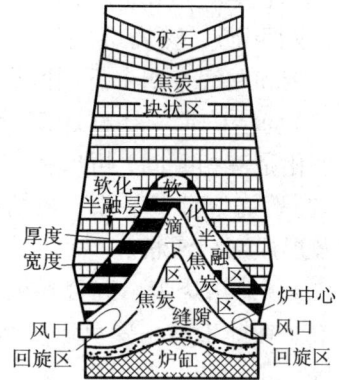

图 3-3 高炉炉内状况

(1)块状区。炉料保持装料时的分层状态,没有液体。在该区发生水分蒸发、碳酸盐分解、铁矿石被 CO 还原等气-固反应,有固态铁(海绵铁)生成。

(2)软熔区。由软化和部分熔化的脉石、熔剂、铁等半融状态的物料与焦炭夹层组成,矿石从开始软化到完全熔化,主要发生 FeO 的直接还原反应和碳的气化反应。倒 V 形软熔带起着支撑炉料的作用,其焦炭层促使还原煤气沿炉子径向分布。

(3)滴落区。为液态渣、铁的滴落带,该区只有焦炭仍是固体,且呈疏松状堆积,向下面的回旋区供给焦炭。在这里主要发生非铁元素(锰、硅、磷等)的还原,铁的渗碳与脱硫,以及碳的气化反应。

(4)焦炭回旋区。热风通过配置在炉缸上部炉壁周围的 15~40 个风口进入高炉,热风压力为 200~400 kPa，风速 200~300 m/s，因而在每个风口前形成一个煤气与焦炭快速循环运动的袋形回旋区(见图 3-4)。回旋区往炉内延伸 0.5~2 m，周围被焦块所包围，焦炭回旋区是高炉内唯一存在的氧化性区域，也是炉内热量和气体还原剂的主要产生地。

(5)炉缸区。铁水和熔渣从静止的焦炭缝隙中渗出，形成渣铁分层的熔池，并完成最后的还原反应。铁中的碳达到饱和，锰、铁、磷等元素部分还原并熔入生铁。

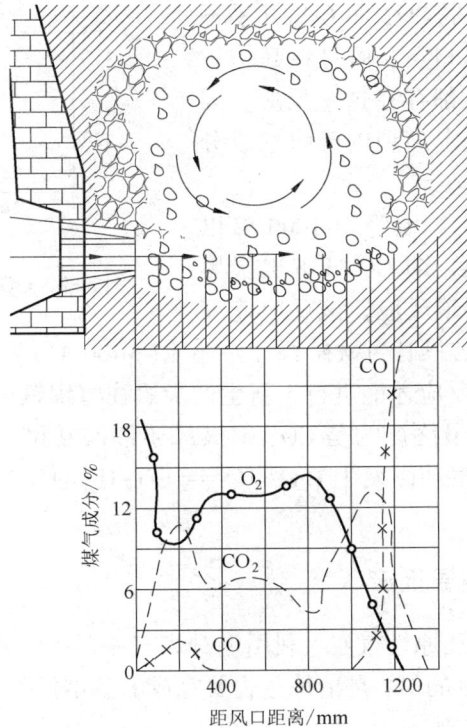

图 3-4　回旋区及径向煤气成分的变化

### 3.3.2　碳的燃烧反应

从图 3-4 可见，在风口前鼓风中的含氧量高时，焦炭按 $C+O_2 = CO_2$ 反应式进行，燃烧产物为 $CO_2$，称为完全燃烧反应，系强放热反应；当气体向炉缸内运动，因其中的 $O_2$ 含量降低，$CO_2$ 与炽热的焦炭进行 $C+CO_2 = 2CO$ 反应，此反应称为碳的气化反应(即布多尔反应)，系吸热反应。上述两反应的综合即为焦炭在风口前焦炭回旋区所进行的最终反应，反应式如下：

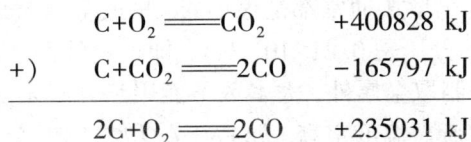

$$C+O_2 = CO_2 \qquad +400828 \text{ kJ}$$
$$+) \quad C+CO_2 = 2CO \qquad -165797 \text{ kJ}$$
$$2C+O_2 = 2CO \qquad +235031 \text{ kJ}$$

该 C—O 反应产物为 CO，称为不完全燃烧反应，系放热反应。该反应产生了高炉冶炼所需的气体还原剂 CO 和热量。

上述三个反应中，第一、第三反应的平衡常数值非常大，实际上可视为不可逆反应。第二个反应在高炉冶炼温度下是可逆反应，当反应 $C+CO_2 \Longrightarrow 2CO$ 达到平衡时，如果不考虑惰性气体 $N_2$ 的存在，其平衡气相组成与温度的关系曲线如图 3-5 所示。

从图 3-5 可知，温度升高，对于碳的气化反应，平衡沿着吸热方向移动，气相中平衡的 CO 浓度增加，当温度大于 1000 ℃时，总压力为 101 kPa，平衡气相中几乎 100%是 CO，而 $CO_2$ 几乎不存在。该反应不仅发生在风口区，而且在高炉炉身以下的高温区（>1000 ℃）都存在这一反应。因此，碳的气化反应是一个决定高炉内部煤气成分变化的重要反应。

在高炉上部（块状区），炉温降至 1000 ℃以下，碳的气化反应逆向进行，即 CO 分解出炭黑（$2CO \Longrightarrow C+CO_2$），称为析碳反应。该反应速度

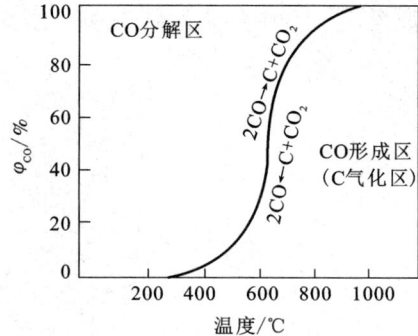

图 3-5　CO 平衡成分与温度的关系

缓慢，实际上的析碳量很少，只有当铁矿石开始还原（>400 ℃）生成新生态的海绵铁并对析碳反应起着催化作用时，该反应才能进行。新生的炭黑往海绵铁内渗透，便开始了铁的渗透过程。风口前碳燃烧反应的最终产物是 CO，但鼓风还带入氮和一定量的水蒸气。氮在高炉内不参加反应；高温下水蒸气与碳发生 $C+H_2O \Longrightarrow CO+H_2$ 的反应，所以炉缸煤气是由 CO、$N_2$ 和少量 $H_2$ 等组分组成的。

### 3.3.3　铁氧化物的还原反应

焦炭燃烧形成了高炉的还原性气氛，利用上升煤气中的 CO 和下降炉料中的固体碳（焦炭）夺取矿石中与金属铁结合的氧，是冶炼过程要完成的基本任务。

#### 3.3.3.1　氧化物的稳定性

金属能否被还原以及还原的难易程度，主要取决于它们与氧的结合能力，即氧化物的稳定性强弱。判断金属氧化物的稳定性，常用该氧化物的分解压（或氧化物标准生成自由能）来表示，氧化物的分解反应通式为：

$$2MO \Longrightarrow 2M+O_2$$

式中　M——金属；

　　　MO——金属氧化物。

在一定温度下，分解反应达到平衡时，其平衡常数为 $K_p=p_{O_2}$，此时平衡气相中氧的分压即为该氧化物的分解压。分解压小，说明氧化物稳定，不易分解；反之不稳定，易分解。分解压是温度的函数，由于分解反应均为吸热反应，温度升高，氧化物的分解压也随之升高，稳定性降低。但金属氧化物的分解压通常都是很小的，一般金属氧化物在常温下的分解压远小于 $0.21 \times 10^5$ Pa（大气中氧的分压是 $0.21 \times 10^5$ Pa），即稳定性高。故除少数金属氧化物（如 $Ag_2O$）能用加热分解的方法来制取金属外，大多数不能用热分解来实现金属与氧的分离。另外，一般金属氧化物的热分解所需温度很高，如 FeO 在 1727 ℃时分解压为 $10^{-2}$ Pa，要使其分解压大于 $0.21 \times 10^5$ Pa，分解温度应当为 3600 ℃，这是在目前冶炼条件下难以达到的。所以，大多数金属氧化物都是利用那些与氧有较大亲和力的物质去夺取金属氧化物中的氧，即通过

还原来实现与氧分离的。

在冶金热力学中，常把各种纯氧化物的分解压与温度变化关系绘制成图，用以比较氧化物的稳定性(见图 3-6)。图中每一条线均代表一种氧化物的分解压与温度的关系。从图 3-6 可知：

(1)各种氧化物的分解压都是随温度升高而增大，只有 CO 除外。

(2)在图中位置越低，氧化物的分解压愈小，则该氧化物愈稳定，元素易被氧化，即与氧亲和力大。

(3)在某一温度下，几种元素同时与氧相遇，则位置低的先氧化，位置高的氧化物先还原。

(4)位置低的元素可将较高位置的氧化物还原。在冶金中，常用硅热法和铝热法来还原比硅、铝位置高的氧化物，此法称为金属热还原法。

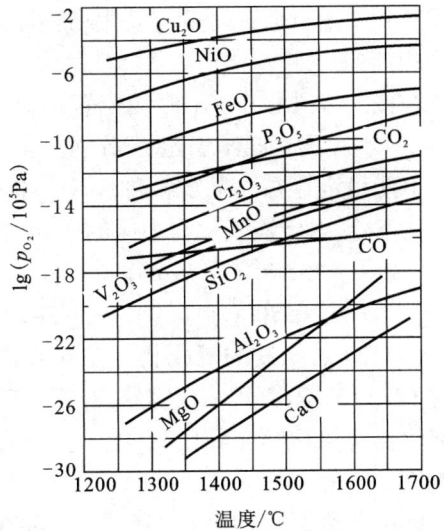

**图 3-6　纯氧化物分解压与温度关系**

(5)图中 CO 的分解压曲线的斜率与其它氧化物不同，它与各种氧化物的分解压曲线在不同温度相交，使碳成为许多氧化物的还原剂，只要满足一定的温度条件以及氧化物的分解压曲线在 CO 分解压曲线之上，该氧化物即可被碳还原，故在炼铁温度下($1200 \sim 2000$ ℃)，大多数氧化物都可被碳还原。这一特点对高炉冶炼中铁氧化物及其它氧化物的还原是极重要的。用金属元素去还原铁氧化物对高炉生产来说是很不经济的，而用自然界中贮量大、易开采、价格低廉的碳作还原剂，则是经济合理的。

金属氧化物还原反应可用通式表示：$MO+R \rightleftharpoons M+RO$，即用还原剂 R 去夺取金属化物 MO 中的氧，还原出金属 M。因此，还原剂 R 对 $O_2$ 的亲和力大于 M 与 $O_2$ 的亲和力，R 能把 M 从 MO 中还原出来，所以还原反应的条件是$(p_{O_2})_{RO}<(p_{O_2})_{MO}$；凡是对氧亲和力大于金属与氧亲和力的物质，均可作还原剂。由图 3-6 可知，C、Si、Mn、Al 等均可作还原剂。在钢铁冶金生产中，主要是用碳素作为还原剂。

值得注意的是，上述用分解压的大小来判断还原反应能否进行是对纯元素和纯氧化物而言的，当元素或氧化物溶解在溶液(如熔融渣、金属铁)中时，其分解压还与元素或氧化物的活度有关。元素在溶液(如铁水)中的活度愈大，其氧化物分解压愈大，愈容易还原；反之，氧化物在溶液(如炉渣)中的活度愈小，其氧化物分解压愈小，愈难得还原。

在高炉冶炼条件下，生产实践表明：

(1)炉料中所含的 $P_2O_5$ 将全部被还原，所有的磷都进入生铁；

(2)炉料中所含的 MnO 一般有 2/3 被还原成锰进入生铁，其余 1/3 则进入炉渣；

(3)少量的 $SiO_2$ 被还原进入生铁，绝大部分的 $SiO_2$ 进入炉渣；

(4)CaO、MgO、$Al_2O_3$ 在高炉冶炼条件下不被还原而进入炉渣。

3.3.3.2　铁氧化物的还原

(1)铁氧化物还原的特点。铁矿石中铁氧化物存在的形式主要是 $Fe_2O_3$、$Fe_3O_4$ 和 FeO，这些不同级的氧化物的分解压是不同的(见图 3-7)，低级氧化物的分解压较小，而高级氧化物的分解压较大,所以铁氧化物分解顺序是从高级向低级逐级转化,直至金属元素。氧化物还原的顺序与分解的顺序是相同的。

在图 3-7 中,$Fe_2O_3$ 曲线位置最高,即 $Fe_2O_3$ 最不稳定;$Fe_3O_4$ 次之,FeO 稳定性最强。但在 570 ℃ 以下时,FeO 不能稳定存在,会分解成 $Fe_3O_4$ 和 Fe,而 $Fe_3O_4$ 直接还原为 Fe。因此铁氧化物还原的顺序为:

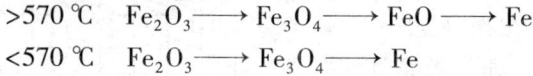

$$>570\ ℃ \quad Fe_2O_3 \longrightarrow Fe_3O_4 \longrightarrow FeO \longrightarrow Fe$$
$$<570\ ℃ \quad Fe_2O_3 \longrightarrow Fe_3O_4 \longrightarrow Fe$$

图 3-7　铁氧化物分解压
与温度的关系

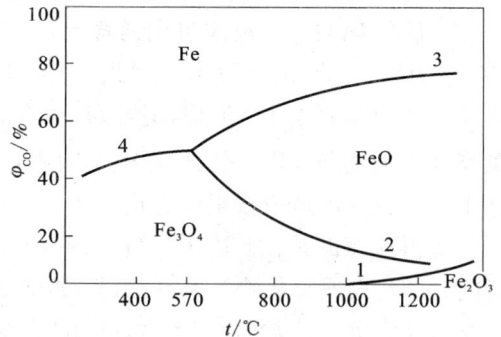

(2)CO 还原铁的氧化物。焦炭在高炉风口前燃烧形成含 CO 很高的煤气,CO 容易向矿石气孔内扩散,能渗入反应界面与氧化物充分接触,因此 CO 是炼铁过程的主要还原剂。

铁的各级氧化物用 CO 还原时,存在下列反应:

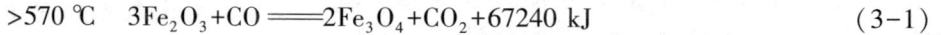

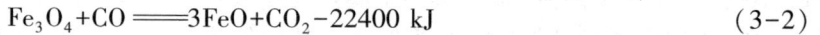

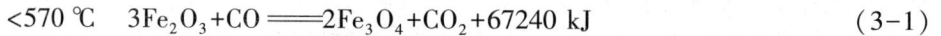

$$>570\ ℃ \quad 3Fe_2O_3+CO \Longrightarrow 2Fe_3O_4+CO_2+67240\ kJ \tag{3-1}$$
$$Fe_3O_4+CO \Longrightarrow 3FeO+CO_2-22400\ kJ \tag{3-2}$$
$$FeO+CO \Longrightarrow Fe+CO_2+13190\ kJ \tag{3-3}$$
$$<570\ ℃ \quad 3Fe_2O_3+CO \Longrightarrow 2Fe_3O_4+CO_2+67240\ kJ \tag{3-1}$$
$$1/4Fe_3O_4+CO \Longrightarrow 3/4Fe+CO_2+25290\ kJ \tag{3-4}$$

上述反应的平衡常数可用通式表示:$K_p=p_{CO_2}/p_{CO}=\varphi_{CO_2}/\varphi_{CO}$,因都是等容反应,故 $p_{CO_2}=\varphi_{CO_2}$,$p_{CO}=\varphi_{CO}$,反应达到平衡时气相中 $CO_2$、CO 的分压等于其体积分数。

由于不考虑惰性气体 $N_2$ 的存在,则 $\varphi_{CO}+\varphi_{CO_2}=100$。根据各反应不同温度下的平衡常数 $K_p$ 值,即可得到各反应在不同温度下的平衡气相成分 $\varphi_{CO}$,绘制成图(见图 3-8)。

反应 1、3、4(图 3-8)是放热反应,平衡常数 $K_p$ 值随温度升高而降低,反应达到平衡时的 CO 浓度增高,所以曲线朝右上方延伸。反应 2 是吸热反应,所以曲线走向与前三者相反。反应 1 的曲线与横坐标轴十分接近,即表示在任何温度下反应达到平衡时,CO 浓度都很低,这说明在气相中只要有很少的 CO 就能把 $Fe_2O_3$ 还原成 $Fe_3O_4$。

图中的四条曲线把图形分成四个区域,这四个区域分别表示 $Fe_2O_3$、$Fe_3O_4$、FeO、Fe 稳定存在的范围:只有在气相中的 CO 浓度高于在任一

1—$3Fe_2O_3+CO \Longrightarrow 2Fe_3O_4+CO_2$;
2—$Fe_3O_4+CO \Longrightarrow 3FeO+CO_2$;
3—$FeO+CO \Longrightarrow Fe+CO_2$;
4—$1/4Fe_3O_4+CO \Longrightarrow 3/4Fe+CO_2$。

图 3-8　CO 还原铁氧化物平衡气相

指定温度下曲线所示的 CO 平衡浓度时,由该曲线所示的还原反应才能进行。所以利用此图可以确定在一定条件(温度和 CO 浓度)下,任一铁氧化物转变的方向和最终产物。

(3)固体碳还原铁的氧化物。高炉的固体碳与矿石和液相 FeO 都可直接接触进行反应,

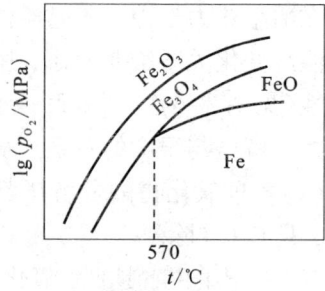

但前者是固-固接触，界面很小，后者在正常情况下液态渣中的 FeO 并不多，所以它们的还原都是有限的。实际上高炉内固体碳的还原作用主要是经 CO 的还原及碳的气化反应共同来完成的。碳对氧化铁的还原可以看成以下反应的组合：

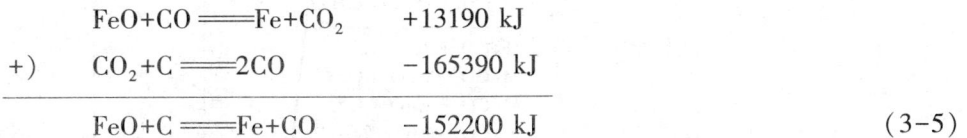

$$FeO+CO \Longrightarrow Fe+CO_2 \quad +13190 \text{ kJ}$$
$$+) \quad CO_2+C \Longrightarrow 2CO \quad -165390 \text{ kJ}$$
$$\overline{FeO+C \Longrightarrow Fe+CO \quad -152200 \text{ kJ}} \tag{3-5}$$

由反应结果可见，反应消耗的还原剂不是 CO，而是 C，该还原反应为强吸热反应。CO 仅起了把 FeO 的氧传给固体 C 的作用。CO 还原 FeO 生成的 $CO_2$ 与 C 反应，形成的 CO 又去还原 FeO。

(4) 间接还原与直接还原。还原剂为气态 CO、产物为 $CO_2$ 的铁各级氧化物还原反应，称为间接还原，如前述反应 (3-1)、(3-2)、(3-3) 和 (3-4)。还原剂为固体碳，产物为 CO 的反应，称为直接还原，如 $FeO+C \Longrightarrow Fe+CO$。

由前述可知，间接还原反应是可逆反应，还原剂 (CO) 不能全部被利用，平衡气相成分中有一定比例的 CO，其中除 $Fe_3O_4 \longrightarrow FeO$ 的还原反应需消耗热能外，其它间接还原反应均能放出少量热。铁的高级氧化物 (如 $Fe_2O_3$、$Fe_3O_4$) 容易被还原，且主要是通过间接还原进行的。低级氧化物 (FeO) 也有一半左右是通过 CO 间接还原，剩下的 FeO 才是直接还原的。

直接还原以固体碳为还原剂，是一个不可逆的强吸热反应 (反应式 3-5)，反应所需热量由碳燃烧提供。直接还原反应主要是借助于碳气化反应来进行的，由碳的气化反应平衡 (图 3-5) 可知，当炉内存在 CO、$CO_2$ 和 C 时，在高于 1000 ℃ 温度下，$CO_2$ 全部转变为 CO，间接还原反应所生成的 $CO_2$ 不存在。因此，高炉内直接还原主要在高炉中下部气化反应激烈进行的部位发生，常以 1000 ℃ 的等温线作为高炉内直接还原与间接还原的分界线。

铁的间接还原 (包括高价氧化物的还原) 虽多数是放热反应，但消耗的还原剂较多；铁的直接还原虽是吸热反应，但消耗的还原剂反而少。对于高炉炼铁究竟要发展哪种还原为最有利，这是一个直接影响高炉的焦比和产量等经济指标的生产工艺条件问题。近年来大力发展的高炉风口喷吹燃料，高风温，富氧和炉顶高压操作等技术措施，都有利于扩大高炉的间接还原区，从而使高炉炼铁技术朝着强化冶炼、降低焦耗和提高产量的方向发展。

## 3.4　高炉冶炼炉内反应

高炉冶炼是在竖式冶金炉内进行的，碳的燃烧反应和铁氧化物还原反应是炉内发生的主要反应。然而炼铁原料成分复杂，炉内发生的反应还包括：碳酸盐分解 (煅烧)、非铁氧化物 (锰、磷、硅等) 还原、铁渗碳、未还原氧化物造渣、炉渣脱硫等。沿高炉中心线纵剖面各部位发生的反应如图 3-9 所示。

### 3.4.1　煅烧

氢氧化物、碳酸盐等物料受热分解以及脱去其化学结合水或气体成分 (如 $CO_2$ 等) 的过程称为煅烧。

炉喉　加料面　～200℃

水分蒸发

$Fe_2O_3 \cdot xH_2O \rightarrow Fe_2O_3 + xH_2O$

$FeCO_3 \rightarrow FeO + CO_2$
$MnCO_3 \rightarrow MnO + CO_2$
$MgCO_3 \rightarrow MgO + CO_2$
$CaCO_3 \rightarrow CaO + CO_2$

煅烧带　～800℃

铁间接还原:
$3Fe_2O_3 + CO \rightarrow 2Fe_3O_4 + CO_2$
$Fe_3O_4 + CO \rightarrow 3FeO + CO_2$
$FeO + CO \rightarrow Fe + CO_2$

锰间接还原:
$2MnO_2 + CO \rightarrow Mn_2O_3 + CO_2$
$3Mn_2O_3 + CO \rightarrow 2Mn_3O_4 + CO_2$
$Mn_3O_4 + CO \rightarrow 3MnO + CO_2$

铁渗碳:
$3Fe + 2CO \rightarrow Fe_3C + CO_2$
$C_{焦} \rightarrow C_{生铁}$

间接还原带　固体炉料　～1000℃

直接还原:
$FeO + C \rightarrow Fe + CO$
$P_2O_5 + 5C \rightarrow 2P + 5CO$
$SiO_2 + 2C \rightarrow Si + 2CO$
$MnO + C \rightarrow Mn + CO$
造渣

碳气化:
$2C + O_2 \rightarrow 2CO$
$C + H_2O \rightarrow CO + H_2$

直接还原带　变软与液化　～2000℃

1800℃

脱硫
$FeS + CaO + C \rightarrow CaS + Fe + CO$

炉渣～1500℃
生铁～1400℃　液体

炉身　炉腰　炉腹　炉缸

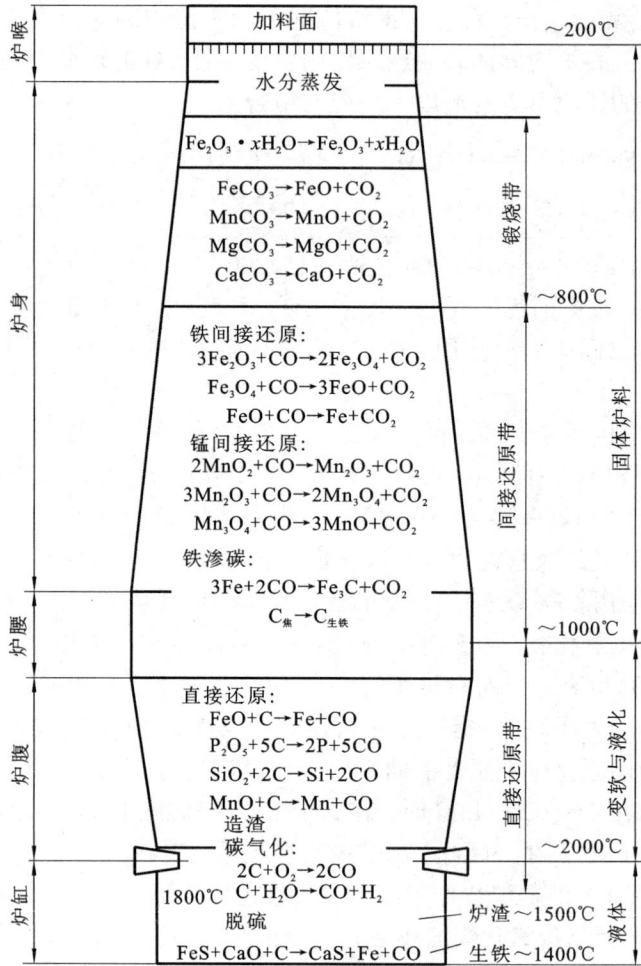

**图 3-9　高炉内各部位主要反应示意图**

铁矿石中的褐铁矿($Fe_2O_3 \cdot xH_2O$)成分在高炉上部受上升热煤气流的作用，很快蒸发失去结晶水(即化学结合水)。

当炉料下降，并被加热到 $800\sim900$ ℃时，作为熔剂加入的石灰石和白云石发生分解反应，这些碳酸盐煅烧生成的 $CO_2$ 会降低高炉上部煤气的还原能力，得到的碱性氧化物在高炉下部滴落区和炉缸区与脉石和燃料中的酸性氧化物结合形成炉渣。

锰通常是钢中重要的合金元素。当要求高炉生产含锰较高(如大于1%Mn)的生铁时，一般要使用锰矿石，如软锰矿($MnO_2$)、菱锰矿($MnCO_3$)等。另外，铁矿石(如菱铁矿)中也含有碳酸锰。锰和铁的碳酸盐煅烧是在高炉上部煅烧区完成的。

### 3.4.2　还原反应

在高炉炉身以下区域(软熔、滴落和炉缸区)有大量的灼热焦炭存在，温度为 $1000\sim 2000$ ℃，由于碳气化反应在这里激烈进行，$CO_2$ 不能稳定存在，上升煤气中除含 $N_2$ 和少量 $H_2$ 以外，为100%CO。在高炉下部炉腹处还原反应主要是熔融渣铁中的氧化物被固体碳直接还原，进行的主要反应如下：

$$(FeO)+C \Longrightarrow [Fe]+CO \qquad (P_2O_5)+5C \Longrightarrow 2[P]+5CO$$

$$(SiO_2)+2C \Longrightarrow [Si]+2CO \qquad (MnO)+C \Longrightarrow [Mn]+CO$$

式中，圆括号表示熔渣中的氧化物；方括号表示铁水中的有关元素。根据氧化物分解压大小(图 3-6)判断上述还原反应进行的难易，其顺序为 $FeO—P_2O_5—MnO—SiO_2$。由于这些氧化物与脉石和熔剂中的其它氧化物形成熔渣，相对于纯氧化物而言，它们的反应能力下降，或者说它们在熔渣中的活度小，使还原反应的进行变得困难。高炉生产实践表明：原料中的铁和磷全部还原，锰有 2/3 还原，硅少量还原。因此，磷、锰、硅等元素以及在高炉上部尚未还原的铁(约占矿石中总铁量的 1/2)是在炉料软熔和熔化后被固体碳直接还原的。

当煤气上升到炉身部位(块状区)，由于加热炉消耗大量的热能，煤气温度从 1000 ℃ 左右下降到 400 ℃ 以下，最后由炉顶导出管排出。由于氧化物间接还原反应和碳酸盐分解反应都主要在块状区进行，煤气中 $CO_2$ 含量逐渐升高，CO浓度相应降低，出炉煤气中的 $\varphi_{CO}$ 与 $\varphi_{CO_2}$ 比值为 3∶1 左右，所以煤气的还原能力逐渐减小。随着煤气上升，从下至上 CO 依次把 FeO 还原成 Fe；把 $Fe_3O_4$ 还原成 FeO；把 $Fe_2O_3$ 还原成 $Fe_3O_4$。锰的氧化物也是逐级还原的。在高炉块状区用 CO 可以顺利地把高价锰氧化物还原到氧化亚锰(MnO)。但 MnO 是很稳定的，其分解压比 FeO 小得多，它不能间接还原，而只能直接还原。

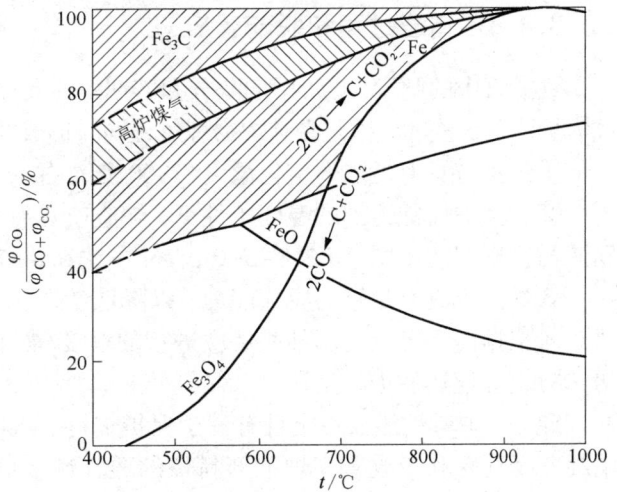

图 3-10　Fe-C-O 平衡图

在高炉上部区煤气成分和铁氧化物还原的平衡气相成分随温度的变化如图 3-10 所示。

### 3.4.3　渗碳过程

在高炉上部，随着煤气温度下降，碳的气化反应逆向进行($2CO \longrightarrow C+CO_2$)，但由于在高炉内煤气流速很大，在炉内停留的时间仅几秒钟，反应时间不充分，加之反应是由气相中析出固体碳，新相生成困难，只有在新生态海绵铁的表面才易生成碳的晶核，故上述逆反应不能达到平衡，但仍能析出一定量的炭黑。

刚从铁矿石还原出来的金属铁呈固体多孔状，几乎不含碳，称为海绵铁。它在随炉料下降的过程中不断吸收碳素(渗碳)，在炉身部分(块状区)发生的这种渗碳过程，主要是靠 CO 分解出的炭黑进行的。分解出的炭黑有很高的活性，它附着或沉积在海绵铁的孔隙内，使其渗碳形成铁的碳化物。其反应过程如下：

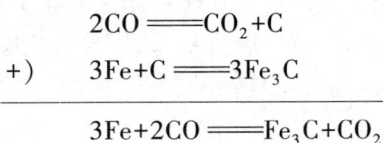

$$2CO \Longrightarrow CO_2+C$$
$$+)\quad 3Fe+C \Longrightarrow 3Fe_3C$$
$$\overline{\qquad\qquad\qquad\qquad}$$
$$3Fe+2CO \Longrightarrow Fe_3C+CO_2$$

碳化铁($Fe_3C$)的稳定区域如图 3-10 中左斜线阴影区所示。

由于固体海绵铁和固体炭黑的接触只发生在表面，渗碳的速度慢，量也少，因此海绵铁的渗碳是有限的，不到 1%。经渗碳后的固体海绵铁，熔点降低，当进入软熔区温度升高时，便开始熔化滴落，改善了铁与焦炭的接触条件，加快了渗碳速度。从风口区取样分析看，试样中含碳量几乎接近最后生铁的含碳量(3.0% ~ 4.5%)。这说明渗碳过程主要在炉腰、炉腹部分(软熔区)依靠液态铁进行，其反应式为：

$$3[Fe]+C \rightleftharpoons [Fe_3C]$$

$Fe_3C$ 溶入生铁中，使生铁熔点降到 1150 ℃ 左右。所以随炉料下降，渗碳过程逐渐进行，促使生铁的熔点不断降低，同时溶入少量硅、锰、磷等合金元素，最终形成生铁。

### 3.4.4 造渣过程和脱硫反应

铁矿石中的脉石、焦炭中的灰分和熔剂中的氧化物在高炉冶炼条件下不能还原，只能熔融成为炉渣。炉渣和生铁是在高炉冶炼过程同时形成的两种液态产物。高炉渣应有下列作用：

①炉渣应具有适当的熔化温度(1300 ℃ 左右)，以保证炉缸的温度适当。

②在高炉所能达到的温度条件下，炉渣应具有良好的流动性，有助铁滴汇集长大，并借助渣与铁密度的不同(渣 2.8 ~ 3.0 g/cm³，铁 6.8 ~ 7.0 g/cm³)达到渣铁分离的目的。

③炉渣应具有足够的脱硫能力，以降低生铁含硫量。

④根据需要可以控制某些反应进行的程度(如 $SiO_2$ 的还原)和促使有益元素(如 Mn、V、Nb 等)更好地还原进入生铁。

此外，炉渣性能要稳定且有利于保护炉衬。同时渣量要小，这样不仅能减少熔剂和燃料消耗，而且有利于改善高炉下部料柱的透气性。目前，先进高炉的渣量已降到 300 kg/t(生铁)以下。

(1)高炉炉渣的组成及碱度。高炉内初渣从软熔前沿开始滴落。处在滴落过程的炉渣称炉腹渣，又称中间渣。滴落中的炉腹渣温度不断升高，渣中的 FeO 量因不断还原而减少，炉渣流动性改善。炉腹渣流经风口区熔入焦炭燃烧后的灰分，渣中 $Al_2O_3$、$SiO_2$ 明显增高，最后完成还原和脱硫任务成为终渣。一般所说的高炉渣均指终渣。

高炉渣的主要成分是 $SiO_2$、$CaO$、$Al_2O_3$ 和 $MgO$，四者之和在 95% 以上，还有少量 FeO、MnO 和 S。由于原料条件和冶炼生铁品种不同，其化学成分有所不同，一般化学成分(%)如下：

CaO 35 ~ 45，$SiO_2$ 30 ~ 45，$Al_2O_3$ 8 ~ 14，MgO 6 ~ 8。FeO 和 S 的质量分数分别在 0.5% 和 1% 左右。

钢铁冶金炉渣中所含的氧化物可分为酸性、碱性和中性三大类，它们的酸碱性排列顺序如下：

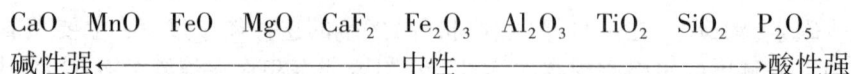

CaO  MnO  FeO  MgO  $CaF_2$  $Fe_2O_3$  $Al_2O_3$  $TiO_2$  $SiO_2$  $P_2O_5$

碱性强←————————中性————————→酸性强

钢铁冶金中常用碱度作为调整炉渣成分和判断炉渣酸碱性的参数。所谓碱度就是炉渣中碱性氧化物含量与酸性氧化物含量的比值。在工业生产上，其含量均用质量分数表示。最常用、最简单的碱度表示法是 $CaO/SiO_2$(此时对 CaO、$SiO_2$ 以外的成分不加考虑。)一般 $CaO/SiO_2$ 大于 1 的称碱性渣，$CaO/SiO_2$ 小于 1 的称酸性渣。目前我国炼铁高炉采用的炉渣碱度为 0.9 ~ 1.2。

(2)炉渣的物理性质。炉渣起到的冶金作用大小,主要决定于熔融炉渣的熔化温度、黏度、界面张力、密度、热熔及某些组分的活度等因素。在这些因素中,熔化温度、黏度和密度是炉渣的主要物理性质,这些物理性质由炉渣的组成决定。

①熔化温度(熔点)。炉渣是多元组成物,成分很复杂。当它由固相转变成液相时,不像晶体那样在热分析冷却曲线上存在明显的转折点。因此它没有确定的熔点,只存在熔化(软化)的温度范围。习惯上,把炉渣的熔点定义为完全转变成均一的液体状态时的温度或冷却时开始析出固体时的温度。显然,这样获得的熔点只能是一个大概的数值。

炉渣的熔化温度主要与组成有关。然而,构成炉渣的氧化物的熔点都很高,例如 $SiO_2$ 为 1625 ℃,$Al_2O_3$ 为 2050 ℃,$CaO$ 为 2570 ℃,$MgO$ 为 2800 ℃,所以炉渣是各种氧化物的熔合体。在冶炼的高温下,各种氧化物相互作用形成二元化合物和共晶以及三元、多元化合物和共晶,熔点逐步降低,直到 1300 ℃左右在炉内完全熔化。

②炉渣黏度。黏度是炉渣的重要动力学性质之一。炉渣的流动性好坏,通常用黏度来衡量。流动性好的炉渣有利于提高渣铁反应和传质传热的速率,有利于金属和炉渣的澄清分离。因此,炉渣黏度的大小有时成为高炉能否顺利运行的关键。

黏度就是相隔单位距离的两层流质间产生单位速度的切变所需要的力,它代表着炉渣内部做相对运动的各层之间的内摩擦力。黏度的单位是 Pa·s。高炉冶炼要求在炉缸温度范围内(1500~1600 ℃)炉渣的黏度不大于 0.5 Pa·s。

影响炉渣黏度的因素主要是温度和炉渣成分。炉渣黏度随温度升高而降低。在一定温度下,炉渣的黏度主要取决于化学成分。如 $SiO_2$ 在炉渣中的含量对黏度影响较大,因此一般酸性渣的黏度大,且随 $SiO_2$ 含量增加,黏度迅速升高。若向酸性渣中加入 $CaO$,则随 $CaO$ 含量增加,黏度减小。但 $CaO$ 含量超过一定比例时,因炉渣熔点升高,黏度则显著升高。$MgO$ 对炉渣黏度的影响与 $CaO$ 相似。

(3)炉渣去硫。高炉冶炼的脱硫是整个钢铁生产中最重要的阶段,也是冶炼优质生铁的首要问题。高炉中的硫有 2/3 是来自焦炭,其它则是由喷吹的燃料和矿石带入的。1 t 生铁原料带入的硫为 4~6 kg。

降低生铁含硫(一般应小于 0.06%)的主要措施是提高炉渣的脱硫能力,即提高硫在渣铁中的分配系数,使原料中更多的硫转入炉渣。大量的脱硫反应发生在铁水穿过炉缸渣层的过程中,这时渣铁界面大,脱硫速度快,然后便是在炉缸渣铁熔池的界面上,这时渣铁接触时间长,脱硫反应充分(见图 3-9)。

渣铁间的脱硫反应可以看成是溶解于铁水中的[FeS]与渣中的(CaO),在有[C]存在的条件下进行的界面反应:

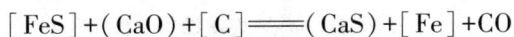

$$[FeS]+(CaO)+[C] \Longrightarrow (CaS)+[Fe]+CO$$

上述脱硫反应为吸热反应。显然,温度高有利于脱硫。高炉温的另一个作用是降低炉渣的黏度,有利于脱硫组元的扩散,加速炉渣-生铁液间的脱硫反应进行。因此,为了提高炉渣脱硫能力,主要有三个基本条件:碱度高、炉温高、还原性炉渣。

炼钢炉渣虽可实现高温高碱,但氧化性强,故脱硫能力差。高炉是强还原气氛,而且铁水中 C、Si 含量高,铁水中硫的活性高,脱硫条件优越,所以钢铁生产过程脱硫任务主要由高炉来完成。

## 3.5　高炉结构及附属设备

高炉是冶炼生铁的主要设备(图3-11),除高炉本体外,还包括许多附属设备。

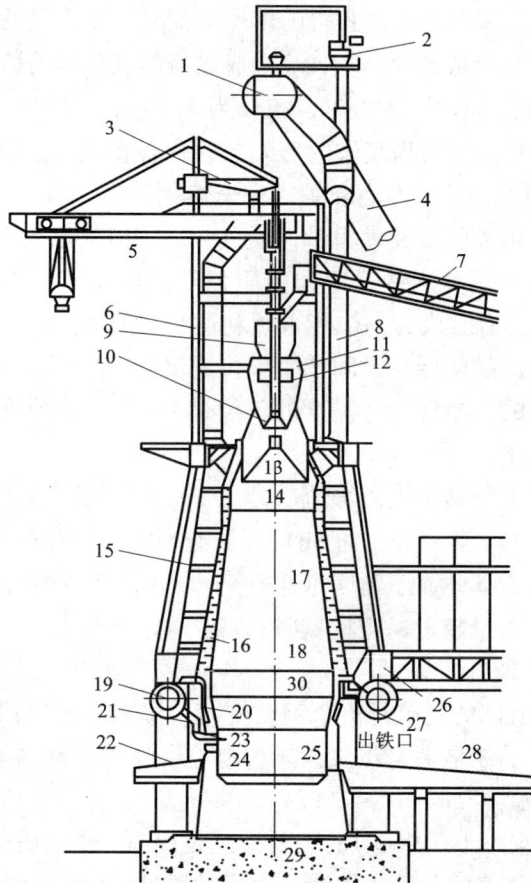

1—集合管;2—炉顶煤气放散阀;3—料钟平衡杆;4—下降管;5—炉顶起重机;6—炉顶框架;
7—带式上料机;8—上升管;9—固定料斗;10—小料钟;11—密封阀;12—旋转溜槽;
13—大料钟;14—炉喉;15—炉身支柱;16—冷却水箱;17—炉身;18—炉腰;
19—围管;20—冷却壁;21—送风支管(弯管);22—风口平台;23—风口;24—出渣口;
25—炉缸;26—中间梁;27—支承梁;28—出铁场;29—高炉基础;30—炉腹。

图3-11　高炉炉体设备总图

### 3.5.1　高炉本体结构

高炉是一个横断面为圆形的竖炉,它的外壳是钢板焊成的,内砌碳砖作衬里。在砖衬和炉壳之间,或者在砖衬内部,设有水冷或汽化冷却装置,以保护砖衬、炉壳及金属构件,维护炉型,延长炉子寿命。

3.5.1.1 高炉炉型

高炉内部工作空间的形状称为高炉内型，即通过高炉中心线的剖面轮廓。炉子的内型设计应适应炉料的体积变化，使炉料下降顺畅及保证化学反应顺利进行。现代高炉内型一般由炉缸、炉腹、炉腰、炉身和炉喉五段组成。5000 m³ 级的大型高炉内型实例如图 3-12 所示。

（1）炉喉 炉喉呈圆筒形。在此进行炉顶布料和炉料的初步加热。

（2）炉身 炉身呈圆台形，它适应炉料和煤气因温度变化而引起的体积改变。矿石在这里完成在固体状态下的整个加热过程，是高炉容积最大的一部分。

（3）炉腰 炉腰呈圆筒形，它是高炉直径最大部分。此处是炉料由固体向熔体过渡阶段，较大的炉腰直径能减少煤气流的阻力。

（4）炉腹 炉腹为倒圆台形，它适应炉料熔化体积收缩的特点，有利于煤气流的均匀分布。

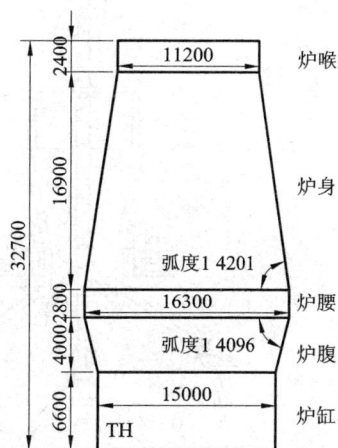

图 3-12 5000 m³ 级高炉内型实例(单位：mm)

（5）炉缸 炉缸是圆筒形，它既要贮存一定数量的铁水和炉渣，又要能保证燃烧有足够数量的焦炭。铁口、渣口和风口都设置在炉缸部位。风口设在渣口水平上方一定距离的位置，要求渣面不上升到风口平面，风口下应留有一定的焦炭燃烧空间。

高炉有效容积系五段容积之和，是炉料在炉内实际占有的容积。一般规定，由高炉出铁口中心线所在水平面，到大料钟下降位置处其下沿水平面之间的高炉容积为高炉的有效容积。目前我国最大的高炉是上海宝山钢铁总厂的 1 号高炉，容积为 4063 m³。在国外已有多座 5000 m³ 以上的巨型高炉。

五段式高炉内型形成了两头小、中间大，且略带锥度的圆柱形空间，既保证了炉料下降过程受热膨胀、松动软熔和最后形成液态时体积收缩的需要，又符合煤气上升过程中冷却收缩和高温煤气上升不至烧坏炉腹砖衬的特点。

3.5.1.2 炉顶装料设备

炉顶既是炉料的入口也是煤气的出口，是高炉的咽喉。为了将焦炭和矿石在炉内径向按照所要求的料层厚度及粒度分布，并在圆周方向均匀地装入，在炉顶设有装料设备。现代高炉有双钟式炉顶及无钟炉顶两种炉顶装料设备。

（1）双钟式炉顶 即双钟带小料斗旋转式布料器，其结构见图 3-13。两个料钟既要起布料作用，还要起密封作用。炉料通过传送装置送到炉顶，首先在大料钟关闭情况下将炉料装入小料斗。小料钟下降，落入大料斗中，每卸料一次，小料斗旋转 60°，以使大料斗内的炉料均匀分布。当小料钟几次下料后，在小料钟关闭的情况下，大料钟下降，将炉料装入炉内，这样一来，大小料钟至少有一个处于关闭状态，从而阻住了煤气的逸出。

（2）无钟炉顶 这种炉顶完全取消了大小料钟，采用一个旋转布料溜槽，正上方有一个控制溜槽旋转与摆动的气密齿轮箱。溜槽上面有两个料仓，轮换装料与卸料，每个料仓的上下各有一个密封阀。当料仓的上阀开启、下阀关闭时，处在装料状态下，反之则为卸料(图 3-14)。

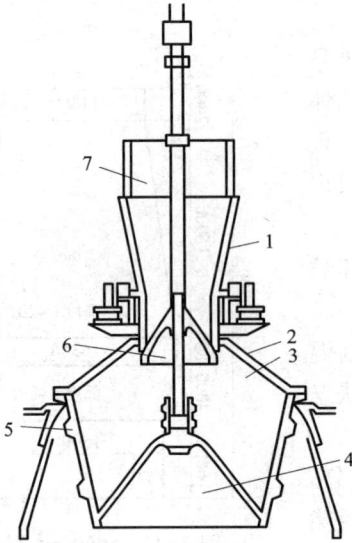

1—旋转布料器；2—煤气封盖；3—均压室；
4—大料钟；5—大料斗；6—小料钟；7—受料斗。

图 3-13　双钟式炉顶

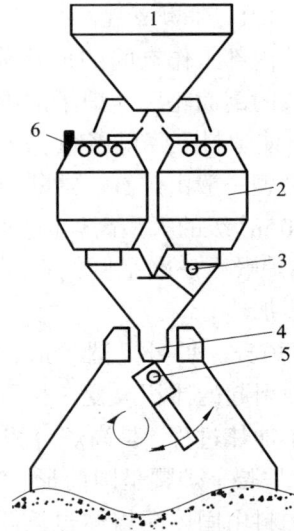

1—受料斗；2—料仓；3—料流控制阀；
4—中央卸料管；5—布料溜槽；6—均压设备。

图 3-14　无钟炉顶

　　无钟炉顶设备由于取消了笨重的大小料钟，而且布料上有很大的灵活性，因此在大高炉上的使用已日益广泛。

### 3.5.2　高炉附属系统

　　一个大型炼铁厂，在高炉周围还配备用于原料运贮、鼓风加热、煤气净化、渣铁处理、喷吹燃料等的设备。图 3-15 概要地表示了高炉外围设备及主要的物料流程。

　　炉顶上料系统包括料车和带式上料机两种形式。以前大多数高炉都采用料车上料。近年来，由于高炉向大型化发展，要求运输炉料能力加大，故新建大型高炉广泛采用皮带上料机。

　　高炉送风系统是由鼓风机、冷风管道、热风炉、热风管道、煤气管道、废气管道和烟囱等组成的。鼓风机加压的空气通过热风炉加热到 1000~1300 ℃。通常，一座高炉要设置 3~4 座热风炉，并共用一座烟囱。当一座热风炉往高炉送热风时，另外两座分别用煤气加热和保温。现代高炉采用考贝式热风炉，它由使鼓风升温的蓄热室和加热此蓄热室的燃烧室所组成。热风炉在结构上，有将燃烧室和蓄热室放在同一个圆筒形炉壳之内的内燃式，也有将燃烧室独立砌筑于蓄热室之外的外燃式。新建大型高炉多采用先进的外燃式结构的考贝式热风炉（图 3-16）。

　　煤气燃烧室产生的高温烟气通过蓄热室时，将其显热蓄积在由格子砖构成的蓄热室里；而空气通过蓄热室时，则被加热到预定的温度。因此，热风炉主体由燃烧室与蓄热室两部分构成。热风炉的工作可分为燃烧蓄热期和鼓风加热期。自 20 世纪 60 年代以来，采用外燃式热风炉取代内燃式热风炉已成为提高风温的一种重要措施。

　　热风炉预热后的空气，通过设在靠近炉腹的炉缸上部的风口送入炉内，由于风口周围是炉内高温区，故设置有冷却水套。一座炉缸直径为 14 m、有效容积为 4000 m³ 级的大型高炉，一般安装有 38~42 个风口。风口前端内径为 100~150 mm（图 3-17）。

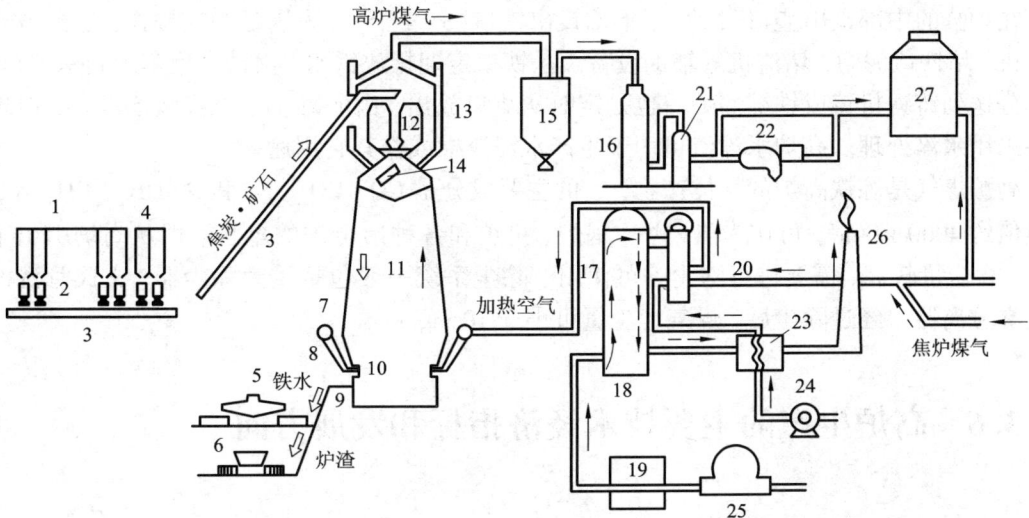

1—矿石料仓；2—称量料斗；3—传送带；4—焦炭料仓；5—铁水罐车；6—渣罐车；7—热风围管；
8—热风支管；9—出铁口；10—风口；11—高炉；12—炉顶受料漏斗；13—放散管；14—旋转溜槽；
15—除尘器；16—文氏管洗涤器；17—热风炉；18—蓄热室；19—空气脱湿机；20—燃烧室；
21—气雾分离器；22—炉顶气体压力发电机；23—热风炉燃烧所用空气的预热装置；
24—热风炉燃烧用的鼓风机；25—高炉鼓风机；26—烟囱；27—高炉煤气贮气罐。

**图 3-15　高炉炼铁物料流程及外围设备示意图**

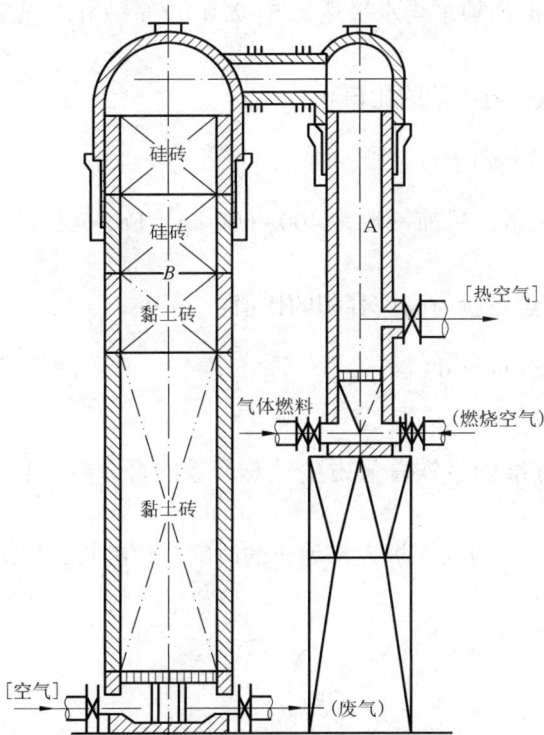

A—燃烧室；B—蓄热室；圆括号—燃烧蓄热期；
方括号—送风加热期。

**图 3-16　考贝式热风炉(外燃式)**

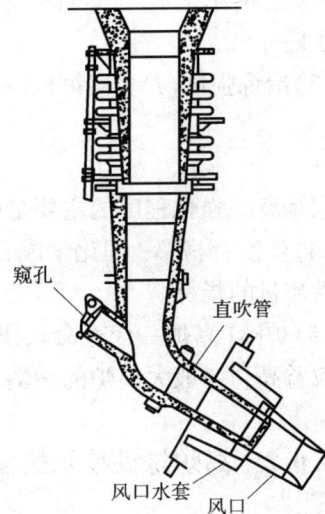

**图 3-17　风口区的结构**

在炉缸的中部设出渣口(2个)，下部设出铁口(3~4个)。为满足炉前操作，还配备有开铁口机、堵铁口泥炮、堵渣机等辅助设备。从铁口定期排放铁水，由铁水罐车运到炼钢车间，少部分送到铸铁机铸成铁锭。炉渣也是定时从渣口放出，由渣罐车运往弃渣场堆存，但现在大多采用水淬处理。高炉水淬渣可用于生产水泥渣棉或作其它用途。

高炉煤气是炼铁高炉的气体产物，它的主要成分是 CO、$CO_2$、$N_2$ 和少量 $H_2$、$CH_4$ 等，其发热值约 4000 kJ/$m^3$，可作为热风炉、锅炉、焦炉和各种冶金炉的燃料。但从高炉引出来的煤气，含尘量较高，需要进行除尘方可使用。除尘系统一般包括重力除尘器、文氏管洗涤器和气雾分离器。经过除尘后，煤气含尘量可小于 10 mg/$m^3$。

# 3.6 高炉生产的主要技术经济指标和发展方向

## 3.6.1 主要技术经济指标

评价高炉生产的技术经济指标主要有：

(1)高炉有效容积利用系数($\eta$)，即高炉每昼夜的生铁产量($P$)与有效容积($V$)的比值。

$$\eta = \frac{P}{V}[t/(m^3 \cdot d)]$$

它是衡量高炉生产效率的重要指标。目前高炉平均水平达 1.5~2.0 t/($m^3 \cdot$ d)，先进水平超过 3.0 t/($m^3 \cdot$ d)。

(2)焦比($K$)，即每昼夜消耗的焦炭量($Q$)与产量的比值：

$$K = \frac{Q}{P} (kg/t Fe)$$

可见，焦比是生产 1 t 生铁所消耗的焦炭量。目前一般为 400~600 kg/t Fe，先进高炉低于 400 kg/t Fe。

(3)冶炼强度($I$)，即每昼夜高炉燃烧的焦炭量与高炉容积的比值：

$$I = \frac{Q}{V}[t/(m^3 \cdot d)]$$

它是高炉强化程度的主要指标之一。

(4)生铁合格率，即化学成分符合国家标准的生铁总量占生铁总产量的百分数。它是衡量生铁质量的指标。

(5)炉龄(高炉一代寿命)，即高炉从点火开始到停炉大修为止的时间。炉龄长，产铁多，经济效益高。一般大高炉的炉龄为 10 年左右。

## 3.6.2 高炉炼铁技术的发展

近 20 年来，高炉炼铁技术主要朝着优质、高产、低耗和长寿的目标，向大型化、自动化方向发展。在生产工艺上，发展的重点放在强化冶炼和节焦方面。

(1)高炉大型化。建设大型钢铁企业，采用大型高炉，可节省基建投资，提高劳动生产率，降低各项消耗和生产成本。因此，世界各国高炉的建设正向大型化发展。70 年代末，日本已有十几座 4000~5000 $m^3$ 的高炉投产。世界上其它国家也在不断建设 5000 $m^3$ 以上高炉。我国宝钢已有 3 座 4000 $m^3$ 级高炉在生产。

（2）精料。精料是高炉高产、低耗、优质的物质基础。随着资源的逐渐贫化，必须更加重视铁矿石的准备处理工作。精料的关键是使用高品位、低渣量、高还原性、高强度、低粉末、成分稳定、粒度均匀的自熔性人造富矿。目前我国许多高炉熟料（烧结矿和球团矿）率已达 90% 以上。

（3）高压操作。提高炉内煤气压力的操作称为高压操作，它是靠安装在高炉煤气系统管道上的调压阀组来调节的。炉顶压力低于 0.03 MPa 的为常压操作，高于 0.03 MPa 的为高压操作。高炉采用高压操作，可使炉内煤气流速降低，从而减小煤气通过料柱的阻力，获得增加产量的效果，还能减少炉尘吹出量，改善煤气净化质量，降低焦比。一般顶压提高 0.01 MPa，可增产 2%，降焦 1%。我国宝钢高炉顶压已达 0.25 MPa，国外先进高炉为 0.3 MPa。

（4）高风温。提高风温可降低焦比。目前国外风温的先进水平达 1350~1450 ℃。我国目前平均风温为 1000 ℃ 左右。应当改进热风炉结构、材质，采取预热助燃空气、富化煤气等措施，以进一步提高风温。

（5）富氧鼓风。在鼓风中加入一定量工业用氧以提高鼓风中氧的浓度（$\varphi_{O_2} > 21\%$）称为富氧鼓风。富氧鼓风可加速燃烧，减少煤气量，有利于风量的增加和炉况运行。鼓风中富氧 1%，煤气量减少 3%~4%，理论燃烧温度可提高 40 ℃。

（6）喷吹燃料。从风口喷吹燃料的主要目的是用廉价的燃料（煤粉、重油、天然气等）部分代替价格昂贵的焦炭。国外一般喷吹燃料量占高炉消耗燃料的 10%~30%。目前我国喷吹粉煤量平均为 50~100 kg/t Fe，正在为突破 200 kg/t Fe 而努力。

（7）脱湿鼓风。目前在工业上采用的鼓风脱湿有两种方法：一是利用脱湿剂（如氯化锂）吸收除去空气中的水分；二是利用冷冻机将空气冷凝到露点以下使水分冷凝除去。经验证明，每脱湿 10 g/$m^3$，可降低焦比 8~10 kg/t Fe，相当于提高风温 60~70 ℃，它不仅稳定了炉况，而且提高了风口前理论燃烧温度，为增加喷吹燃料量创造了条件。

（8）炉顶煤气余压发电。利用炉顶导出的煤气压力能发电。一座顶压为 0.02 MPa 的 4000 $m^3$ 的高炉，可发电 1.2~1.4 万 kW，相当于高炉鼓风机用电的 25%~30%，从而降低了炼铁能耗。

（9）高炉操作自动化。在高炉生产的许多环节上实现计算机控制，如高炉上料系统的设备动作联锁、原料称量误差和焦炭的水分自动补正、炉顶布料与均排压、热风炉换炉等，都已实现了计算机在线闭环自动控制，整个高炉系统的温度、流量、压力等参数都已通过微型计算机联入管理计算机，为炉况控制提供指导，并能进行严格的监测、显示和数据处理。人工智能专家系统已在高炉生产中发挥了积极作用，过去由各类仪表组成的高炉控制室，目前已完全被由电视显示屏幕和计算机组成的高水平操作室所代替。

### 3.6.3　高炉炼铁生产实例

现代化高炉冶炼过程典型的物料平衡如表 3-5 所示。

表 3-5 现代高炉炼铁物料平衡实例

| 炉料 | 平均粒度/mm | 单耗/(kg·t⁻¹ Fe) |
|---|---|---|
| 焦炭 | 14 | 421 |
| 烧结矿 | 12 | 1278 |
| 球团 | 12 | 176 |
| 块矿 | 17 | 172 |
| 回收杂料 | | 14 |

| 送风条件 | | |
|---|---|---|
| | 鼓风量/(m³·t⁻¹ Fe) | 1047 |
| | 重油/(kg·t⁻¹ Fe) | 37.4 |
| | 鼓风水分/(g·m⁻³) | 8 |
| | 鼓风温度/℃ | 1230 |
| | 富氧率/% | 0.12 |
| | 鼓风压力/MPa | 0.413 |

| 高炉煤气 | 炉尘量 | kg/t Fe | 9.6 |
|---|---|---|---|
| | 高炉煤气（干燥状态） | 数量/(m³·t⁻¹ Fe) | 1444 |
| | | 温度/℃ | 126 |
| | | 压力/MPa | 0.277 |
| | | $\varphi_{CO}$/% | 21.2 |
| | | $\varphi_{CO_2}$/% | 21.8 |
| | | $\varphi_{H_2}$/% | 2.4 |

| 生铁、炉渣 | | |
|---|---|---|
| | 铁水温度/℃ | 1515 |
| | 炉渣量/铁水量 | 0.32 |

| 炉渣化学成分/% | | 生铁化学成分/% | |
|---|---|---|---|
| $SiO_2$ | 33.5 | | |
| CaO | 41.2 | C | 4.63 |
| $Al_2O_3$ | 13.7 | Si | 0.52 |
| MgO | 6.8 | P | 0.114 |
| S | 0.99 | Mn | 0.52 |
| MnO | 0.56 | S | 0.028 |

## 复习思考题

1. 我国铁矿资源有什么特点？高炉炼铁常用的铁矿有哪几种？各有什么特点？

2. 高炉冶炼对铁矿石的要求是什么？

3. 高炉冶炼为什么要加入熔剂？常用的熔剂有哪些？对其有什么要求？

4. 焦炭在高炉冶炼中起什么作用？高炉对其质量有何要求？

5. 粉矿造块的意义及其方法有哪些？

6. 用示意图说明烧结过程沿料层断面高度的变化规律。

7. 简述带式烧结机的结构及烧结台车的运行过程原理。

8. 写出碳燃烧的主要反应式，用 $\varphi_{CO}$-$t$ 图说明布多尔反应及其逆反应特点。

9. 何谓焦炭回旋区？风口前焦炭燃烧有何重要意义？

10. 根据纯氧化物分解压与温度关系图和实际生产实践说明高炉原料中各种金属氧化物在还原冶炼中的行为。为什么炼铁用碳作还原剂？

11. 铁氧化物用 CO 还原的特点是什么？还原反应的条件是什么？

12. 用固体碳还原铁氧化物的特点是什么？

13. 什么是直接还原和间接还原？比较它们的特点。

14. 从高炉解剖分析高炉冶炼过程大致可分为几个区域？冶炼过程的主要物理化学变化有哪些？写出反应式。

15. 分析高炉中 Si、Mn 和 P 的还原特点。

16. 在高炉上部块状区与下部熔化区铁的渗碳机理有何不同？

17. 高炉渣的作用是什么？主要成分是什么？其熔点和黏度大致是多少？

18. 何谓炉渣碱度？最简单的表示方法是什么？高炉渣碱度一般在什么范围？

19. 写出高炉渣脱硫的反应式并分析其影响因素。为什么高炉冶炼脱硫能力高于炼钢过程？

20. 何谓高炉内型？画出高炉内型示意图并标明各部分名称。

21. 何谓高炉有效容积？我国目前最大高炉有效容积是多少？

22. 高炉炉顶有什么作用？目前主要有哪些形式？

23. 除高炉本体外，高炉车间还有哪些附属设备？各起什么作用？

24. 高炉用热风炉有哪两种形式？并用示意图说明蓄热式热风炉的工作原理。

25. 高炉生产技术经济指标主要有哪些？如何定义？一般高炉水平如何？

26. 某高炉容积 2000 $m^3$，年产 150 万 t 生铁，消耗 60 万 t 焦炭，计算该高炉的有效容积利用系数、焦比及冶炼强度各为多少？

27. 强化高炉冶炼的技术措施有哪些？

# 第4章 炼 钢

## 4.1 概述

### 4.1.1 钢与生铁的区别

钢和生铁都是以铁、碳两种元素为主要成分而且含有少量其它元素的铁碳合金，但其碳含量以及其它元素的种类与含量都是不相同的。

固体纯铁在不同温度下有三种同素异形的晶体结构，即 $\alpha\text{-Fe}$、$\gamma\text{-Fe}$ 和 $\delta\text{-Fe}$。碳在固体铁中的溶解度及其存在的形态，因铁的晶型不同差别较大，在 $\alpha\text{-Fe}$、$\delta\text{-Fe}$ 中的溶解度很小，而在 $\gamma\text{-Fe}$ 中的溶解度较大，如在 1153 ℃ 时为 2.11%。碳溶解于 $\gamma\text{-Fe}$ 所形成的固溶体在金属学上称为奥氏体。奥氏体中溶解的碳达到饱和时，将主要以 $Fe_3C$ 形式析出，在 Fe-C 系状态图(见图 4-1)中虚线即表示 $Fe_3C$ 的溶解度线。

$Fe_3C$ 称渗碳体(含 6.99%C)，是一种金属化合物，它的性能与纯铁完全相反，纯铁比较柔软，塑性好，容易变形，强度和硬度很差；渗碳体的硬度很高，极脆，塑性几乎为零，是一个硬而脆的组织，故本身没有什么使用价值。在钢铁材料

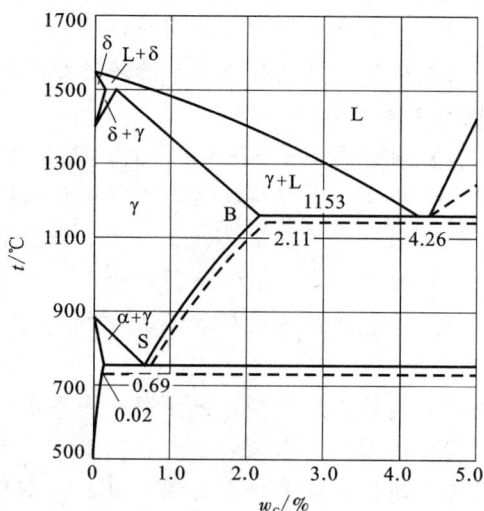

图 4-1 Fe-C 状态图

中，碳含量高，渗碳体就多，钢铁的硬度升高，塑性、韧性降低。量变引起质变，含碳量增加到一定程度后就会引起质的变化，所以含碳量多少是区别钢铁的主要标准。工业上以含碳多少为准，将钢铁分为三大类：

①工业纯铁：含碳量低于 0.02%；

②生铁：含碳量大于 2.11%；

③钢：含碳量在纯铁和生铁之间($0.02\% < w_C < 2.11\%$)

工业纯铁含碳很少，熔点在 1500 ℃ 以上，略低于元素铁(1535 ℃)，它的强度很差，不能用作工程结构材料。为了满足低电阻通讯和电工纯铁等特殊用途的需要，可用羰基法和电解法生产工业纯铁。

生铁是在高温下碳还原铁矿石所得的。铁在熔化中吸收了碳，其熔点就可降低，如含碳

量为4.26%时，熔点为1153℃。高炉冶炼所产的生铁一般含碳量为3%~4.5%，熔点在1150~1300℃（见图4-1）。

炼钢炉生产的碳钢含碳量大多为0.1%~1.0%，熔点在1500℃左右。由于钢与生铁碳含量的差别，也因其它元素的种类及含量的不同，引起铁碳合金所处的状态和结构变化，从而使钢与生铁具有不同的性能和用途。

钢具有比生铁更好的综合机械性能，如有较高的机械强度和韧性；可塑性好，易加工成各种形状的钢材和制品；能进行铸造、轧制、锻造和焊接等加工；具有良好的导电、导热性能。若在钢中添加一些合金元素则可得到特殊性能的钢种，如不锈钢、耐热钢、耐酸钢等。

### 4.1.2 钢的分类

钢可分为两大类：一类是由铁、碳两种元素为主构成的，称为碳素钢，这种钢除铁和碳以外，还含有由生铁带来的硅、锰等元素；另一类钢，其成分是在碳素钢的基础上，为改善或获得某种性能，按规定要求分别加入钨、钼、镍、锰、铬、钒、钛、铌、硅和稀土金属等合金元素，称为合金钢。

钢的品种繁多，目前已发展到数千种，为了便于生产、管理和使用，需要对钢加以分类。钢的分类一般按冶炼方法、化学成分、质量和用途四种方法来划分，我国常用的分类见表4-1。

**表4-1 钢的分类**

| 分类方法 | 类 别 | 名 称 及 要 求 |
|---|---|---|
| 冶炼 | 冶炼设备 | 转炉钢，电炉钢，平炉钢 |
| | 脱氧程度 | 沸腾钢，镇静钢，半镇静钢 |
| 化学成分 | 碳素钢 | 低碳钢 $w_C<0.25\%$<br>中碳钢 $w_C$ 0.25%~0.60%<br>高碳钢 $w_C>0.60\%$ |
| | 合金钢 | 低合金钢 <3%<br>中合金钢 合金元素总量 3%~10%<br>高合金钢 >10% |
| 质量 | 普通碳素钢 | 甲类钢<br>乙类钢 $w_S<0.05\%$，$w_P<0.045\%$<br>特类钢 |
| | 优质碳素钢 | $w_S<0.05\%$，$w_P<0.04\%$ |
| | 高级优质钢 | 合金钢 $w_S<0.02\%$，$w_P<0.03\%$ |
| 用途 | 结构钢 | 碳素结构钢，建筑用钢，机械用钢，弹簧钢，轴承钢，合金结构钢 |
| | 工具钢 | 碳素工具钢<br>合金工具钢，刀具用钢，量具用钢，模具钢<br>高速工具钢 |
| | 特殊性能钢 | 不锈钢，不锈耐酸钢，耐热不起皮钢，耐热合金，磁性材料 |

从表4-1可见,按质量划分,钢的种类分为三个等级,即普通质量、优质和高级优质。这种分类方法的质量标准除在晶型粒度、夹杂物含量等方面有某些规定外,还特别对杂质元素硫和磷的含量有严格的限度。

表4-1所列的钢的分类只能把具有共同特性的钢种划分和归纳为同一类,不能把每一种钢的特征都反映出来,对于数以千计的不同规格的钢还必须用钢号来表示。根据每一种钢所含的化学成分、冶炼方法、机械性能和用途等方面的某些特征分别编号,以编号作为这种钢的名称。例如GCr15,第一个字母是滚动轴承钢的代号,Cr15表示这种钢含有元素铬1.5%,由于它是制造滚动轴承的专用钢材,牌号中含碳量(一般小于0.2%)不予以标出。

钢的类别和牌号繁多,在选择使用时,应根据钢的分类去查找国家规定标准(称为国标,代号GB)手册,尽可能做到合理推荐使用。

### 4.1.3　炼钢技术的发展简史

炼钢技术的发展,已有一百多年的历史。工业生产规模的炼钢方法产生年代如下:

1855年,空气底吹酸性转炉(贝塞麦)炼钢;

1865年,平炉(西门子和马丁)炼钢;

1879年,空气底吹碱性转炉(托马斯)炼钢;

1899年,电弧炉(皮埃尔)炼钢;

1952年,氧气顶吹转炉(LD法)炼钢。

底吹酸性转炉炼钢用酸性耐火材料作转炉炉衬,往液态生铁中鼓入空气,把生铁中的杂质进行氧化而得到液态钢,但由于只能制造酸性渣,不能很好地除磷和硫,因而在原料上有很大的局限性;底吹碱性转炉用碱性材料作炉衬,且加石灰石作熔剂,能使磷、硫脱除造渣。但上述两种空气转炉炼钢法都有其固有的缺点,它们所用的原料有害杂质成分含量都局限在一定范围之内,所以没有得到应有的发展。

平炉最初用于重熔废钢,后发展成为用于当时不适用转炉的生铁,从而代替了当时的空气转炉炼钢。在20世纪60年代以前,平炉炼钢占有压倒性的优势。

20世纪中叶由于制氧技术和热工技术的发展,新诞生的氧气顶吹转炉炼钢法发展迅速,逐渐取代了平炉而成为炼钢方法的主流。由于氧气转炉炼钢具有反应速度快、生产率高、不需燃料和热效率高等优点,使其成为现代冶金史上发展最快的新技术。

近20年来,由于超高功率电炉的采用,电炉炼钢向着大型化发展,又由于二次精炼炼钢技术的发展和完善,更增强了电炉生产工艺的竞争能力。电炉炼钢已成为第二种主要炼钢方法。

一百多年来,各种炼钢方法在世界钢产量中所占比例如图4-2所示。

目前炼钢技术发展主要有以下几个方面:

①发展氧气底吹转炉法和顶底复合吹炼法。

②引进真空技术,采用各种真空冶炼和炉外精炼技术,改善钢的质量,扩大产品品种。

③发展连续铸钢技术,采用计算机控制,使炼钢工艺连续化。

④采用大容量、超高功率的炼钢炉,提高生产率,降低成本。

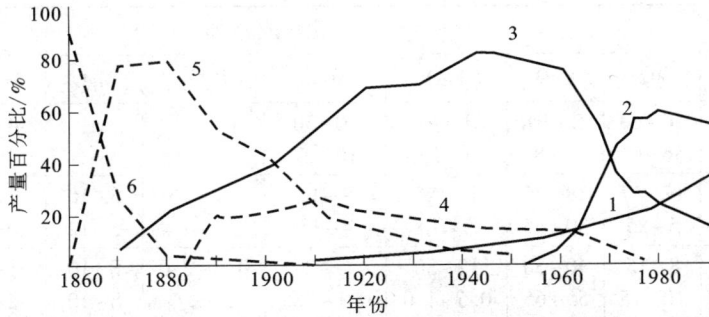

1—电弧炉；2—氧气转炉；3—平炉；4—碱性空气转炉；
5—酸性空气转炉；6—熟铁搅炼炉、坩埚炉。

图 4-2　各种炼钢方法在世界钢产量中所占比重

## 4.2　炼钢基本原理

### 4.2.1　炼钢的基本任务

生铁除含有较高的碳外，还含有一定量的其它杂质。所谓炼钢，就是通过冶炼降低生铁中的碳和去除有害杂质，再根据对钢性能的要求加入适量的合金元素，使其成为具有高的强度、韧性和其他特殊性能的钢。

炼钢过程的基本任务是：

脱碳——通过氧化脱除铁水中多余的碳，使之达到钢种规定的含碳量；

脱磷、硫——通过造渣把有害元素磷、硫去除到钢种允许的限度以下；

升温——依靠铁水物理热和化学热或外加热源把金属提高到出钢要求的温度；

脱氧和合金化——加入脱氧剂和合金元素，脱除钢中多余的氧和调整金属成分；

排除钢中气体和非金属杂质，提高钢的成品质量。

上述任务，归纳起来就是"四脱"（C、P、S、O）、"二去"（气体、非金属夹杂）、一升温、一合金化。

### 4.2.2　炼钢炉渣

#### 4.2.2.1　炉渣的来源、组成与作用

炼钢炉渣的主要来源是炼钢过程各种元素被氧化而形成的氧化物、各种造渣材料(石灰、萤石、白云石、耐火砖块等)、氧化剂或冷却剂(铁矿石、烧结矿等)所带入的脉石及废钢带入的泥沙和铁锈、被侵蚀的炉衬耐火材料以及铁合金的脱氧产物、脱硫产物等。可见，炉渣来源于金属原料、辅助材料和炉衬三个方面，是在炼钢过程中形成的高温熔体。

炼钢炉渣的组成以各种金属氧化物为主，并含有少量硫化物和氟化物，它的一般化学成分如表 4-2 所示。表中还列出了高炉炼铁炉渣的一般成分范围，以供分析比较。

表 4-2　炼钢炉渣一般化学成分范围

| 分类 | 名　称 | 化学成分/% | | | | | | | |
|---|---|---|---|---|---|---|---|---|---|
| | | $SiO_2$ | CaO | FeO | MnO | $P_2O_5$ | MgO | $Al_2O_3$ | S |
| 酸性 | 平炉渣 | 50~60 | 2~10 | 1~40 | 10~30 | — | — | 4~8 | — |
| | 电弧炉渣 | 56~62 | 3~8 | 1~15 | 10~27 | — | — | | — |
| 碱性 | 顶吹转炉渣 | 12~17 | 38~45 | 15~25 | 9~12 | 1~2 | 5~10 | 2~4 | — |
| | 平　炉　渣 | 5~25 | 30~55 | 5~40 | 4~15 | 1~4 | 3~12 | 0~4 | 0.05~0.03 |
| | 电弧炉氧化渣 | 8~15 | 40~50 | 12~30 | 5~7 | 0.5~2.0 | 8~10 | 1~2 | — |
| | 电弧炉还原渣 | 10~15 | 55~65 | 0.5~1.0 | 0.1~0.2 | — | 8~10 | 2~3 | 0.2~0.3 |
| 高炉炼铁炉渣 | | 30~45 | 35~45 | 0.3~0.9 | 0.3~1.5 | — | 6~8 | 8~14 | 0.9~1.3 |

在炼钢过程中，熔融炉渣、金属铁液和炉气等三相之间进行着各种物理化学反应，以达到炼钢过程所预期的冶炼目的。炉渣是实现冶金反应的基本条件之一，其具体作用如下：

①炉渣直接参与脱硫、脱磷等金属液与熔渣界面间的反应。

②炉渣是氧的传递媒介，控制着金属熔池中各元素的氧化还原过程。

③炉渣是金属铁液中各种元素氧化产物的汇集体。这些元素氧化产物因密度较小而上浮到钢液表面，进入炉渣。

④炉渣对钢液有保护作用。炉渣可以减缓合金元素在氧化气氛中的氧化烧损，减缓钢液吸收气体和减少钢液的热损失。

可见，炉渣是炼钢过程的必然产物，也是炼钢过程中不可缺少的媒介。如果没有炉渣，必要的物理化学反应难以完成，而合格的钢液就难以保证，因此，"要炼钢必须先炼好渣"。

4.2.2.2　炼钢炉渣的主要性质

有关炉渣的某些性质在本书 3.4.4 中已做介绍，在这里仅将对炼钢过程有极大影响的两个重要化学性质作一补充介绍。

(1)炉渣的碱度。炼钢炉渣碱度常用的表示方法有：

当炉料含磷量较低时(铁水 $w_P < 0.3\%$)，用渣中碱性最强的 CaO 和酸性最强的 $SiO_2$ 含量之比表示碱度($R$)，即 $R = (w_{CaO})/(w_{SiO_2})$。

当炉料中含磷量较高时，则要考虑渣中 $P_2O_5$ 对碱度的影响。最简单的表示方法是将 $P_2O_5$ 与 $SiO_2$ 的作用视为等值，即 $R = (w_{CaO})/[(w_{SiO_2}) + (w_{P_2O_5})]$。

炼钢碱性渣按其碱度大小，一般分为三类：$R = 1.3 \sim 1.5$ 为低碱度渣(弱酸性渣)；$R = 1.8 \sim 2.0$ 为中碱度渣；$R \geqslant 2.5$ 为高碱度渣。

(2)炉渣的氧化性。炉渣的氧化性是指炉渣向金属熔体传递氧的能力。通常用渣中最不稳定的氧化物(铁氧化物)的多少来代表炉渣氧化能力的强弱。炉渣中铁氧化物有 FeO 和 $Fe_2O_3$ 两种形式，一般以 %$\sum$FeO 表示炉渣氧化性，即包括 FeO 本身和 $Fe_2O_3$ 折合成 FeO 两部分，其计算方法如下：

$$(\%\textstyle\sum FeO) = 1.29(\%\textstyle\sum Fe) = (\%FeO) + 1.35(\%\textstyle\sum Fe_2O_3)$$

式中　1.29——FeO 分子量/Fe 分子量 = 72/56 = 1.29；

1.35——$Fe_2O_3 + Fe = 3FeO$，3FeO 分子量/$Fe_2O_3$ 分子量 = 216/160 = 1.35。

在炼钢过程中，当氧化渣和钢液接触时，(FeO)将钢液中杂质元素氧化，如果在接触界面(FeO)未遇到钢液中杂质元素，则氧将遵循分配定律进入钢液内部。

实际上，炉渣的氧化能力是个综合概念，其传氧能力还受炉渣黏度、熔池搅拌强度、供氧速度等因素的影响。

### 4.2.3 炼钢过程的基本反应

一般而言，炼钢属于氧化精炼过程。无论平炉、转炉和电弧炉炼钢，都是以生铁或废钢为原料，在熔炼过程中吹氧或加入铁矿石，向熔池供氧，并添加造渣剂形成炉渣来去除原料中的杂质，以得到各种用途的成品钢。因此只有了解炼钢过程熔池传氧和各种元素的反应规律，才能认识炼钢工艺操作的本质。

#### 4.2.3.1 熔池传氧过程

熔池中氧的来源主要有三种形式：一是直接向熔池中吹入工业纯氧($\varphi_{O_2} > 98\%$)；二是向熔池中加入富铁矿；三是炉气中的氧传入熔池。

氧在钢液中存在的形式，一般认为是以单原子氧或 FeO 分子两种形式存在(离子理论还有 $O^{2-}$ 氧离子)。在书写熔池中化学反应时，钢液中的氧常以[O]或[FeO]来表示。

熔炼过程中金属熔池传氧可分直接传氧和间接传氧两种类型。

(1)直接传氧。向熔池吹氧就属于这种情况。当直接向熔池吹入氧气时，氧气与金属液直接接触，氧气分子分解并吸附在铁液表面，即$\{O_2\} = 2[O]_{吸附}$；然后吸附氧溶解于铁液中，即$[O]_{吸附}=[O]$，或者被金属直接吸收，即$[O]+[Fe]=[FeO]$。

(2)间接传氧。在此过程中，炉渣是氧的传递媒介，氧的传递是通过 FeO 的氧化来完成的。当含氧炉气与炉渣接触时，(FeO)被氧化成$(Fe_2O_3)$，后者从炉渣表面迁移到钢渣界面，在那里被金属[Fe]还原成(FeO)，此(FeO)按分配定律进入金属液为游离的[O]。图 4-3 是氧通过炉渣传递示意图。

间接传氧的过程是扩散过程，传氧速度慢，故元素的氧化反应速度缓慢。平炉炉气中的氧就是通过炉渣来传给金属的，因而不吹氧的平炉冶炼时间长。

#### 4.2.3.2 炼钢熔池中元素的氧化次序

(1)纯氧化物的分解压。熔池中元素被大量氧化的先后次序，取决于它们与氧的亲和力的大小。一般用该元素氧化物的分解压来表示该元素与氧的亲和力的强弱。纯氧化物的分解压与温度的关系曲线图已在前面一章(图 3-6)介绍，从图 3-6 可看出：

①在某一温度下，几种元素同时和氧相遇时，位置低的元素先氧化，如 1500℃时，氧化顺序为 Al、Si、C、V、Mn。

②位置低的元素可将位置高的氧化物还原。炼钢过程中脱氧就是利用 Al、Si 等元素将 FeO 还原。

③CO 的分解压曲线的斜率与其它氧化物的不同，它与 Si、Mn、V 等的氧化物分解压曲

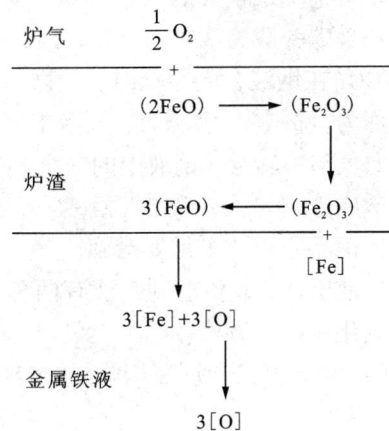
图 4-3 炉渣传氧示意图

49

线有一交点，此点所对应的温度称为氧化转化温度。例如，$SiO_2$ 分解压曲线与 CO 分解压曲线相交点对应的温度为 1530 ℃，当 $t<1530$ ℃时，Si 先于 C 被氧化；当 $t>1530$ ℃时，则 C 先于 Si 而被氧化。1530 ℃即为 Si、C 的氧化转化温度。因此，由图可知：当 $t<1400$ ℃时，元素的氧化顺序是 Si、V、Mn、C、P、Fe；当 $1400$ ℃ $<t<1530$ ℃时，元素的氧化顺序是：Si、C、V、Mn、P、Fe；当 $t>1530$ ℃时，元素氧化顺序则变为：C、Si、V、Mn、P、Fe。

(2)炼钢实际熔池中元素氧化顺序。上述元素氧化顺序是根据纯氧化物的分解压的大小来判断的。纯氧化物分解压仅与温度有关，而在实际熔池中，各元素及其氧化物是处于多组元的溶液中，不是纯物质，因此，还与元素的浓度和炉渣的成分有关。例如，根据图 3-6 中的曲线，铁液内各元素中铁与氧的亲和力最小，只要有别的元素存在，铁就不会被氧化。但实际上，在氧气顶吹转炉吹炼一开始就可看到铁被大量氧化而产生的红烟，这就是因为铁液中 Fe 元素的浓度最高，它与氧的接触机会最多，因而被大量氧化。再如，$P_2O_5$ 的分解压大于 CO 的分解压，C、P 是不可能同时氧化的，但在氧气顶吹转炉吹炼前期，由于温度不太高，C 的氧化受到抑制，同时渣中(FeO)较高，已形成了一定碱度、流动性良好的炉渣，为 P 的氧化去除创造了条件，因此，在转炉吹炼的前期 P 即被大量氧化而去除。

由上可知，利用纯氧化物分解压的大小，只能定性地说明各元素与氧结合能力的大小及其随温度变化的趋势，而在炼钢的实际过程中情况要复杂得多。但可利用改善温度、浓度、分压、添加剂等因素来创造条件，促使反应按所需要的方向进行，实现选择性氧化或还原的目的。

### 4.2.3.3　脱碳反应

碳是钢中最重要的合金元素。除了极少数钢种外，绝大多数钢中含碳量都在 1%以下，而生铁含碳一般为 3%~4.5%。因此，脱碳就成为炼钢过程中最重要的反应之一。脱碳反应产物 CO(在钢液含碳很低时，产物中有少量 $CO_2$)气泡穿过钢液排出，强烈搅动熔池，这种现象被称为"沸腾"。沸腾时，气泡中氢、氮等气体的分压极低，使钢液中溶解的氢、氮等有害杂质向气泡中转移，钢液中的非金属夹杂物也随着气泡上升而被除去。沸腾不仅使钢液温度和化学成分均匀，还增加气相-炉渣-钢液的接触面，加快各种反应的速度。脱碳引起的沸腾是保证钢品质的一个重要措施。

如前所述，氧传输到钢液有两种途径，即直接传氧和间接传氧，因而在炼钢脱碳过程中碳的氧化有两种方式：

(1)氧气直接和钢液接触，如转炉炼钢时向熔池吹氧脱碳，其反应是：

$$1/2\{O_2\}+[C]=\!=\!=\{CO\}$$

(2)氧经过炉渣传送到钢液，如平炉和电炉炼钢时，不吹氧的氧化期的脱碳，其反应是：

$$(FeO)=\!=\!=[Fe]+[O]$$

$$[C]+[O]=\!=\!=\{CO\}$$

两种传氧途径不同，但都是在钢液中进行的碳氧反应：

$$[O]+[C]=\!=\!=\{CO\}$$

在炼钢过程前期，炉内温度较低，钢中的硅、锰等元素大量氧化，碳也可能部分氧化，它们都在争夺钢中的氧。以后，钢中硅、锰含量减少，炉温升高，一直到脱氧前，钢液中的碳氧反应即成为控制钢中氧含量的主要反应。所以，实际炼钢过程中存在着[C]高则[O]低，[C]低则[O]高的规律。

钢液中碳氧反应的速度取决于供氧强度和熔池搅拌强度。氧气底吹、顶吹转炉炼钢时的供氧强度大，熔池强烈搅动，转炉炼钢的脱碳速度为每分钟 0.2% 左右。平炉及电炉不吹氧炼钢时，氧化期靠炉渣供氧的强度小，熔池相对平静，每分钟脱碳约为 0.01%。因此，向熔池吹入氧，脱碳速度可以成倍地提高。

#### 4.2.3.4 硅、锰的氧化反应

在炼钢金属料(铁水和废钢)中，均含有一定数量的硅和锰，它们能无限溶解于铁液中。在炼钢温度下，硅和锰的氧化主要在钢液和炉渣的界面进行，氧化后形成 $SiO_2$ 和 $MnO$ 进入炉渣。

(1)硅的氧化反应。在任何一种炼钢操作中，由于 $SiO_2$ 的分解压低，硅在熔炼初期即被迅速氧化，并放出大量的热，其氧化反应式为：

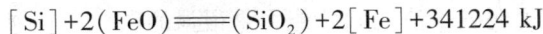

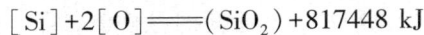

$$[Si]+2(FeO)=(SiO_2)+2[Fe]+341224 \text{ kJ}$$

$$[Si]+2[O]=(SiO_2)+817448 \text{ kJ}$$

硅氧化时产生的 $(SiO_2)$ 起初与 $(FeO)$ 结合成硅酸铁，即：

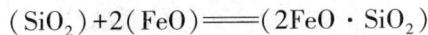

$$(SiO_2)+2(FeO)=(2FeO \cdot SiO_2)$$

在碱性操作法中，随着石灰的逐渐熔化，$(FeO)$ 被强碱性的氧化钙所置换：

$$(2FeO \cdot SiO_2)+2(CaO)=(2CaO \cdot SiO_2)+2(FeO)$$

硅酸钙很稳定，故在碱性渣中，冶炼前期硅几乎全部被氧化，而不会再被还原。

(2)锰的氧化反应。与硅相似，锰的氧化也是放热反应，其反应式为：

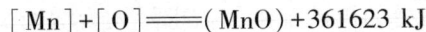

$$[Mn]+[FeO]=(MnO)+[Fe]+123511 \text{ kJ}$$

$$[Mn]+[O]=(MnO)+361623 \text{ kJ}$$

在有过量 $[FeO]$ 存在时，$(MnO)$、$(SiO_2)$、$(FeO)$ 将结合为 $(Fe、Mn)SiO_4$，随 $(CaO)$ 的增加，$(Fe、Mn)SiO_4$ 逐渐向 $Ca_2SiO_4$ 转变，即：

$$(Fe，Mn)SiO_4+2CaO=(Ca_2SiO_4)+(FeO \cdot MnO)$$

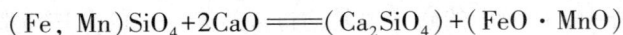

锰的氧化还原与硅的氧化还原相比，有以下基本特点：

①在冶炼初期锰和硅一样迅速大量被氧化，但锰的氧化程度要低些，这是由于硅与氧的结合能力大于锰与氧的结合能力。

②MnO 为弱碱性氧化物，在酸性渣中部分 $(MnO)$ 将生成较稳定的硅酸盐，因此，酸性渣中锰的氧化比较完全，不易被还原。在碱性渣中，由于强碱性 $(CaO)$ 的置换作用，大部分 $(MnO)$ 呈自由状态存在，因此，在一定条件下可以被还原。在氧气顶吹转炉操作的后半期，由于熔池温度升高、渣中 $(FeO)$ 含量降低和炉渣碱度升高，部分锰被还原，会造成钢液中一定量的"余锰"存在。

#### 4.2.3.5 脱磷反应

对绝大多数钢种来说，磷都是有害元素。磷在液态和固态铁中都能溶解。钢中残存的磷在固态时全部溶入铁素体中，虽能提高钢的强度和硬度，但塑性和韧性降低，在常温时韧性下降更为显著，这种现象叫冷脆性。当含磷量达到 0.1% 时，影响已很严重。一般钢中规定含磷量不超过 0.045%，优质钢要求含磷更少。生铁中的磷主要来自铁矿石中的磷酸盐。$P_2O_5$ 和 FeO 的稳定性相近，在高炉的还原条件下，炉料中的磷几乎全部还原并溶入铁水。因此，钢铁生产的脱磷任务主要靠碱性炼钢来完成。

在炼钢温度下，脱磷反应是在炉渣与含磷铁水的界面上进行的。钢液中的磷和氧结合成

气态 $P_2O_5$ 的反应为：

$$2[P]+5[O]\Longrightarrow\{P_2O_5\}$$

该反应在 1600 ℃ 时的平衡常数非常小（$K_1 = 4.4\times10^{-10}$），要靠生成 $P_2O_5$ 气体逸出而使钢液脱磷，显然是不行的。但如果钢液和碱性渣接触，$P_2O_5$（强酸性氧化物）就会与渣中的（CaO）结合成稳定的 $3CaO \cdot P_2O_5$ 或 $4CaO \cdot P_2O_5$，总反应是：

$$2[P]+5[O]+3(CaO)\Longrightarrow(3CaO \cdot P_2O_5) \tag{2}$$

1600 ℃ 时，$K_2 = 1.7\times10^8$

或

$$2[P]+5[O]+4(CaO)\Longrightarrow(4CaO \cdot P_2O_5) \tag{3}$$

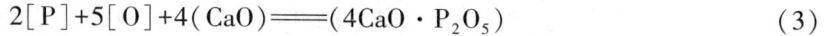

1600 ℃ 时，$K_3 = 3.5\times10^8$

平衡常数如此之大，说明碱性渣的脱磷能力是很强的。

增大渣量，或将含磷多的炉渣放出，另造新的碱性渣，都是使钢液脱磷的有效措施。渣中含有足够量的 FeO 不仅可以向钢液传送氧，还能使加入炉内的固体石灰更快地溶入渣中（形成低熔点化合物 $2CaO \cdot Fe_2O_3$），从而提高炉渣的脱磷能力。

#### 4.2.3.6 脱硫反应

硫是钢中主要的有害元素之一。硫在钢中与铁化合物生成 FeS。FeS 与铁形成共晶体，其熔点为 910 ℃，多存在于晶界。当钢在 1000~1200 ℃ 进行压力加工时，由于共晶体的熔化易使钢沿晶界开裂，这种现象叫热脆性。

大多数钢种中允许的含硫量为 0.015%~0.045%。近年来，由于对钢质量提出更高要求，对于小于 0.015%、甚至 0.002% 的极低硫钢的需求量大为增加，因此，对脱硫提出了更严格的要求。

（1）脱硫反应。硫在铁液中以 FeS、MnS 等形式存在。FeS 在 1600 ℃ 温度下能无限溶解于铁液中。在炼钢过程中，铁液中的硫主要是通过炉渣来除去的。炉渣脱硫就是将溶解于金属液中的硫转变为不溶于金属液的物质，使其进入炉渣。

硫在炼钢炉渣中以铁、锰、钙的三种硫化物形态存在，其中以（CaS）最为稳定（见表 4-3），因此，若将钢中的[FeS]转变为既能在渣中稳定存在又不溶于钢液的（CaS），就能达到炉渣去硫的目的。

表 4-3　三种硫化物的分解压

| 温度/℃ | $p_S/10^5$ Pa | | |
| --- | --- | --- | --- |
| | FeS | MnS | CaS |
| 1000 | $10^{-8.5}$ | $10^{-17}$ | $10^{-46.2}$ |
| 1200 | $10^{-5.5}$ | $10^{-12.5}$ | $10^{-37}$ |
| 1500 | $10^{-3.12}$ | $10^{-7.9}$ | $10^{-27.8}$ |

炉渣脱硫反应按下列步骤进行：

首先，在钢液-炉渣界面上，钢液中的[FeS]按分配定律进入炉渣：

$$[FeS]\Longrightarrow(FeS)$$

然后，(FeS)再和渣中的游离(CaO)反应：

$$(FeS) + (CaO) = (FeO) + (CaS)$$

将上两式相加即得脱硫总反应式：

$$[FeS] + (CaO) = (FeO) + (CaS)$$

$$K_S = \frac{(CaS)(FeO)}{[FeS](CaO)}$$

一般以炉渣和金属中含硫量之比 $L_S = (\%S)/[\%S]$ 表示炉渣的脱硫能力。$L_S$ 称为脱硫指数或硫的分配系数。表 4-4 列出不同冶炼方法的实际脱硫指数。

表 4-4　不同冶炼方法的脱硫指数

| 脱硫指数 | 顶吹碱性转炉 | 碱性平炉 | 电炉氧化期 | 电炉还原期 | 高炉炼铁 |
|---|---|---|---|---|---|
| $(\%S)/[\%S]$ | 5~16 | 3~8 | 3~8 | 30~50 | 20~80 |
| 备　　注 | | | | | 如达平衡为 100~200 |

(2) 影响炉渣脱硫的因素

①炉渣碱度的影响。由脱硫反应方程式可知，高碱度渣有利于脱硫。但脱硫是在钢渣界面进行的反应，在炼钢温度下，若炉渣碱度过高，炉渣黏度增大，从而增加反应物[FeS]通过钢渣界面的阻力，就会降低脱硫产物(CaS)离开反应区的扩散速度。因此，在提高碱度的同时，必须保证炉渣具有良好的流动性。

②渣中氧化铁含量的影响。从脱硫反应方程式可知，降低氧化铁有利于脱硫反应的进行，(FeO)含量越低，$L_S$ 越大。如碱性平炉渣、转炉渣和电弧炉氧化渣(其成分见表 4-2)，其(FeO)含量一般大于 10%，而电弧炉还原渣和高炉渣的(FeO)含量一般小于 1%，所以电炉炼钢还原期和高炉炼铁时炉渣脱硫能力强。

③温度的影响。脱硫是较弱的吸热反应，温度对反应影响不大，重要的影响是高温能促进石灰的渣化和提高炉渣的流动性，从而增加脱硫效果。

④渣量的影响。炉渣的多少对脱硫率有明显影响，对 100 kg 钢作平衡计算的结果表明，渣量自 10 kg 增至 20 kg 时，脱除炉料中的硫量从 1/2 上升为 2/3。

综上所述可见，炉渣脱硫的条件是：炉渣碱度高，炉渣(FeO)含量低，温度高，渣量大，炉渣流动性好。

4.2.3.7　脱氧

在 1600 ℃ 温度下，氧在钢液中的溶解度为 0.23%。在炼钢终了时，氧在钢液中的实际含量主要取决于钢水含碳量，一般含氧量为 0.01%~0.08%。然而，氧在固体钢中的溶解度很低，仅为 0.002%~0.003%。在浇铸后的钢水凝固过程中，过剩的氧便以 FeO 形式析出，分布在晶界上，会降低钢的塑性；晶界上的 FeO 和 FeS 还会形成低熔点物质，使钢产生"热脆"；另外钢中过剩氧与碳继续发生反应，生成 CO 气体，使钢锭内部产生气泡，严重时会发生"冒涨"现象。因此，氧也是钢中的有害元素。

脱氧是炼钢过程的最后步骤。按照脱氧程度的不同，钢可分为：镇静钢，即完全脱氧钢(含氧量≤0.002%)；沸腾钢，即不完全脱氧钢(含氧量约为 0.01%)；半镇静钢，其脱氧程度介于镇静钢与沸腾钢之间。

（1）脱氧方法。脱氧方法有三种：沉淀脱氧、扩散脱氧和真空脱氧。

①沉淀脱氧也称直接脱氧，是把块状脱氧剂 M 加入钢液的脱氧方法。脱氧反应为：

$$x[M]+y[O]\Longrightarrow M_xO_y$$

反应形成的脱氧产物上浮进入炉渣中，而与钢液分离。

②扩散脱氧也称间接脱氧，是把粉状脱氧剂加入熔渣中，先脱除渣中的氧，根据氧在钢渣间的分配，使钢中的氧向渣中转移，从而达到脱除钢中氧的目的。脱氧反应为：

$$[Fe]+[O]\Longrightarrow(FeO)$$

③真空脱氧，是在低压下使钢液中碳氧化反应更加完全而进行的脱氧反应：

$$[O]+[C]\Longrightarrow\{CO\}$$

$$K=\frac{p_{CO}}{[\%C][\%O]}$$

温度一定时，在真空下，$p_{CO}$ 降低，则碳氧浓度积亦降低，碳的脱氧能力增强。因此，真空脱氧实际上是低压下用钢液中含有的碳脱氧。脱氧产物是气体，不污染钢液，而且能搅拌熔池，有利于去氮去氢，但需要特殊设备。

（2）脱氧剂。选择脱氧剂首先要考虑有一定的脱氧能力，即脱氧元素对氧的亲和力必须大于铁对氧的亲和力。此外，脱氧产物应尽量不溶于钢液，易于排除，且来源广，价格低。生产中多采用比较便宜的锰、硅、铝作脱氧剂，并且以其铁合金（锰铁、硅铁）的形式加入钢中。其脱氧反应方程式和反应平衡常数表达式分别如下：

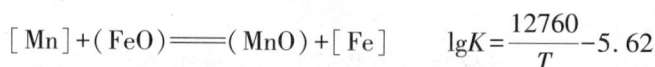

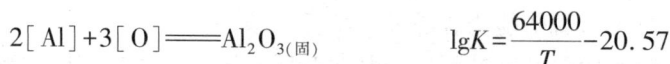

$$[Mn]+(FeO)\Longrightarrow(MnO)+[Fe]\qquad \lg K=\frac{12760}{T}-5.62$$

$$[Si]+2[O]\Longrightarrow SiO_{2(固)}\qquad \lg K=\frac{30110}{T}-11.4$$

$$2[Al]+3[O]\Longrightarrow Al_2O_{3(固)}\qquad \lg K=\frac{64000}{T}-20.57$$

根据上述各式可分别计算出在炼钢温度下的 $K$ 值。从平衡常数 $K$ 值可知，铝的脱氧能力比锰大两个数量级、比硅大一个数量级。因此，脱氧剂的加入一般采用先加锰铁，再加硅铁，最后加铝的顺序。

#### 4.2.3.8 钢中气体和非金属夹杂物的脱除

（1）钢中气体。钢中气体包括氢、氮和氧，但主要指溶解在钢中的氢和氮。钢液中氮来自进入炼钢炉内的空气，氢则来自冶金原材料的水分、浇铸设备表面吸附的水分及空气中的水蒸气。

钢中氢危害很大。随着钢中含氢量的增加，钢的强度特别是塑性和韧性将显著下降，使钢变脆，称为"氢脆"。氢还是钢中的"白点"产生的根本原因。所谓"白点"又称发裂，是热轧钢坯和大型锻件中比较常见的一种内部破裂缺陷。

钢中的氮引起碳钢的淬火时效和变形时效，从而对碳钢性能发生影响。时效是指金属材料的性能随时间延长而改变的一种现象。时效过程常伴随着钢的硬度、强度的升高，塑性、韧性的显著降低。

溶解于钢液中的氢和氮对钢材的性能有重大不利的影响，因而对于炼钢原材料的品质

(包括氧气纯度、炉料含水量等)、空气湿度和冶炼工艺条件的控制都必须给予足够的重视。炼钢去气操作是不可缺少的操作过程。

①钢液去气。依靠炼钢脱碳过程中碳氧反应造成的沸腾现象,使溶解于钢液中的氢和氮随同 CO 气泡排出。

②炉外去气。主要是采用惰性气体吹洗、钢包吹氩和真空处理等方法降低钢中的气体含量。

(2)非金属夹杂物。非金属夹杂物是指冶炼和浇铸过程中混入或产生的,但最后未能排除、在热加工后仍然存在于钢材中的非金属相,主要是一些氧化物、硫化物、氮化物、磷化物、碳化物以及它们所形成的复杂化合物。

以异相存在于钢中的非金属夹杂物,破坏了钢基体的连续性,使钢的组织不均匀,因而对钢的机械性能、加工性能、切削性能、疲劳性能、焊接性能和钢的特种性能都有不良影响。

降低非金属夹杂物的途径一是减少炉外带入的非金属夹杂物,二是合理地控制冶炼、浇铸工艺操作,以强化钢液中非金属夹杂物的排除过程。

## 4.3　氧气转炉炼钢

转炉炼钢是直接将氧气吹入铁水,靠氧化去除生铁中杂质的同时,释放出化学热,使炉内物质保持熔融状态,并提高温度,达到出钢要求。转炉炼钢使金属与氧气、炉渣有良好的接触,反应界面大,速度快,因此炉衬及炉壁等热损失小,热效率高,不用外加燃料,仅靠铁水的物理热及杂质氧化放出的化学热即可完成炼钢的任务,故又将转炉炼钢称之为"自热炼钢法"。

最早的转炉炼钢起源于贝塞麦转炉。1855 年,酸性(用硅质材料为内衬)空气底吹转炉炼钢法问世,它是近代炼钢法的开端,为人类生产了大量的廉价钢,并促进了欧洲的工业革命。但是,酸性转炉不能去除硫和磷,其发展受到了资源的限制。

1879 年,在贝塞麦法的基础上,托马斯发明了碱性(用镁砂或白云石为内衬)空气底吹转炉炼钢,可以造碱性渣去掉高磷生铁中的磷,适用于西欧丰富的高磷铁矿的冶炼。托马斯法成了当时欧洲的主要炼钢方法。

由于炼钢造渣需要较多的热量,而空气中 79% 的氮会带走大量的热并降低钢的质量。尽管用氧气代替空气的优越性早被人们所认识,但因未能获得大量廉价的工业纯氧,长期未能实现。20 世纪 40 年代,工业规模空气分离制氧生产出现之后,使炼钢大量用氧有了可能,但是,当时的底吹转炉改用氧气吹炼后,炉底风眼烧损很快,甚至使吹炼无法进行。1948 年杜雷尔在瑞士采用水冷氧枪垂直插入炉内吹炼铁水获得成功。1952 年在奥地利林茨(Linz)和多纳维茨(Donawiz)建成两座工业性的 30 t 氧气顶吹转炉,后来就按这两个地名的第一个字母称氧气顶吹转炉炼钢法为 LD 炼钢法。

随着氧气顶吹转炉炼钢法的广泛发展,在六七十年代又相继出现了氧气底吹转炉炼钢法和顶底复合吹炼转炉炼钢法。

氧气转炉炼钢是冶金工业的第二个飞跃。由于它生产效率高,成本低,容易实现自动控制以及冶金质量的提高,很快取代了平炉炼钢的地位,成为一种主要的炼钢方法。1995 年世界钢产量中约 65% 是用氧气转炉生产的。

### 4.3.1 氧气顶吹转炉及其设备

氧气顶吹转炉通常按其公称容量确定它的大小。目前世界上最大的氧气顶吹转炉为400 t。在我国，最大的转炉当属宝山钢铁公司的300 t氧气顶吹转炉。一般来说，氧气顶吹转炉单位公称容量每年生产能力可达1.1~1.5万t钢。

#### 4.3.1.1 主体结构

图4-4是300 t氧气顶吹转炉主体结构图，它由炉体、支承装置和倾动机构组成。

(1)炉体。炉体是盛装金属和熔渣的容器，它由锥形炉帽、圆柱形炉身和球形炉底三部分组成。顶部是炉口，在炉帽和炉身接口附近有出钢口。炉体的最外层为炉壳，采用钢板弯曲加工制成。炉衬为碱性耐火材料，用人工合成的高氧化镁砖或烧成油浸白云石砌筑。

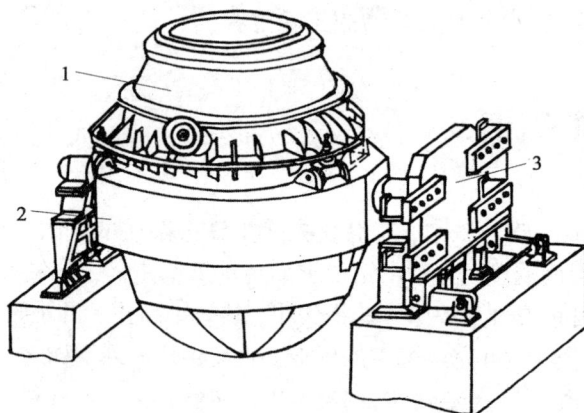

1—炉体；2—支承装置；3—倾动机构。

图4-4 300 t氧气顶吹转炉主体结构图

(2)支承装置。托圈和耳轴是支撑炉体并使之旋转的金属构件。耳轴位于炉身两侧并与托圈连成整体，炉体坐落在托圈中，使炉体可正反旋转0~360°。为了用水冷却托圈、炉帽及耳轴本身，耳轴做成空心的。

(3)倾动机构。倾动机构的作用是倾动炉体，以满足兑铁水、加废钢、取样、倒渣、出钢等工艺操作的需要。它能使炉体启动、旋转和制动时保持平稳，并准确地停在要求的位置上，安全可靠。

#### 4.3.1.2 供氧设备

氧气顶吹转炉的供氧设备有供氧系统和氧枪。现在通用的制氧方法是空气分离冷却循环法，即先将经过除尘的空气压缩至大约$5.20\times10^5$ Pa，使之流经一个换热器，冷却到接近其液化温度($-173\,^{\circ}C$)；然后，在一个双蒸馏塔中，空气分成氧和氮。气态氧气用升压压缩机在高压下被注入贮气罐，再通过管道送到转炉，其喷吹压力为$(6\sim10)\times10^5$ Pa。

氧枪，又名喷枪或吹氧管，担负着向熔池吹氧的任务。因其在高温条件下工作，故氧枪采用循环水冷却的套管结构，由喷头、枪身以及连接管道所组成。喷头采用导热性良好的紫铜铸造,如图 4-5 所示。高压冷水由内层间隙引入,直达喷头顶端,然后由外层间隙导出。有时为了喷吹石灰粉及辅助燃料,氧枪喷嘴还可做成如图 4-6 的式样。

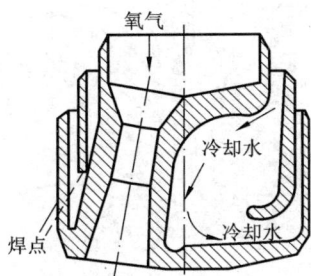

图 4-5 三孔铸造喷头剖面图

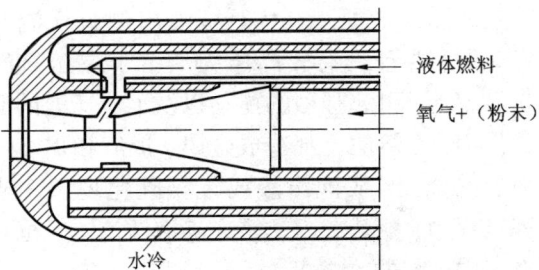

图 4-6 氧-燃氧枪

### 4.3.1.3 供料设备

铁水由高炉直接供应,在炼钢车间设有混铁炉作为铁水中间贮存设备。废钢采用桥式吊车吊挂废钢溜槽的方式向炉内装料。

石灰、萤石、铁矿石、铁合金等散料经炉上料仓称量后放入炉内。图 4-7 是一套包括喷石灰系统的供料设备示意图,此系统属于"LD-AG"炼钢方法(即喷石灰粉氧气顶吹转炉炼钢法)。

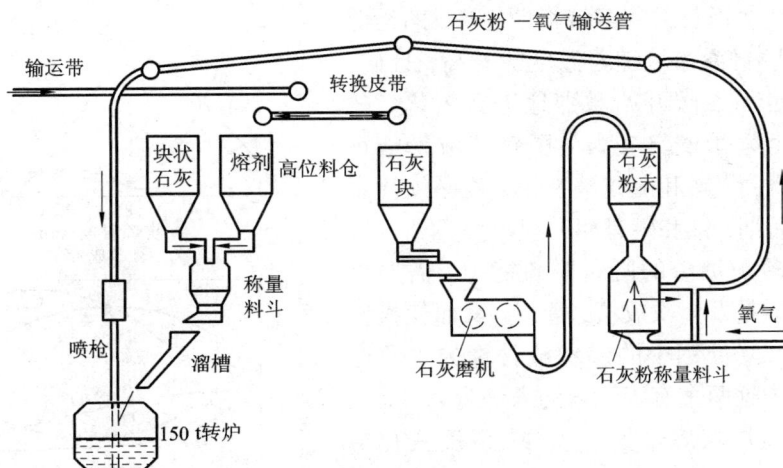

图 4-7 氧气顶吹转炉散料供应系统

### 4.3.1.4 除尘及废气处理设备

在转炉炼钢过程中,铁水中的碳和吹入的氧生成 CO 和少量 $CO_2$ 的混合气体,并夹带有大量的氧化铁粉末,须经降温、除尘方能作煤气使用。为此,在大多数转炉烟罩内都安装有废热锅炉,使出炉烟气降温,并回收其显热。废气除尘装置较多采用重力旋风除尘、布袋除尘、文氏管洗涤除尘、静电除尘等设备。废气经降温、除尘后,得到 CO 含量为 80%的转炉煤气,可用作炼钢厂燃料。整个煤气回收系统还必须密封,注意防爆防毒。

### 4.3.2　氧气顶吹转炉冶金特点

#### 4.3.2.1　高压氧气流股和金属、炉渣的作用

如图 4-8 所示，从氧枪喷出的氧气流股是超音速的，并且具有较高压力。由于高压氧气流股吹入熔池，引起强烈的搅动以及 CO 气泡的激烈翻腾作用，在熔池上部造成金属、炉渣和炉气三相的强烈混合，形成泡沫渣或三相乳化现象。通常冶炼过程中，整个炉内几乎充满泡沫渣，氧枪是浸没在其中工作的。

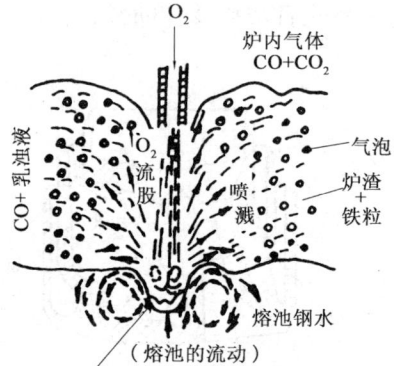

这一冶金特点是氧气顶吹转炉独有的。由于钢渣氧气充分接触，提供了良好的传热、传质条件，只要保证供氧，全部炼钢反应可以在短短的十几分钟内完成，所以氧气转炉炼钢生产效率很高。

#### 4.3.2.2　吹炼中金属和炉渣成分的变化

当氧气吹入铁水时，生铁中易氧化的元素就开始氧化，产生的氧化物和加入的石灰形成炉渣。各项元素按其与氧亲和力大小顺序依次氧化。首先氧化的是硅、锰和少量的铁。开始因温度低（1200~1300 ℃），而且石灰溶解很慢，组成的是低氧化钙的铁-锰-硅酸渣。随着温度的升高，且硅、锰氧化基本结束后，碳开始激烈地进行氧化。随着石灰逐渐溶解，炉渣转变为硅酸钙渣或磷酸钙渣，炉渣碱度升高，磷和硫亦被脱除。但必须注意在吹炼的中、后期，锰和磷有回升现象。

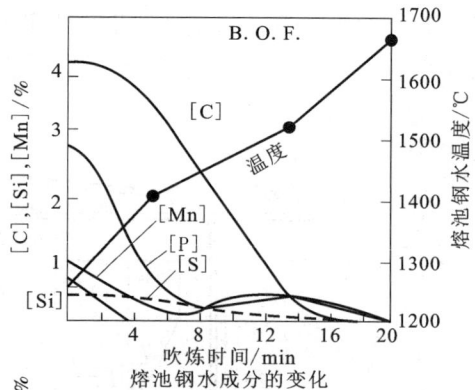

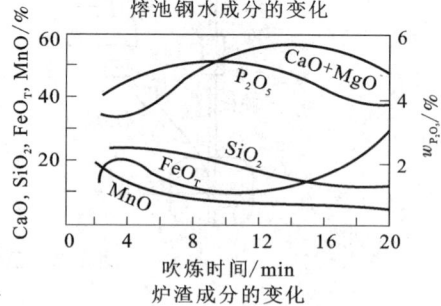

为了提高转炉炉渣的脱磷脱硫能力，需要提高碱度或增大渣量及多次放渣、造渣，从而使操作复杂化。因此，降低钢中的磷和硫含量的主要途径是控制铁水中这两个有害元素的入炉量。

氧气顶吹转炉吹炼过程中成分、温度变化情况如图 4-9 所示。

### 4.3.3　氧气顶吹转炉操作过程

氧气顶吹转炉炼钢的冶炼过程，从装料起到出钢、倒完渣止，主要包括装料、吹炼、脱氧出钢和倒渣几个阶段。冶炼操作进程示例见图 4-10。

冶炼一炉钢的操作过程：

(1)用吊车和料箱向炉内装废钢，随后用铁水包向炉内兑铁水；

(2)摇正炉体，加第一批渣料(石灰、萤石、氧化铁皮、铁矿石)，然后降枪吹氧；

图 4-8　氧气顶吹转炉炉内氧气流股-熔池的示意图

图 4-9　氧气顶吹转炉吹炼过程中成分随时间的变化

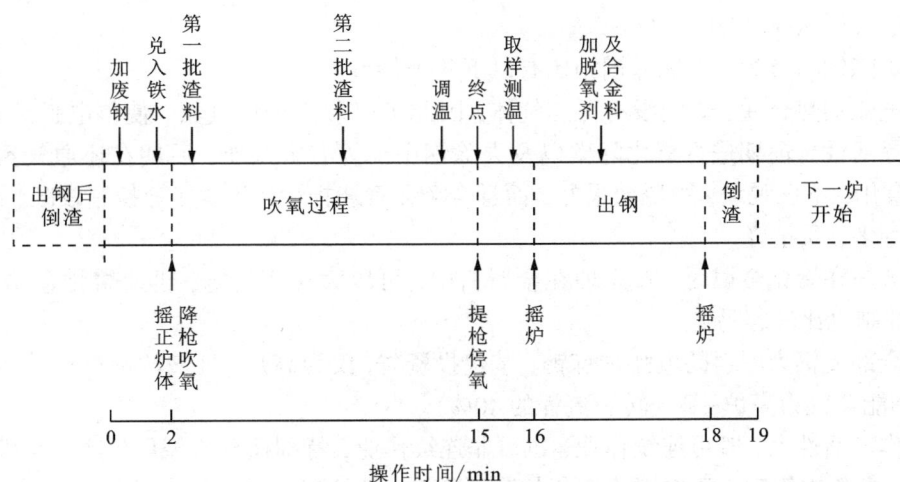

图 4-10　氧气顶吹转炉操作进程示例

（3）在吹炼中期，脱碳反应激烈，渣中氧化铁降低，应加第二批渣料，提高渣中氧化铁含量，调整炉渣成分；

（4）接近吹炼终点时提枪停氧，取样和测温，根据分析结果进行终点操作；

（5）通过出钢口向钢包出钢，并向盛钢桶内加入铁合金，进行脱氧和合金化；

（6）出完钢后从炉口向渣罐倒渣。

氧气顶吹转炉炼钢的冶炼周期短，需要控制和调节的参数多；加之炉容量不断扩大，对钢种质量要求越来越高，单凭操作人员的经验来控制，已不能适应生产发展的需要。随着电子计算机及检测技术的迅速发展，计算机技术不仅能用于转炉终点控制，而且能借检测仪器测出整个吹炼过程中钢液温度和成分、废气温度和成分、造渣情况等连续变化的信息，对终点进行预测和判断，从而调整和控制吹炼参数，使之达到规定的目标。

## 4.4　电弧炉炼钢

电弧炉炼钢是利用石墨电极端部和炉料之间放电产生的电弧热，借助辐射和电弧的直接加热熔化金属和炉渣，冶炼出各种成分的钢及合金的一种炼钢方法。

第一座电弧炉是 1888 年法国人埃鲁建成的，首先用于电石和铁合金生产，仅能用来冶炼用量很少的高级钢和特殊合金钢。随着电弧炉设备的改进以及冶炼技术的提高，电力工业的发展，电弧炉炼钢的成本不断降低，现在电弧炉不但用于冶炼合金钢，而且大量用来冶炼普通碳素钢。

炼钢电弧炉规格的大小是用其熔池的额定容量来表示的。例如 10 t 电弧炉，表示其熔池的额定容量为 10 t。20 世纪 30 年代电弧炉的最大容量为 100 t，50 年代为 200 t，70 年代后至今为 400 t。目前，世界上许多国家都采用大型电弧炉（180 t 以上）炼钢，从而使电弧炉钢产量不断增加。例如，1995 年美国电弧炉钢占该国钢产量的比例，已由 1974 年的 25% 上升到

40%。我国由于受各种原因的限制，炉容量都较小，大电弧炉还有待发展，1996年电弧炉钢比为18%，预计2000年可达27%。

电弧炉炼钢与转炉、平炉炼钢相比有以下几个特点：

①靠电弧加热金属，炉内没有可燃气体，因此可以形成冶炼气氛，使得电弧炉冶金过程具有很大灵活性。前期进行氧化降碳以及去除钢中磷等有害杂质，后期在还原气氛下脱氧、脱硫、合金化，不仅脱氧、脱硫效果好，而且合金元素烧损少，化学成分控制较准，故电弧炉炼的钢品种多，质量好。

②电弧炉在熔化金属时，弧光埋在金属料中，可以大功率送电，迅速熔化金属，热损失少，温度控制也比较容易。

③以全部废钢为原料的电弧炉炼钢，基建投资省（仅为高炉-氧气转炉流程的30%），能耗低（吨钢能耗仅为高炉-氧气转炉流程的40%）。

④操作灵活性大，既可连续作业，也可非连续作业，特别适合机械厂生产铸钢件。

但是，电弧炉炼钢由于电弧中有气体离子存在，熔炼时极易使钢水的气体含量增加。

### 4.4.1 电弧炉及其设备

电弧炉由炉身、炉盖、炉门、出钢槽、电极以及电极升降装置和倾炉机构等几部分组成。电弧炉的基本结构如图4-11所示。

在钢板做成的圆形炉壳内砌筑耐火材料就形成了炉膛。在钢板制成的炉盖圈上砌上拱形耐火砖就形成了炉盖。炉壳上面盖上炉盖就构成了熔炼室。炉盖上有三个孔，石墨电极通过孔插入炉内。电弧炉大多采用顶装料。顶装料时先将炉盖和电极提升起来，然后旋转移开，使炉膛完全暴露出来，再用吊车将炉料从上部装入炉内，装料完毕将炉盖复原。

电弧炉下部装有使电炉倾倒的机构，炼钢作业要求在出钢时向出钢槽一侧倾动40°~50°，而在放渣时向炉门一侧倾动10°~15°。因此，炉体下部设置有扇形架、底座和倾动装置。

为使电极在炼钢过程中能自由升降，电极夹持器连接电极升降机，在冶炼过程中，通过升降电极来调整电弧长度。电极的升降由电极自动调节装置控制。

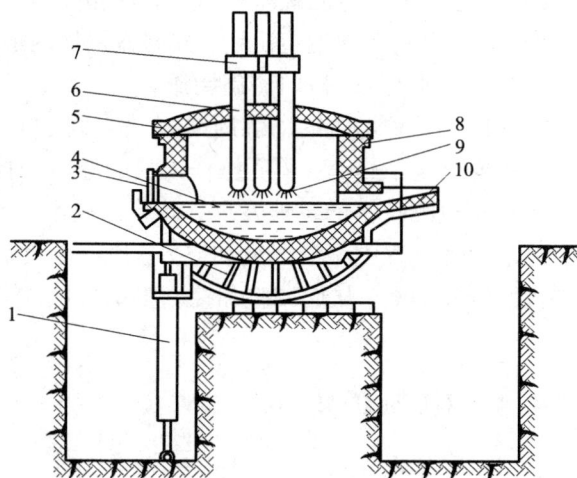

1—倾炉用液压装置；2—倾炉摇架；3—炉门；4—熔池；5—炉盖；6—电极；7—电极夹持器（连接电极升降装置）；8—炉身；9—电弧；10—出钢槽。

图4-11 炼钢电弧炉示意图

近代炼钢电弧炉以三相交流电作为能量，由专用的变压器供电。变压器的作用是降低输入电压（从10~110 kV降至200~527 V），从而产生大的电流（一般是几千到几万安培）。目前最大容量（400 t）电弧炉的规格为：炉壳内径9.8 m，电极直径0.66 m，变压器容量165000 kV·A。

### 4.4.2 电弧炉的熔炼工艺

炼钢电炉的操作主要分成补炉、装料、熔化、精炼、扒渣、脱硫、脱氧、合金化、出钢等几个阶段。其中许多操作与转炉、平炉相同。而电弧炉炼钢的特点是精炼过程可分为氧化期和还原期。

（1）氧化精炼。氧化期的任务是吹氧及加入铁矿石进行碳氧沸腾，造出高氧化铁、高碱度、流动性良好的炉渣以脱磷，并提高温度为进入还原期做好热能贮备。

吹氧脱碳速度比加矿石脱碳时大得多；而加矿石脱碳时，炉渣中（FeO）含量又比前者高。渣中氧化铁含量低对脱磷特别不利，所以生产上采用矿石和氧气联合氧化法。碳氧沸腾为脱磷反应造就高氧化铁渣，同时使钢液去气和去非金属夹杂物，为此，氧化期碳氧沸腾至少要保持 30 min，如果熔毕碳低，则应首先加入生铁增碳，然后进行氧化作业。

炉渣脱磷的两个基本条件是氧化铁含量高和碱度高，故加石灰提高炉渣碱度。氧化精炼利用高氧化铁（~20%FeO）、高碱度（$CaO/SiO_2 = 3 \sim 4$）炉渣把钢液中的磷氧化成 $P_2O_5$，然后与 CaO 形成稳定的磷酸钙。由于脱磷反应主要在钢液-炉渣界面进行，要有足够的温度以保证炉渣具有良好的流动性。

在氧化期结束、转入还原期之前，须扒渣以除去含有大量磷酸钙的氧化渣。

（2）还原精炼。还原期任务是在碱性还原渣下进行精炼，脱氧脱硫，调整好钢液成分和温度。还原精炼操作是电弧炉炼钢的独特之处。还原期主要特点是炉渣中的氧化铁低，一般均在 0.5% 以下。整个还原期的操作基本上是围绕脱氧来进行的。

电弧炉炼钢还原期采用综合脱氧法。一般是在扒掉氧化渣以后迅速将锰铁、硅铁、铝块等直接插入裸露的钢液中进行沉淀脱氧，然后加入造渣剂（石灰、萤石和硅质砖块等）形成稀薄渣。除加入块状脱氧剂以外，还分批向炉渣中投入硅粉、焦炭粉、铁粉，甚至硅-钙粉以及铝粉进行扩散脱氧。当渣中氧化铁降到 1.5% 以下，碱度为 2~3 时，炉渣逐渐变白，且能自动粉化，这种还原渣称为白渣。

为了促进冶金反应，有时还造电石渣，当冶炼高碳钢时还要造强电石渣。从冶金反应来看，在高温高碳高氧化钙条件下，碳与石灰反应生成 $CaC_2$。$CaC_2$ 的生成反应及其脱氧反应如下：

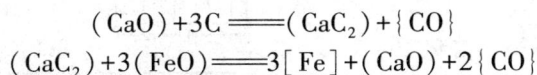

$$(CaO) + 3C \Longrightarrow (CaC_2) + \{CO\}$$
$$(CaC_2) + 3(FeO) \Longrightarrow 3[Fe] + (CaO) + 2\{CO\}$$

电石渣一般含 $CaC_2$ 2% ~ 4%，它冷凝时呈黑色，在空气中粉化，投入水中产生乙炔气。

由于 $CaC_2$ 脱氧能力很强，电石渣中氧化铁很低（$w_{FeO} < 0.5\%$），碱度高（$CaO/SiO_2 = 2 \sim 3$），故能很好地进行如下反应去除钢液中的硫：

$$[FeS] + (CaO) \Longrightarrow (CaS) + (FeO)$$

上述反应生成的 FeO 又会被碳或硅还原，因此，还原性渣脱硫比氧化性渣脱硫易于进行。

## 4.5 平炉炼钢

平炉炼钢最早用于冶金生产是 1865 年，创始人是英国的马丁父子，故长期以来人们均称平炉为"马丁炉"。平炉的诞生是因为当时的转炉无法利用大量出现的废钢铁,于是马丁父子利用反射炉原理建成平炉。在电弧炉没发展起来的相当长时间里,它是一种主要的炼钢方法。在1935年到1955年期间内,平炉钢产量约占世界粗钢产量的80%。

目前,在世界各主要产钢国家中,只有苏联与我国还在采用平炉炼钢法。平炉作为一种大型冶炼设备,投资额大,充分发挥旧有设备的潜力在我国还是有一定现实意义的。应当指出,为强化冶炼,现有平炉已无一例外地在平炉炉顶或侧面装置了氧枪,并取得了良好的技术效果和经济效果。据统计,1996年我国平炉钢仍占到全国钢产量的12%。

### 4.5.1 平炉炼钢法的特点

平炉炼钢法在供氧和供热方式上与其它炼钢方法有很大的不同,因而使其具有如下的特点:

(1)平炉供热必须依靠外来热源,而且是利用蓄热原理来预热燃料和助燃空气的;即使使用高发热值燃料,空气也仍需预热,否则达不到炼钢所需的高温。因此,平炉炉体结构庞大,热损失大,热效率低。

(2)平炉的供氧有炉气供氧、矿石供氧及氧气供氧等方式。熔炼室中的炉气存在着自由氧及燃烧后生成的 $CO_2$、$H_2O$ 等,故炉气是氧化性气体,自始至终对金属熔池进行着氧化。

(3)加热金属所需的热量和氧化杂质元素所需的氧,都是通过炉渣向金属中传递的。因此,炉渣对熔炼过程有着重要的作用。同时,这种传氧、传热方式使平炉冶炼时间特别长。

(4)熔池为浅碟形。平炉熔池形成后,炉渣位于炉气和钢液之间,炼钢的物理化学反应在炉气、炉渣和钢液之间进行,为促进传热、传氧,加速反应的进行,关键是增大气、渣、金属间的接触面积,因此,平炉采用浅碟形熔池。但随之而来的缺点便是散热面积大,热损失大。

### 4.5.2 平炉构造和设备

图4-12所示为三上升道式的平炉构造示意图。以操作平台为水平面,上部结构包括熔炼室、炉头和上升道,下部结构包括沉渣室、蓄热室、换向阀和接通烟囱的烟道等。

#### 4.5.2.1 熔炼室

熔炼室由炉底、炉顶和前、后墙围成,主要采用镁砖、铬镁砖和铝镁砖等优质耐火材料砌筑。前墙设几个工作门,供装料用。后墙有出渣口,并在靠炉底处设出钢口。由于要在熔炼室内进行原料熔化和精炼,因此,平炉需有与熔炼量相适应的容积和合理的熔池形状,通常由炉底和炉门槛下的堤坡形成浅碟形熔池。

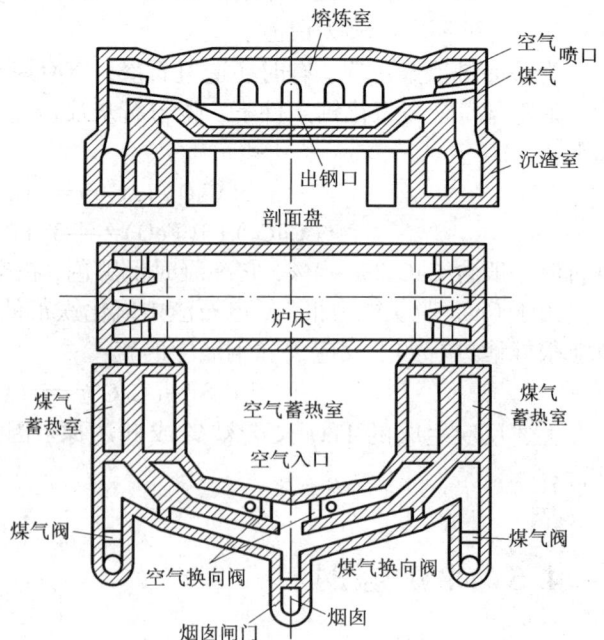

图4-12 三上升道式的平炉构造示意图

#### 4.5.2.2 炉头及上升道

平炉两端各有一个炉头，它既是
向熔炼室提供燃料和空气的燃烧器，又是排出高温废气的通道。目前国内已广泛使用高发热
值燃料，如重油、天然气或二者同时使用。这类高发热值燃料无须预热，而是由高压油枪或
煤气烧嘴以超音速(400~500 m/s)喷入熔炼室。因此，炉头结构简单，采用单上升道(预热空
气道)即可。若使用煤气作为燃料，则需有三个上升道，其中一个是煤气上升道，两个是空气
上升道(见图4-12)。

#### 4.5.2.3 沉渣室

沉渣室在上升道下面，与蓄热室相连。作用是定期排除废气中的渣尘。

#### 4.5.2.4 蓄热室

蓄热室内排列着一定高度和适当格孔尺寸的砖格子，其上部与沉渣室相通，下部则通向
烟道。废气进入时的温度是1500~1550℃，离开时降到500~700℃，而空气或煤气经过烧热
的格子砖后被加热到1000~1300℃。

#### 4.5.2.5 换向阀

平炉采用蓄热原理，故火焰必须经常换向，为此设置专门的装置。如图4-12所示，在左
右烟道上布置有空气阀、煤气阀及相应的换向阀。

### 4.5.3 平炉的改造

#### 4.5.3.1 平炉用氧强化

随着制氧设备和氧气转炉炼钢的发展，平炉也普遍采用氧来强化冶炼。平炉用氧基本上
可分为两类：

(1)用氧强化燃料燃烧。例如火焰富氧，使用炉顶氧-燃料喷枪等。此类方法提高了火
焰温度，强化了炉内热交换。实践表明，对冶炼过程并没有引起实质性的变化。

(2)直接向熔池吹氧。一般有三种方法：炉门吹氧(从炉门插入吹氧管)、顶吹氧和埋入
式深吹氧(氧枪埋入熔池下的后墙面)。目前最常用的是顶吹氧法。向熔池直接吹氧后，氧气
代替了铁矿石作氧化剂，加速了炉料的熔化和杂质的氧化，大大缩短了冶炼时间，可取得增
产节能的明显效果。

#### 4.5.3.2 双床平炉

图4-13为一座双床平炉的示意图。这种炉子采用两个熔池，可以互相补偿，即以吹炼

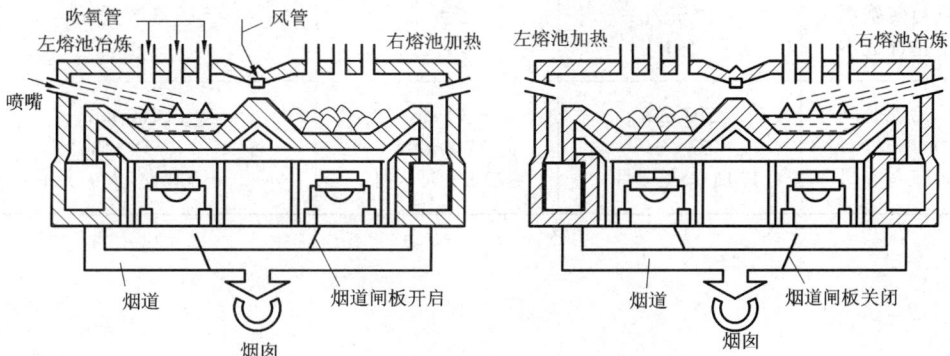

图4-13 双熔池平炉结构和交替操作示意图

产生的 CO 随同炉气进入第二个熔炼室加热炉料，省掉蓄热室。两个炉床的炉顶各设氧–燃料喷枪和顶吹氧喷枪，强化供氧，强化冶炼。熔炼时间大大缩短，燃料消耗降低，生产率显著提高。

### 4.5.4　各种炼钢方法的比较

表 4-5 为平炉、氧气顶吹转炉和电弧炉三种炼钢方法生产特点及有关技术经济指标的实例情况。与转炉炼钢比较，电弧炉炼钢冶炼时间较长，生产效率较低，因而钢锭成本高，且某些质量指标(如钢锭中的氮、氢含量)稍落后于转炉钢。但由于近年来超高功率电弧炉和各种炉外精炼法的推广应用，电弧炉炼钢在增加产量、降低能耗和提高产品质量等方面都有了很大的进步。目前，在世界上许多国家中，电弧炉炼钢和氧气转炉炼钢已经成为主要的炼钢方法，甚至完全淘汰了平炉炼钢。

表 4-5　平炉、LD 转炉、电炉的比较

| 比较项目 | | 平炉(200 t/炉) | LD 转炉(100 t/炉) | 电炉(60 t/炉) | | | |
|---|---|---|---|---|---|---|---|
| 原　料 | | 铁水(0~100%)<br>废钢(0~100%) | 铁水(70%~100%)<br>废钢(0~30%) | 废钢(100%)、(海绵铁) | | | |
| 氧来源 | | 铁矿石、纯氧 | 纯　氧 | 纯　氧 | | | |
| 热来源 | | 重油、焦炉煤气<br>氧化反应热 | 氧化反应热 | 电能(电弧热)、<br>氧化反应热 | | | |
| 炉渣成分 | $Fe_T$(即$\sum FeO$)<br>$CaO/SiO_2$ | 20%~25%<br>约 3.0 | 15%~20%<br>约 3.0 | 氧化期 | 约 17%<br>约 3.7 | 还原期 | 约 0.2%<br>约 2.5 |
| 钢质量 | $[N]×10^{-6}$<br>$[H]×10^{-6}$<br>$[\%O]×[\%C]$<br>非金属夹杂物 | 30~70<br>3.5~5.0<br>0.0045~0.0070<br>比转炉、电弧炉多 | 10~40<br>1.0~2.5<br>0.0030~0.0055<br>比平炉钢少 | 70~100<br>3.5~5.0<br>氧化期 0.005~0.0075，<br>还原期 $[\%O]$ 约 0.001<br>比转炉钢少 | | | |
| 经济指标 | 建设费用<br>良锭率<br>燃料<br>氧气<br>衬砖费用<br>钢锭成本 | 1.5<br>87%<br>$46×10^7×4.187$ J/t<br>35 m³/t<br>17 元/t<br>1.1 | 1.0<br>92%<br>无<br>50 m³/t<br>5 元/t<br>1.0 | 0.9<br>94%<br>400 kW·h/t<br>2~5 m³/t<br>8.5 元/t<br>1.3 | | | |
| 生产率 | 冶炼时间<br>每小时产量<br>每人产量 | 210 min<br>57 t/h<br>170 t/(人·月) | 30 min<br>200 t/h<br>370 t/(人·月) | 200 min<br>18 t/h<br>200 t/(人·月) | | | |

## 复习参考题

1. 钢与生铁有何区别？为什么钢的用途更广泛？

2. 按化学成分划分钢分为哪两类？其化学成分有何不同？

3. 按质量划分钢分为哪几个等级？它们对杂质成分有何要求？

4. 炼钢的基本任务是什么？

5. 炉渣在炼钢过程中有哪些作用？炼钢炉渣和炼铁炉渣有什么不同？

6. 何谓炉渣的氧化性？如何表示？

7. 在炼钢过程中氧是如何传向金属熔池的？

8. 试用纯氧化物分解压与温度的关系曲线，说明炼钢过程中元素氧化的一般顺序。实际炼钢熔池中元素氧化顺序还受哪些因素影响？

9. 脱碳反应在炼钢过程中有什么作用？为什么转炉的脱碳速度比不吹氧的平炉和电炉快？

10. 硅、锰的氧化和还原有什么异同点？

11. 为什么要脱磷？试写出脱磷的化学反应式并分析脱磷的基本条件？

12. 硫对钢的性能有什么影响？如何才能提高炉渣脱硫的效率？

13. 为什么要脱氧？脱氧的方法有哪些？脱氧剂应满足哪些条件？

14. 试分析钢中氢、氮的来源及其对钢质量的危害，以及降低钢中气体的措施。

15. 何谓钢中非金属夹杂物，其主要组成有哪些？对钢的性能有什么影响？

16. 转炉炼钢的冶炼原理是什么？它有哪些主要优点？

17. 氧气顶吹转炉吹炼工艺的过程？

18. 电弧炉炼钢的特点是什么？电弧炉炼钢法有哪些主要优缺点？

19. 电弧炉炼钢还原期的任务是什么？什么是白渣脱氧和电石渣脱氧？

20. 平炉的供热、供氧方式与氧气转炉有何不同？平炉炼钢用氧气有何意义？

21. 根据三种炼钢方法的冶炼特征及主要经济指标，试综合评述这些炼钢方法的优缺点。

# 第 5 章 铜冶金

## 5.1 概述

铜是人类最早发现和使用的金属之一。中国早在夏朝之前就有了铜器,它的问世比铁要早 2000 多年,因此常把铜称为"古老金属"。

### 5.1.1 铜的性质和用途

#### 5.1.1.1 铜的物理性质

铜属于重有色金属,密度为 8.89 g/cm$^3$(20 ℃),熔点 1083 ℃,沸点 2567 ℃。纯净的铜是紫红色金属,故又称紫铜。

铜的导电和导热性仅次于银,如以银的导电和导热性为 100%,则铜分别为 93% 和 73.2%。铜的导电性受杂质的影响很大,例如砷含量为 0.0013% 时,可使其导电率降低 1%。

固体铜具有良好的展性和延性,可拉成 0.0799 mm 的细丝,或加工成 0.0799 mm 厚的薄片。液态铜能溶解 $O_2$、$SO_2$、$H_2$ 等气体,因此精炼铜在铸锭之前,要脱除溶解的气体,否则铜锭会有气孔,影响铸件的物理特性。

铜与其它金属的互溶性好,因此铜有很多种合金。最常见的合金有黄铜、青铜和白铜,它们分别是铜与锌、锡、镍所组成的合金。除二元合金外,还有多种多元合金,如铝青铜、铍青铜等。

#### 5.1.1.2 铜的化学性质

铜是元素周期表中第一副族的元素,原子量为 63.54。铜有两种不同的化合价——一价和二价。一价的化合物在高温稳定,而二价的化合物则相反。

铜在干燥的空气中不氧化,在温度高于 185 ℃时则开始氧化,温度低于 350 ℃时生成红色氧化亚铜 $Cu_2O$,高于 350 ℃时生成黑色氧化铜 $CuO$。在潮湿的空气中铜被氧化,其表面逐渐覆盖一层绿色的碱式碳酸铜 $CuCO_3 \cdot Cu(OH)_2$,俗称"铜绿"。

铜与硫化合生成硫化亚铜 $Cu_2S$ 和硫化铜 $CuS$。

在电化次序表中,铜位于氢的后面,因此铜不溶于稀酸和盐酸,但能溶于硝酸、王水和加热的浓硫酸;有空气存在时,也能溶于盐酸、稀硫酸和氨水。

#### 5.1.1.3 铜的用途

铜的用途甚为广泛。由于铜的导电性能特别好,故用作输电线、导电棒,以及用作发电机、电动机、变压器、开关等的材料。铜也广泛用于通信设备,例如电报、无线电、电视的发射装置与接收装置。汽车的散热器心是铜制的,空调器、热交换器及加热器、煤气管道、轴承及衬套材料都少不了铜。货币、珠宝、装饰品、化学药品、颜料、黄铜五金器皿等也都需要铜。此外，铜广泛用于配制合金，用作结构材料，例如铜与镍的合金用作海水脱盐装置的管道。在污染控制、废水处理等方面也需要使用铜材。铜的另一个用途是军事上的应用，战争时期铜的价格往往由于军事上的大量消耗而上涨。

据资料统计，1996 年世界铜产量为 263 万 t，消费量为 1213 万 t；其中我国的铜产量占112 万 t，消费量占 104 万 t。虽然我国目前铜产量为第 4 位，仅次于智利、美国和日本，但因我国人口众多，铜的人均消费量还不到美国的 10%。因此，提高炼铜技术水平，增加铜产量，以满足国民经济发展和提高人民生活水平的需要，是我国今后发展有色金属工业的一项重大任务。

### 5.1.2　铜的重要化合物及其性质

铜在炼铜原料和冶炼过程的中间产物中常以硫化物、氧化物、硫酸盐、铁酸盐、碳酸盐、硅酸盐等化合物存在，熟悉这些铜化合物的基本性质及其主要化学反应对于研究铜冶炼生产过程是很重要的。

#### 5.1.2.1　铜的硫化物

铜的硫化物有两种：一种是硫化铜 CuS，含铜 66.5%，天然呈铜蓝产出；另一种是硫化亚铜 $Cu_2S$，含铜 79.8%，天然呈辉铜矿产出。

(1)铜的硫化物的稳定性。硫化铜和硫化亚铜在加热时将不同程度地发生离解，其离解反应如下：

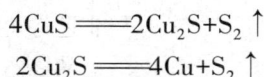

$$4CuS \Longrightarrow 2Cu_2S + S_2 \uparrow$$
$$2Cu_2S \Longrightarrow 4Cu + S_2 \uparrow$$

在中性或还原性气氛下，金属硫化物受热离解释放出元素硫蒸气（硫的熔点 112.8 ℃，沸点444.6 ℃），其离解压随温度升高而增大。各种硫化物离解压与温度的关系（$p_{S_2}$-$t$ 曲线）如图 5-1 所示。

从图 5-1 可见，CuS 不稳定，其离解压在 570℃时达到 101 kPa（1 atm [*]）；$Cu_2S$ 较稳定，其离解压在 1400 ℃时仅为 10 Pa。在熔炼温度下，铜的硫化物形态为 $Cu_2S$。

从图 5-1 还可看出，$Cu_2S$ 在高温下的离解压比镍、铁、铅等金属硫化物的离解压低，在这些硫化物中它是最稳定的化合物。铜与硫的亲和力大于铁与硫的亲和力是造锍熔炼的重要依据之一。

(2)硫化亚铜与硫化亚铁的互熔性。$Cu_2S$（熔点 1135 ℃）和 FeS（熔点 1190 ℃）均系金属原子与硫原子以共价键结合的化合物，它们在熔融状态下互熔形成铜锍（$Cu_2S \cdot FeS$）。

图 5-1　金属硫化物离解压与温度的关系

作为铜锍的主要成分之一的硫化亚铁，还与其它金属硫化物构成二元系的液相线，综合

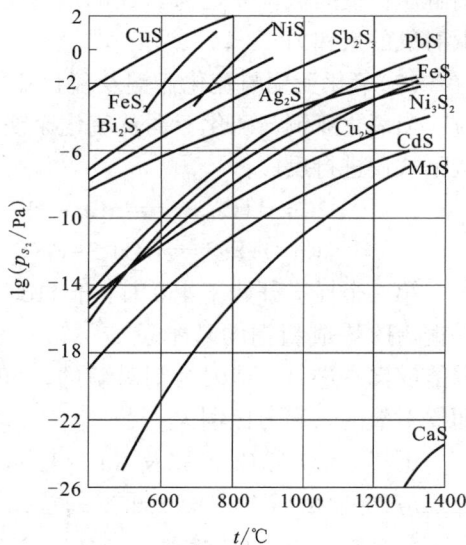

---

[*]　1 atm=101 kPa。

起来如图 5-2 所示。从图 5-2 可见，FeS-Cu₂S 二元系在熔炼温度（1200~1300 ℃）下，两种硫化物均为液相，完全互熔为均质溶液。硫化亚铁与铜及其它重金属的硫化物的高温互熔性对重金属火法冶金具有极其普遍重要的意义。

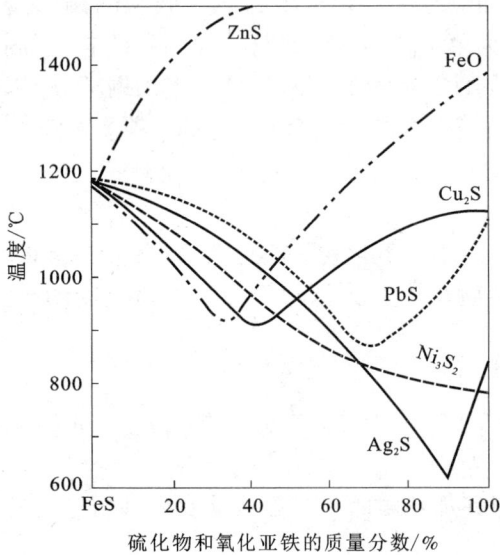

图 5-2　FeS 与各种硫化物
（或 FeO）的二元系液相线

### 5.1.2.2　铜的氧化物

铜的氧化物有两种：一种是氧化铜 CuO，含铜 78.9%，天然呈黑铜矿产出；另一种是氧化亚铜 Cu₂O，含铜 88.88%，天然呈赤铜矿产出。

(1)铜的氧化物的稳定性。氧化铜和氧化亚铜在加热时能够不同程度地发生离解，其离解反应如下：

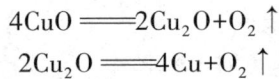

$$4CuO \Longrightarrow 2Cu_2O + O_2 \uparrow$$
$$2Cu_2O \Longrightarrow 4Cu + O_2 \uparrow$$

CuO 不稳定，其离解压在 1105 ℃时达到 101 kPa；Cu₂O 较稳定，其离解压在 1427 ℃时仅为 90 Pa。各种氧化物离解压与温度的关系（$p_{O_2}$-$t$ 曲线）如图 5-3 所示。在火法冶金温度和非还原性气氛下，Cu₂O 是稳定的。

从图 5-3 还可以看出，Cu₂O 在高温下的离解压比铁的低价氧化物 FeO 的离解压高。这说明 FeO 较 Cu₂O 稳定，铁对氧的亲和力大于铜对氧的亲和力。

(2)氧化亚铜与硫化亚铜及硫化亚铁的相互反应。当氧化亚铜与硫化亚铜及硫化亚铁共热时，则依下式而进行反应：

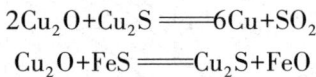

$$2Cu_2O + Cu_2S \Longrightarrow 6Cu + SO_2$$
$$Cu_2O + FeS \Longrightarrow Cu_2S + FeO$$

第一个反应开始于 450 ℃，于 1100 ℃完成，这是铜锍吹炼成粗铜的基本反应。第二个反应之所以能够向右进行，是因为铜对硫的亲和力比铁大，而铁对氧的亲和力比铜大。

上述 Cu₂O 与 Cu₂S 以及 Cu₂O 与 FeS 的两个相互反应，在铜冶金中具有极重要的意义。

### 5.1.2.3　铜的铁酸盐

铁酸铜 Cu₂O·Fe₂O₃ 容易被碳或硫化亚铁还原，但在铜锍（Cu₂S·FeS）连续吹炼过程中，如果不添加二氧化硅作熔剂，氧化反应生成的 Cu₂O 和 Fe₂O₃（酸性氧化物）结合形成 Cu₂O·Fe₂O₃，铜将进入炉渣而造成金属损失。

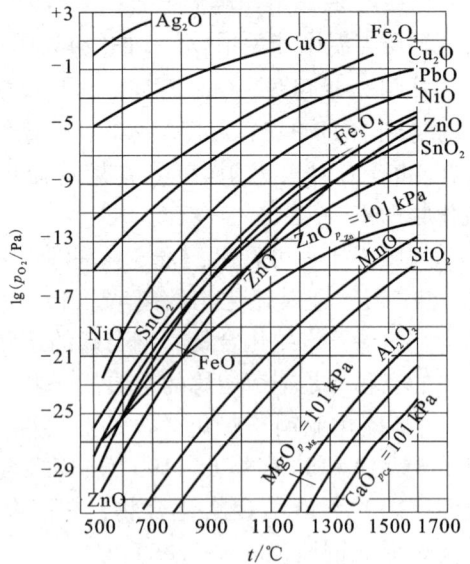

图 5-3　金属氧化物离
解压与温度的关系

#### 5.1.2.4　铜的硫酸盐

在自然界有含 5 个结晶水的硫酸铜($CuSO_4 \cdot 5H_2O$)存在，俗称为胆矾。

在铜冶金中，$CuSO_4 \cdot 5H_2O$ 是铜电解精炼的副产物，是一种用途广泛的化工原料。

#### 5.1.2.5　铜的硅酸盐

在自然界铜的硅酸盐以硅孔雀石($CuSiO_2 \cdot 2H_2O$)产出较为普遍，高温时离解成 $2Cu_2O \cdot SiO_2$，易被碳还原，其中的 $Cu_2O$ 易被 CaO、FeO 等置换。

#### 5.1.2.6　铜的碳酸盐

在自然界铜的碳酸盐以碱式盐产出，如孔雀石和蓝铜矿。碱式碳酸铜和碳酸铜受热即分解出 CuO。铜的碳酸盐能溶解于各种工业溶剂中。

### 5.1.3　炼铜原料

#### 5.1.3.1　铜的资源分布

根据美国矿务局 1985 年的资料，全世界主要产铜国铜矿资源列表于 5-1。

表 5-1　世界主要产铜国铜资源　　　万 t

| 国　家 | 探明储量 | 基础储量 | 国　家 | 探明储量 | 基础储量 | 国　家 | 探明储量 | 基础储量 |
| --- | --- | --- | --- | --- | --- | --- | --- | --- |
| 智　利 | 7900 | 9700 | 扎伊尔 | 2600 | 3000 | 秘　鲁 | 1200 | 3200 |
| 美　国 | 5700 | 9000 | 苏联 | 2200 | 3600 | 菲律宾 | 1200 | 1800 |
| 赞比亚 | 3000 | 3400 | 加拿大 | 1700 | 2300 | 澳大利亚 | 800 | 1500 |
| 中　国 | 2900 | 5800 | 墨西哥 | 1700 | 2300 | 其　他 | 9300 | 5400 |
| | | | | | | 合　计 | 40200 | 51000 |

此外，海底结核与海底沉积层中也蕴藏有大量的铜，其金属铜总量约达 1 亿 t。

#### 5.1.3.2　铜的矿物

自然界产出的铜矿物有 240 种之多，但多数并不常见，也不具有工业价值。常见的主要铜矿物及其理论含铜量如表 5-2 所列。

表 5-2　常见铜矿物及其理论含铜量

| 硫化矿 | 化学式 | $w_{Cu}/\%$ | 氧化矿 | 化学式 | $w_{Cu}/\%$ |
| --- | --- | --- | --- | --- | --- |
| 黄铜矿 | $CuFeS_2$ | 34.5 | 赤铜矿 | $Cu_2O$ | 88.88 |
| 辉铜矿 | $Cu_2S$ | 79.8 | 孔雀石 | $CuCO_3 \cdot Cu(OH)_2$ | 57.5 |
| 铜　蓝 | $CuS$ | 66.5 | 蓝铜矿 | $2CuCO_3 \cdot Cu(OH)_2$ | 55.3 |
| 斑铜矿 | $Cu_5FeS_4$ | 55.5 | 硅孔雀石 | $CuSiO_3 \cdot 2H_2O$ | 36.2 |

现今世界铜产量中有 90% 来自硫化矿，约 10% 来自氧化矿，极少量来自自然铜矿。

#### 5.1.3.3　硫化铜精矿

从矿山开采出来的硫化铜矿石，铜的品位很低，地下开采的铜矿品位有的低到 0.4%，而大型露天矿把 0.2% 品位的铜矿石也利用了。因此，铜矿石通常须用浮选法将矿石中的铜矿物分离后富集到高品位的铜精矿中。铜精矿含铜品位一般为 20%~30%，尾矿含铜 0.05%~0.1%。表 5-3 为铜精矿化学成分实例。

表 5-3　铜精矿化学成分实例

| 铜厂序号 | 来自选矿厂的铜精矿主要成分/% | | | | | | | | |
| --- | --- | --- | --- | --- | --- | --- | --- | --- | --- |
| | Cu | Fe | S | $SiO_2$ | CaO | MgO | $Al_2O_3$ | Pb | Zn |
| 1 | 18 | 29 | 31 | 7 | 2 | 2 | 1 | 0.5 | 0.9 |
| 2 | 20 | 35 | 33 | 5 | 2 | 1 | 1 | 2 | 0.5 |
| 3 | 24 | 29 | 32 | 5 | 1 | 1 | — | 0.3 | 1 |
| 4 | 27 | 23 | 28 | 13 | 1 | — | 1 | — | 0.7 |
| 5 | 29 | 25 | 31 | 8 | — | — | 2 | 0.3 | 0.8 |

铜精矿成分复杂，一般有如下特点：

（1）铜精矿的化学组成主要是铜、铁、硫，它们的含量大致相等，三者之和占精矿量的 80%~90%，其矿物形态多以黄铜矿（$CuFeS_2$）为主，黄铁矿（$FeS_2$）的含量随铜精矿质量而异，此外也含有其它硫化铜、硫化铁的矿物。其中的脉石氧化物普遍为 $SiO_2$，其次是 CaO、MgO 和 $Al_2O_3$，伴随的杂质通常是铅、锌、砷、锑、铋等化合物。另外，铜精矿一般都含有贵金属和稀散金属(硒、碲等)。

（2）精矿粒度很小，一般小于 0.74 mm(−200 目)的占 90%，因此具有很大的比表面积。根据测算，1 kg 精矿有 200 $m^2$ 以上的表面积，化学和物理反应过程都能以很快的速度在这种表面上进行。

（3）硫化物精矿本身是一种"燃料"。根据测定，10 kg 铜精矿中的铁和硫全部氧化所放出的热量大约相当于 1 kg 烟煤的发热量，充分利用硫化铜精矿的化学能对火法冶金过程的节能具有重大意义。

现在世界各铜冶炼厂所处理的铜精矿品位有越来越高的趋势，大多在 25% 以上，这对改善各项技术经济指标、发挥设备能力、减少投资、充分利用矿产资源、减少运输费用、节约能源、控制污染等方面均有很大好处。而我国铜精矿的品位达 25% 的较少，故应改进选矿工艺，提高精矿品位。

### 5.1.4　炼铜方法

#### 5.1.4.1　火法炼铜

火法炼铜的主要原料是硫化铜精矿，如前所述，铜精矿是由铜和铁的硫化物、氧化物、脉石和其它金属化合物杂质所组成，所以从提取冶金和资源综合利用的观点看来，铜精矿火法冶炼的基本要求是：

（1）使铜与铁、硫、脉石及其它杂质分开，且铜的冶炼回收率高；

（2）使硫进入烟气并能以化工产品形式回收，硫的利用率高，对环境污染少甚至无污染。

（3）应充分地利用硫化精矿的化学能和物理能(表面能)，做到熔炼过程反应速度快，生产效率高，燃料消耗少。

（4）尽量使贵金属富集于铜的熔炼产物之中，加以综合回收利用。

熔炼硫化铜精矿，不但须将脉石除去，而且还要使铜与铁、硫及其他杂质分开。为此，如果按照高炉冶炼烧结矿的方法，将硫化铜精矿经过充分的氧化焙烧，把其中全部的硫都氧化释出，使铜精矿本身变成一种以铜和铁的氧化物为主的焙烧矿，而后再将此焙烧矿加焦炭和熔剂，送到熔炼炉中去熔炼，氧化铁便还原为氧化亚铁造渣，铜的氧化物则还原为金属。这个方法虽则熔炼过程简单，但结果不仅大量铁与铜一道还原，砷和锑等有害成分会大量溶解于铜中，使产出的铜极不纯净，而且由于铜精矿含铜品位低（1.5%~30%Cu），熔炼渣量大，铜会损失于炉渣中，造成金属回收率低。此外，这种处理硫化矿的冶炼方法，把焙烧与熔炼分成两个过程进行，不利于精矿化学能和物理能的利用，且硫的利用率低，将很容易造成环境污染。

现代铜冶金采用造锍熔炼的方法处理硫化铜精矿，这种熔炼方法能使铜与铁和硫及其它杂质分开是基于下列基本原理：

（1）由于硫、铜、铁三者相互之间亲和力的关系，硫优先地与铜结合成硫化亚铜；

（2）同理，氧优先地与铁结合成氧化亚铁；

（3）氧化亚铁与二氧化硅结合，形成液态炉渣；

（4）控制硫化亚铁的氧化程度，使全部硫化亚铜与尚未氧化的硫化亚铁互相熔合，形成液态铜锍；

（5）铜锍密度比炉渣大，且二者互不相溶；

（6）铜有溶解精矿原料中贵金属及砷、锑、铋等杂质的能力；

（7）硫化亚铜能与氧化亚铜相互反应，产出金属铜。这是铜锍吹炼得金属铜的基本反应。

基于上述基本原理，火法炼铜生产流程可分为四个冶金过程：造锍熔炼、铜锍吹炼、火法精炼和电解精炼，其原则工艺流程如图5-4所示。

造锍熔炼是在高温和氧化性气氛下，铜精矿中的一部分硫和铁氧化，被氧化的硫生成 $SO_2$ 进入烟气；被氧化的铁与脉石和熔剂中的氧化物造渣，形成炉渣；熔炼过程还必须留存一部分硫不被氧化，以便与铜及残余的铁结合，形成需要成分的铜锍；精矿中的铜和贵金属几乎全部富集于铜锍之中。这种以产出锍为主产品的熔炼称为造锍熔炼。

所谓锍是金属硫化物的共熔体，铜锍就是铜的硫化物（ $Cu_2S$ ）和铁的硫化物（FeS）的共熔体。许多有色重金属的生产主要用硫化矿做原料，它们的精矿中含硫化铁都比较

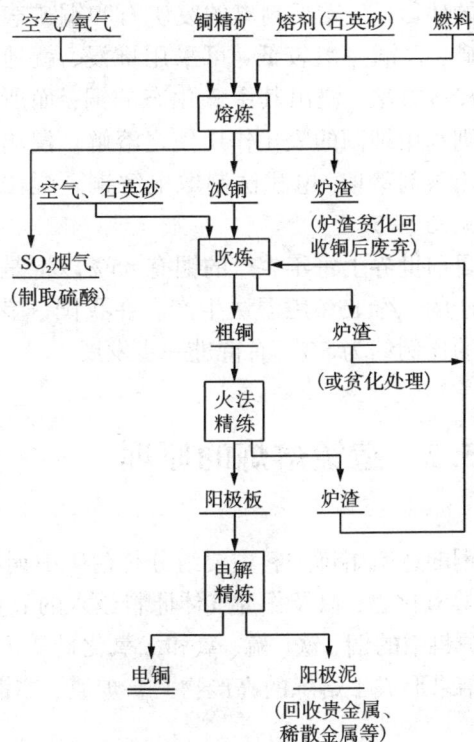

图 5-4　火法炼铜流程

高,因此锍是铜、镍、铅、锑等重金属冶炼过程常出现的中间产物,如镍锍、铜镍锍、铅锍、锑锍等(参见图5-2)。在我国,习惯把铜锍称之为冰铜,也把铜的造锍熔炼称为冰铜熔炼。

造锍熔炼方法有多种,传统造锍熔炼有反射炉、鼓风炉及电炉三种熔炼方法;新建炼铜厂大多采用闪速熔炼和熔池熔炼两种强化熔炼方法。

铜锍是造锍熔炼的中间产物,一般含铜40%~70%,还必须送往转炉进行氧化吹炼,使其中的铁和硫全部被氧化,以得到粗铜。粗铜含有杂质,通过火法精炼和电解精炼除去杂质,最后产出纯度高的电解铜,并回收贵金属和稀散金属。

### 5.1.4.2 湿法炼铜

湿法炼铜主要用来处理氧化铜矿。氧化矿一般不易用选矿方法富集,而多用稀硫酸溶液直接浸出,所得溶液一般含铜1~5 g/L,然后用萃取-电积法提取铜。

湿法炼铜的主要过程包括:

(1)用对铜有选择性的肟类螯合萃取剂(如Lix-64N 等)的煤油溶液萃取铜,铜进入有机相而与残存在水相中的铁、锌等杂质分离。

(2)用浓度较高的 $H_2SO_4$ 溶液反萃取,得到含铜约 50 g/L 的溶液。反萃后的有机溶剂,经洗涤后返回萃取过程使用。

(3)电解沉积硫酸铜溶液得电铜,电解后溶液返回用作反萃剂。

目前,湿法炼铜方法多用来处理铜矿开采后坑内的残留矿、露天剥离的废矿石和铜矿表层的氧化矿,含铜一般较低,可采用堆浸、就地浸出和池浸等方法,浸出其中氧化态的铜;而所含硫化铜则利用细菌的氧化作用使之溶解。浸出液普遍采用溶剂萃取-电积法制取电解铜。湿法炼铜流程见图5-5。

目前世界上每年生产的铜有85%以上是用火法生产的,约15%用湿法生产。在我国,湿法生产铜的比例约为5%,有待进一步发展。

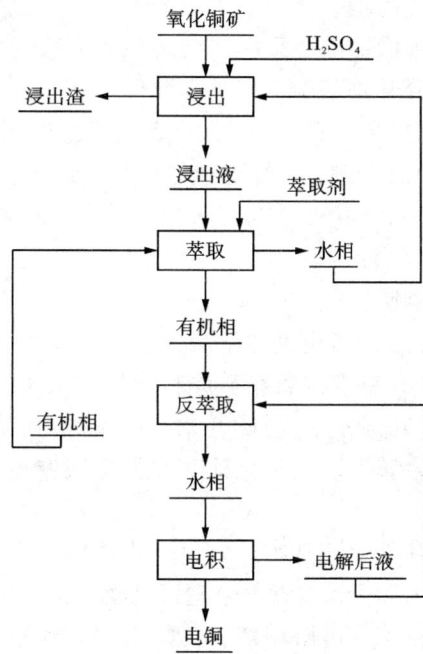

图 5-5  湿法炼铜流程

## 5.2  造锍熔炼的原理

铜的造锍熔炼炉料主要组分是精矿中铜和铁的硫化物、精矿中原有的或作为熔剂加入的 $SiO_2$ 等氧化物,以及作为气体原料鼓入的氧化性气体($O_2$/空气)。在1200~1300 ℃熔炼温度下,炉料中的铜、铁、硫、氧和二氧化硅等五组分及其化合物之间发生一系列的物理化学变化,结果形成了熔炼的终产物——炉渣、冰铜和烟气。

### 5.2.1　炉料在熔炼过程中的物理化学变化

#### 5.2.1.1　高价硫化物的热离解

在熔炼温度下，高价硫化物发生离解反应。主要反应如下：

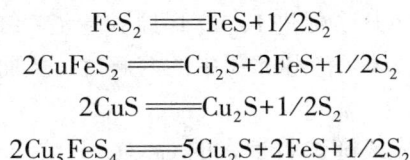

$$FeS_2 =\!=\!= FeS + 1/2S_2$$

$$2CuFeS_2 =\!=\!= Cu_2S + 2FeS + 1/2S_2$$

$$2CuS =\!=\!= Cu_2S + 1/2S_2$$

$$2Cu_5FeS_4 =\!=\!= 5Cu_2S + 2FeS + 1/2S_2$$

上述离解反应激烈进行，产生的低价硫化物（$Cu_2S$、$FeS$）构成初期冰铜的基础。所得硫蒸气在炉气中燃烧成 $SO_2$，并放出大量热：

$$S_2 + 2O_2 =\!=\!= 2SO_2 + 593 \ kJ$$

由于高价硫化物是铜精矿的主要组成，因此，它们的离解反应对于传统炼铜方法的脱硫作用具有重要的意义。

在造锍熔炼控制的氧化性气氛下，未进入冰铜的 $FeS$ 被氧化，发生如下反应：

$$2FeS + 3O_2 =\!=\!= 2FeO + 2SO_2 + 1103 \ kJ$$

#### 5.2.1.2　铁硫化物的优先氧化和氧化亚铁和造渣反应

铜精矿中的黄铜矿与空气中的氧气反应，产生冰铜、氧化亚铁、二氧化硫和热量。反应式可表达如下：

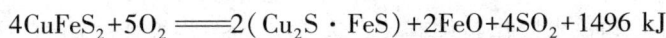

$$4CuFeS_2 + 5O_2 =\!=\!= 2(Cu_2S \cdot FeS) + 2FeO + 4SO_2 + 1496 \ kJ$$

熔剂和精矿中的二氧化硅参加反应，与氧化亚铁结合，形成炉渣：

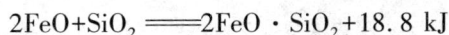

$$2FeO + SiO_2 =\!=\!= 2FeO \cdot SiO_2 + 18.8 \ kJ$$

将上述反应结合在一起得出：

$$4CuFeS_2 + 5O_2 + SiO_2 \longrightarrow \underset{\text{冰铜}}{2[Cu_2S \cdot FeS]} + \underset{\text{炉渣}}{(2FeO \cdot SiO_2)} + \underset{\text{炉气}}{4SO_2} + 热量$$

上述反应式是黄铜矿精矿熔炼的最好描述。实际上许多其他的反应也同时发生。在使用富氧空气的强化熔炼方法中，相当重要的一个反应是部分氧化亚铁进一步氧化成磁性氧化铁：

$$3FeO + 1/2O_2 =\!=\!= Fe_3O_4$$

在石英石不足的系统中，氧化亚铁与氧气发生这个反应。实际上，一些磁性氧化铁常常与炉渣一起生成，并且同时存在于冰铜层和炉渣层中。但熔体中磁性氧化铁浓度不会过多增加，原因是磁性氧化铁中的结合氧是氧的来源之一，即

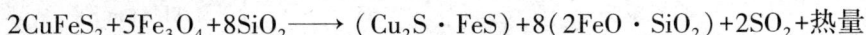

$$2CuFeS_2 + 5Fe_3O_4 + 8SiO_2 \longrightarrow (Cu_2S \cdot FeS) + 8(2FeO \cdot SiO_2) + 2SO_2 + 热量$$

磁性氧化铁是稳定的化合物，其特点是熔点高（1597 ℃）和密度大（5.0 g/cm³），所以，它会增加炉渣的黏度和密度，使冰铜与炉渣不易澄清分离，增加铜在渣中的损失；又因冰铜和炉渣的密度较小，固体磁性氧化铁易于沉降和堆积在炉床上，结果使熔炼炉的工作容积减小，生产能力下降。因此，在一般情况下，冰铜和炉渣两者中的磁性氧化铁含量应该控制在10%以下。

在熔炼炉冰铜中保留适量的 $FeS$，即控制冰铜品位不太高，且有 $SiO_2$ 存在，磁性氧化铁可被 $FeS$ 还原，其反应如下：

$$3Fe_3O_4+FeS+5SiO_2 \Longrightarrow 5(2FeO \cdot SiO_2)+SO_2-19.9 \text{ kJ}$$

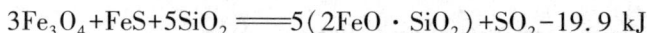

该反应为吸热反应,在 1127 ℃时平衡常数 $K=4\times10^2$;1227 ℃时 $K=5\times10^4$;温度升高,有利于反应向右进行。

由上可见,消除磁性氧化铁有害影响的途径是合理控制冰铜品位,熔体中保留适量的 FeS,减少 $Fe_3O_4$ 的形成;添加 $SiO_2$,促进 $Fe_3O_3$ 还原和造渣;维持较高的熔体温度,加速还原反应进行,且增大 $Fe_3O_4$ 在液体炉渣和冰铜中的溶解度,从而降低固体形式的 $Fe_3O_4$ 的生成量。

同样,由于局部过氧化生成或随炉料带入的 $Cu_2O$,只要有适量的 FeS 存在,$Cu_2O$ 容易被硫化:

$$Cu_2O+FeS \Longrightarrow Cu_2S+FeO+168 \text{ kJ}$$

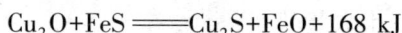

上述反应平衡常数很大,在 1127 ℃时 $K=8\times10^3$;1327 ℃时 $K=2.5\times10^3$,说明 $Cu_2O$ 的硫化很完全。生成的 $Cu_2S$ 溶入冰铜。

### 5.2.2 造锍熔炼的产物

造锍熔炼最终产物是富集炉料中几乎全部铜的冰铜,聚集炉料中被氧化的铁、全部脉石和熔剂中的氧化物的炉渣,以及包含有炉料中除进入冰铜外的全部硫的烟气。

#### 5.2.2.1 冰铜

(1)冰铜的成分和品位。冰铜主要由 $Cu_2S$ 和 FeS 组成,其主要组分(Cu、Fe、S)的含量与原料成分、熔炼方法和技术操作条件有关。表 5-4 为一些工业冰铜的主要化学成分。

表 5-4 工业冰铜成分

| 造锍熔炼方法 | | 化学成分/% | | |
| --- | --- | --- | --- | --- |
| | | Cu | Fe | S |
| 传统熔炼法 | 鼓风炉熔炼<br>反射炉熔炼 | 25~35 | 30~42 | 23~26 |
| | 电炉熔炼 | 40~50 | 25~35 | 22~24 |
| 闪速熔炼 | 奥托昆普法 | 50~65 | 10~20 | 21~23 |
| | 因科法 | 50~55 | 20~26 | 22~23 |
| 熔池熔炼 | 诺兰达法 | 70~73 | 4~6 | 20.5~21 |
| | 三菱法 | 65 | 11 | 22 |

从表 5-4 可见,冰铜中 Cu+Fe+S 占冰铜总量的 90%~95%,其余为其它金属的硫化物,如 PbS、ZnS、$Ni_3S_2$。冰铜是贵金属(Au、Ag、Pt 族金属)的极好溶剂。此外,一道进入冰铜的还有原料中的稀散金属(Se、Te)和部分杂质(As、Sb、Bi)化合物。

在 20 世纪 60 年代以后,闪速熔炼和熔池熔炼逐渐取代了鼓风炉、反射炉等传统熔炼方法。现代炼铜方法广泛采用富氧空气熔炼,且由于热工技术和喷吹设备的不断改进,充分利用了硫化物精矿原料的化学能和表面能,使其在炉内高温氧化性气流中或熔池中以悬浮状态迅速熔化和氧化，从而提高了 Fe 和 S 的氧化程度，结果使冰铜品位由传统熔炼法的 25%~50% 提高到 50%~65%，有的达到 70% 以上。

冰铜品位，就是冰铜中的含铜量对冰铜量的百分比率。在生产上，通过调节送入炉内的氧气(或空气)供给量与精矿加入量的比例来控制 FeS 氧化反应所进行的程度，氧/矿比例愈大，铁和硫的氧化程度就愈高，冰铜中未被氧化的铁和硫量就愈少，其冰铜品位就愈高。冰铜品位提高，可以缩短下一工序的吹炼时间，还可充分利用硫化物的反应热，减少熔炼的能量消耗。

(2)冰铜的主要物理性质。表5-5列出了液体冰铜的主要物理性质。冰铜最重要的性质是密度大(约 4.3 $g/cm^3$)和黏度较低(约 0.01 $Pa \cdot s$)，这说明冰铜将沉降在炉渣层(3~3.7 $g/cm^3$)下面，比炉渣(0.2~1 $Pa \cdot s$)更易流动。

表 5-5  冰铜、炉渣和几种化合物的物理性质

| 物　料 | 熔点，K | 液态密度(1500 K)/($g \cdot cm^{-3}$) | 黏度(1500 K)/($Pa \cdot s$) |
|---|---|---|---|
| 粗　铜 | 1350 | 7.8 | 0.003 |
| $Cu_2S$ | 1400 | 5.8 | |
| FeS | 1460 | 3.8 | |
| $Cu_2S$-FeS 冰铜 | | | |
| 25%Cu | 1260(液态) | | |
| 35%Cu | 1210(共晶体) | | |
| 50%Cu | 1310 | 4.3 | 0.01 |
| 65%Cu | 1380 | | |
| 80%Cu(白冰铜) | 1400 | 5.8 | |
| FeO | 1650 | | |
| $Fe_3O_4$ | 1870 | 5.0(固态) | |
| $SiO_2$ | 1996 | 2.6(固态) | |
| 熔炼炉渣 | ~1450 | 3.0~3.7 | 0.2~1 |
| 转炉渣 | ~1450 | 3.8 | 0.1~0.3 |

### 5.2.2.2  炉渣

(1)炉渣的成分。造锍熔炼炉渣由炉料中的氧化物和熔炼时优先氧化产生的氧化铁组成，除 $SiO_2$ 外，铁的氧化物($FeO$、$Fe_3O_4$ 所含的总铁量常以 $Fe_T$ 表示)是主要成分，次要成分有 $CaO$、$MgO$ 和 $Al_2O_3$ 等。这种复杂的铁硅酸盐炉渣一般属于 $FeO$-$SiO_2$ 系和 $FeO$-$SiO_2$-$CaO$ 系炉渣，其化学成分如表5-6所示。

表 5-6　铜熔炼炉渣成分　　　　　　　　　　　　　　　%

| 冶炼方法 | $SiO_2$ | $Fe_T$ | CaO | MgO | $Al_2O_3$ | Cu | $Fe_3O_4$ | $Fe/SiO_2$ | 冰铜品位 |
|---|---|---|---|---|---|---|---|---|---|
| 传统法熔炼 | 35~42 | 30~40 | 5~10 | 1~2 | 2~5 | 0.3~0.5 | 3~10 | 0.8~1 | 25~50 |
| 奥托昆普法闪速熔炼 | 28~33 | 38~43 | 1~4 | 1~2 | 3~5 | 1~2 | 12~15 | 1.1~1.4 | 50~65 |
| 诺兰达法熔池熔炼 | 22~23 | 40~42 | — | — | — | 5~7 | 20~25 | 1.5~1.9 | 70~73 |
| 冰铜吹炼 | 22~30 | 40~50 | — | — | — | 2~5 | 20~25 | | 75~80 |

从表 5-6 可以看出，铜炉渣的组成按冶炼方法的工艺特点可分为下列两种类型：

①熔炼体系采用低氧势操作，精矿中的 S 和 Fe 的氧化程度较低，生产的冰铜品位不高，渣含 $Fe_3O_4$ 及铜均很低，炉渣不必进一步处理即可废弃。传统熔炼方法，如鼓风炉、反射炉及电炉的炉渣属于此类型。

②熔炼体系采用高氧势操作，精矿中的 S 和 Fe 的氧化程度很高，生产的冰铜品位较高，渣含 $Fe_3O_4$ 及铜均很高，炉渣需要贫化处理。闪速熔炼、熔池熔炼以及冰铜吹炼等的炉渣属于此类型。

（2）炉渣的性质。炉渣的重要性质是熔点、黏度和密度。炼铜炉渣的这些性质如表 5-5 所示。

炼铜炉渣中的各种氧化物虽有很高的熔点，但在熔炼过程中，这些氧化物相互作用形成了低熔点共晶物、化合物和固溶体，因此炉渣的熔点一般只有 1050~1150 ℃。

铜炉渣的一个重要特点是黏度高，为 0.2~1 Pa·s，比冰铜和液态铜的黏度高得多，特别是当存在过饱和析出的磁性氧化铁或过量固体 $SiO_2$ 时，炉渣黏度会进一步升高。生产经验表明，炉渣黏度小于 0.5 Pa·s 时极易流动，0.5~1 Pa·s 时流动性较好，如果炉渣的黏度达到 1~2 Pa·s，则明显地影响炉渣与冰铜的分离和炉渣的排放操作。

炉渣黏度的大小除与炉渣成分有关外，还取决于炉渣的温度。控制炉内渣层温度并使之过热 100~150 ℃是熔炼过程的重要操作。

炉渣的密度直接影响冰铜和炉渣的沉降分离。在组成炉渣的各组分中，$SiO_2$ 密度最小（2.6），而铁的氧化物密度最大（大于 5），因而含铁高的炉渣的密度大。炼铜炉渣的密度一般为 3.0~3.7。冰铜和炉渣的密度差为 1 左右。

（3）炉渣含铜和炉渣贫化。炉渣含铜是铜冶炼的主要损失方式。传统熔炼法渣含铜为 0.3%~0.5%。现代强化熔炼方法是在激烈的氧化条件下操作的，所产炉渣含铜为 1%（奥托昆普闪速熔炼）~7%（诺兰达法熔池熔炼）。生产 1 t 铜随精矿品位的变化，产出炉渣量为 2~3 t，有时达 5~6 t。可见，随炉渣带走的铜量是相当多的，因此对降低渣含铜量应予以高度的重视。

在炉渣中铜损失形态为化学溶解和机械夹杂两种。化学溶解是铜以 $Cu_2O$ 和 $Cu_2S$ 的形式溶解于炉渣而造成损失。但在生产上，机械夹杂是铜损失的主要原因。延长熔体在炉内的澄清时间，提高炉温，降低炉渣的黏度和密度，可以减少渣中机械夹杂的冰铜粒子。

从表 5-6 可见，冰铜品位高，炉渣中 $Fe_3O_4$ 含量大，渣含铜明显增加。闪速熔炼和熔池熔炼生产较高品位的冰铜，只用石英砂作熔剂，按照预定的高 $Fe/SiO_2$ 比应添加较少量的

$SiO_2$。由于采用了不同于传统法造高 $SiO_2$ 炉渣的熔炼条件，结果渣量减少，铜的总损失量降低，且熔剂和燃料的费用下降，从而提高了经济效益。但是，炉渣性能不好，渣含铜高，在熔炼炉外需配备有降低渣中含铜量的炉渣贫化设施。

(4)炉渣贫化是将熔炼炉渣或吹炼炉渣经过再处理使其含铜量降低到可废弃的水平(一般低于 0.4%~0.5%)，得到含铜的中间产物送转炉或熔炼炉回收铜。吹炼炉渣量较少，将转炉渣直接返回熔炉的贫化方法行之已久。

目前工业上推行炉渣贫化方法有下列两种：

①电炉贫化。采用辅助电炉处理液态含铜炉渣。其基本原理是借助电流通过插入炉渣中的炭质电极所产生的电阻热，维持炉渣温度在 1250~1300 ℃，并利用炭质电极材料或添加焦粉及含铜黄铁矿作还原剂，使炉渣中大部分 $Fe_3O_4$ 还原，以降低炉渣黏度，改善冰铜颗粒的沉降和聚集的条件。硫化铁既是 $Fe_3O_4$ 的还原剂，又是 $Cu_2O$ 的硫化剂，还是 $Cu_2S$ 和冰铜的优良溶剂。电炉贫化产出较低品位的冰铜，送往转炉吹炼。

闪速熔炼和熔池熔炼由于产出的冰铜品位高，炉渣含磁性氧化铁较多，因此产出的炉渣含铜也较高。多数工厂采用电炉贫化法处理闪速熔炼渣，但也有采用选矿法处理的。

②选矿法。此法将炉渣经过缓冷和磨细，进行浮选获得渣精矿和尾矿。渣精矿品位与原来炉渣含铜量有关，渣铜浮选回收率可达 15%~40%，尾矿含铜在 0.3%以下。渣精矿返回熔炼炉炼冰铜。

液态炉渣冷却速度是决定炉渣选矿效果的关键。生产上采用铸渣机冷却或地坑冷却，当炉渣温度还在 1000 ℃ 以上时，控制冷却速度以不大于 3 ℃/min 为宜，从而使含铜矿物颗粒长大。炉渣选矿生产实践表明，炉渣中粒径小于 5 μm 的冰铜颗粒难以选别回收，而容易损失于渣尾矿中。此外颗粒愈细，要求磨细程度越高，电耗大，选矿成本增加。

### 5.2.2.3　烟气

硫化铜精矿氧化产生大量富含 $SO_2$ 的烟气，以黄铜矿($CuFeS_2$)精矿熔炼为例，炼 1 t 铜就会产出约 1 t 硫(相当于 2 t $SO_2$)。在过去甚至现在，还有些工厂采用某些落后的传统炼铜工艺(如反射炉熔炼法)生产，低浓度 $SO_2$ 烟气(含量为 1%~2%)直接排入大气，造成严重的大气污染。现代炼铜炉烟气含 $SO_2$ 一般在 10%~30%，可以有效地利用来生产硫酸、液态 $SO_2$ 或元素硫，硫的利用率为 95%~99%以上。对于硫酸生产的原料烟气来说，一般要求 $SO_2$ 浓度在 3.5%~5%以上。环境保护法规限定排放的烟气 $SO_2$ 浓度要低于 0.05%。由此可见，充分利用硫化物精矿的硫资源，变害为利，控制污染，应当予以高度重视。

## 5.3　传统造锍熔炼方法

这里所说传统炼铜方法是指较早用于炼铜工业的反射炉、鼓风炉和电炉熔炼工艺。这 3 种方法，尤其是前两种方法，在能耗、环境保护方面存在着严重缺陷，在与炼铜新工艺的对比中处于被淘汰的地位。20 世纪 70 年代以来传统法炼铜工艺正发生着更新换代的变化。

### 5.3.1　鼓风炉熔炼

鼓风炉类似于炼铁高炉的竖式炉(图 5-6)，它是最早用于火法炼铜的设备。目前在有色金属冶金中，鼓风炉仍然是火法炼铅和火法炼锌的主要熔炼设备。

鼓风炉熔炼的特点是固体块状炉料由上部加入，熔融产物从底部（咽喉）流出；空气由下部风口鼓入，烟气从顶部排出。炉料与气流逆向运动，有利于传质和传热，热效率较高。在鼓风炉造锍熔炼中，熔炼所需热量部分由铁、硫氧化和 FeO 造渣等放热反应供给，但大部分靠焦炭燃烧提供。焦炭也作为炉内炉料的骨架，支承着整个料柱，并维持料层有较好的透气性。

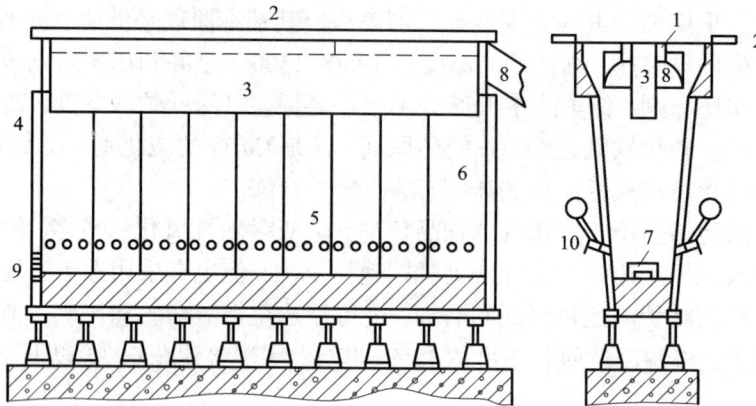

1—水套梁；2—顶水套；3—加料斗；4—端水套；5—风口；
6—侧水套；7—山型；8—烟道；9—咽喉；10—风管。

**图 5-6　炼铜鼓风炉的构造**

最早的鼓风炉炼铜是熔炼块状的富氧化铜矿，用木柴作还原剂生产含铁高的粗铜。后来，富氧化铜矿少了，便开始用富硫化铜矿造冰铜。到 19 世纪末，由于富矿减少和泡沫浮选硫化精矿的增多，鼓风炉只得处理精矿，精矿粒度太细，容易被上升的气流带出炉外，因此必须将硫化精矿经氧化焙烧部分脱硫并烧结成块再入炉，这就形成了烧结焙烧-鼓风炉造锍熔炼的工艺。这种两段法流程不利于 SO₂ 和热量的集中利用。于是到 20 世纪中叶，就逐渐形成了现在还有少数工厂采用的直接处理硫化铜精矿的鼓风炉造锍熔炼工艺，其特征是：①将混捏精矿（未经焙烧）直接加入炉内；②用低浓度富氧空气鼓风；③将敞开的炉顶改为密闭鼓风炉炉顶（图 5-6），以利于提高烟气 SO₂ 浓度，满足硫酸生产的要求。

熔炼用的鼓风炉横断面为矩形（小鼓风炉可采用圆形或椭圆形），风口区宽度 1.15~1.25 m，长 3.5~8.5 m，料柱高度 2.6~2.8 m。设计风口区宽度限制在较小的尺寸范围，是为了使鼓入的空气通过设在炉子长侧墙上的风口，能有效地到达炉子中心，以避免炉子中心的炉料燃烧和氧化反应缓慢，造成"死料空间"。炉身部分采用以水或水蒸气作冷却剂的水套炉壁，不用耐火材料衬里，炉渣便在水套内壁上直接形成冻结层，从而防止了冰铜及炉渣的侵蚀。炉缸用镁砖或铬镁砖砌筑。

炼铜鼓风炉的炉料包括：①混捏精矿；②石英熔剂；③转炉渣；④焦炭。不同物料按顺序相隔入炉。在鼓风炉弱氧化性气氛和高温炉气作用下，混捏精矿炉料发生固结、烧结、氧化、造渣和造锍反应。这种熔炼方式的缺点是：由于入炉炉料的偏析和结块，且炉气分布不均匀，从而破坏了炉气与炉料之间以及炉料相互之间的良好接触，不利于硫化物的氧化反应和造渣反应的进行。

鼓风炉的产物是液态炉渣和冰铜,在炉缸聚集后直接放出,在炉外沉淀池(又称前床)进一步澄清分离,产出冰铜和弃渣。

鼓风炉炼铜法要消耗大量冶金焦炭,焦率达10%~12%;产出含铜品位不高的冰铜(30%~35%Cu),加重了吹炼作业的负担;排出烟气$SO_2$浓度仅为5%左右,制酸厂处理这种烟气时,硫的利用率低,尾气排放易造成大气污染。目前,鼓风炉炼铜法已基本被淘汰,只有中、小铜厂还有应用。

### 5.3.2 反射炉熔炼

反射炉炼铜是在19世纪末铜矿石浮选技术推广应用后开发的炼铜方法,它适于处理细磨浮选的精矿或部分脱硫的焙烧矿。与鼓风炉炼铜法相比较,它的生产规模可大型化,一台大型反射炉每天可生产500~600 t冰铜和500~900 t弃渣。反射炉对多种原料、燃料的适应性强,因此在20世纪前半叶发展很快,取代了大部分鼓风炉,成为当时火法炼铜工艺的主要设备。

反射炉为长方形(图5-7),用镁砖或铬镁砖砌筑。大型熔炼反射炉一般宽为8~10 m,长为30~35 m,炉膛高度为4 m左右。燃烧器设在炉头,烟气从炉尾排出。炉料从炉顶靠侧墙处分多孔加入,冰铜和炉渣分别从侧墙尾部和端墙放出口放出。燃烧器用的燃料可以是固体(粉煤)、液体(重油)或气体(天然气等)燃料。由精矿(或焙烧矿)及熔剂组成的固体炉料与含铜的液态转炉渣及烟尘一起,被掠过熔池的高温燃烧气体加热到1200~1250 ℃,完成干燥、加热、分解、氧化和熔炼反应。反射炉炼铜的特征是:

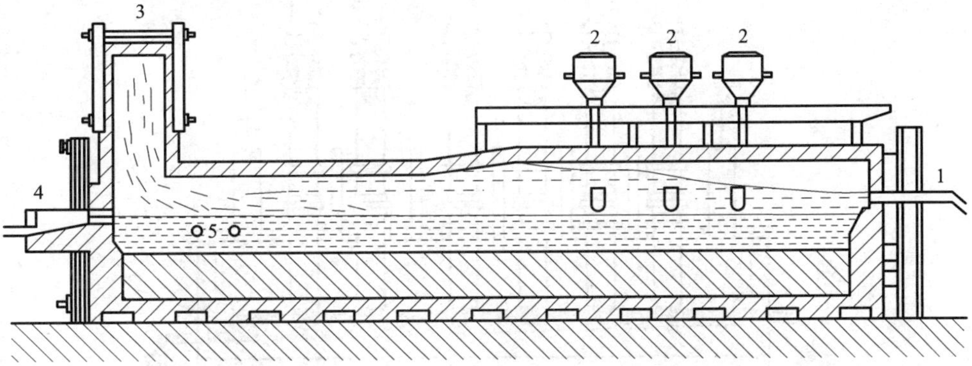

1—燃料烧嘴;2—加料斗;3—烟道;4—炉渣放出口;5—冰铜放出口。

图5-7 造锍熔炼反射炉

(1)传热方式以辐射为主。燃料燃烧产生的高温炽热气体向炉顶和料坡辐射热量,而受热后的灼热炉顶(拱形)又往料层和熔池辐射热量。炉气主要与炉料表面接触,传热传质过程缓慢。

(2)加料形成料坡,大部分熔化和氧化反应发生在料坡表面,属于"静态熔炼",精矿中铁和硫氧化少。

(3)靠燃料燃烧供热,精矿氧化和造渣反应提供的热量只占20%左右,而燃料燃烧提供的热量又大部分被热气流带走,所以热效率极低。

反射炉的产物是液态冰铜(含 25%~40%Cu)和可废弃的液态炉渣。出炉烟气温度为 1200 ℃左右,须送废热锅炉回收热能。铜精矿直接入炉称为生精矿熔炼,燃料率 15%~25%,床能力 2~4 t/(m² · d)。使用富氧助燃空气可提高床能力和烟气 $SO_2$ 浓度。

反射炉熔炼有两个主要缺点,一是热效率低(仅为 25%~30%),精矿反应热利用少,比其它冶金炉耗燃料都多;二是由于燃料产生大量的燃烧废气,从而极大地稀释了熔炼反应产生的 $SO_2$ 浓度,结果产出大量 $SO_2$ 浓度低(约 1%)的烟气,从这种低浓度气体中很难利用或经济地除去其中的 $SO_2$,造成严重的大气污染,而治理这种大量的 $SO_2$ 浓度低的烟气污染费用昂贵。因此在经济技术发达、环境保护要求严格的国家,反射炉炼铜消失得很快,逐渐被闪速熔炼和熔池熔炼新工艺所取代,但在一些地广人稀、环境控制不严的国家和地区还有应用。在我国,原来采用反射炉炼铜的白银厂和大冶厂都已经改用熔池熔炼方法生产了。

### 5.3.3 电炉熔炼

电炉熔炼与反射炉熔炼相似,其区别在于不使用外加燃料。自焙碳质电极端部淹没于炉渣中,当巨大的电流通过电极之间的炉渣时,由炉渣的电阻产生热量而供给熔化之用,适合处理含难熔脉石较多的精矿。电炉如图 5-8 所示。由于过程产出的炉气量少(没有燃料燃烧产物),炉气带走的显热很少,故电炉能够有效地利用电能。但电能是昂贵的,所以电炉只限于在电力丰富且便宜的地区使用。目前,我国云南冶炼厂用电炉熔炼冰铜,而甘肃金川有色冶金金属公司也曾用电炉熔炼铜-镍锍,但后者现在已改用闪速熔炼生产。

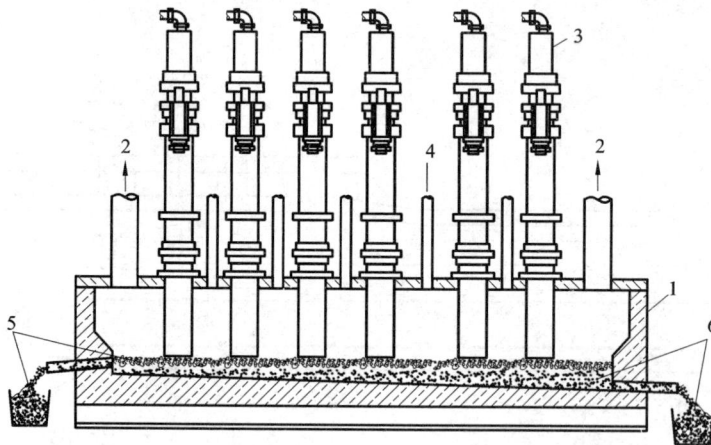

1—炉体;2—炉气出口;3—电极;4—精矿加料管;5—炉渣;6—冰铜。

图 5-8 电炉造锍熔炼

铜熔炼电炉多为长方形,少数为圆形。大型电炉一般长 20~35 m,宽 6~10 m,高 4~5 m,采用 6 根直径为 1.2~1.8 m 的自焙电极,由三台单相变压器供电。电炉功率为 (3~50)× $10^8$ V · A,熔炼床能力 3~6 t/(m² · d),单位炉料电耗 400~500 kW · h/t。产出冰铜品位为 40%~50%Cu。烟气含 $SO_2$ 浓度为 3%~5%,可用于制酸。电炉熔炼的缺点是:①对于炉料中硫化物氧化放出的热量利用得少;②如果电价昂贵,则生产成本高。

## 5.4　闪速熔炼

闪速熔炼是将干精矿与氧气、热空气或二者的混合气体一起喷入灼热的炉膛内，呈高度弥散状态的精矿颗粒在高温炉膛空间与氧化性气体迅速反应，在几秒钟时间内完成一系列的物理化学变化。其结果是：

(1)精矿中的铁和硫进行受控氧化反应，同时放出大量热能。

(2)固体物料熔化，氧化反应形成的熔融小滴落到熔池的炉渣层，在此进一步完成造锍反应和造渣反应，冰铜和炉渣因密度不同而沉降分离，得到冰铜和炉渣两种液态产物。

闪速熔炼有两种类型：用预热空气或预热富氧空气作氧化剂的奥托昆普法(图 5-9)，以及用工业氧气作氧化剂的因科法(图 5-10)。

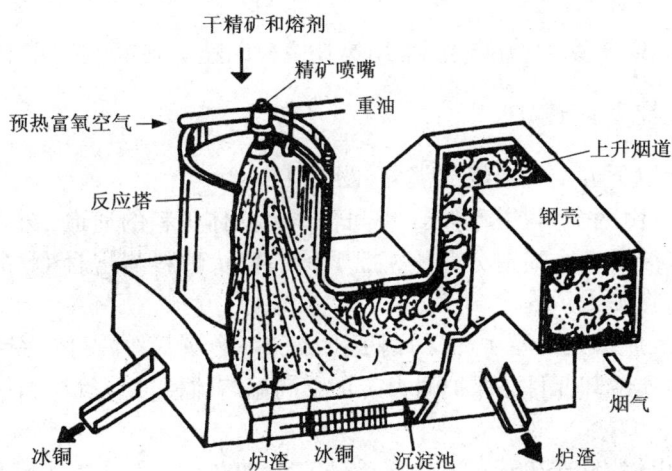

图 5-9　奥托昆普(富氧空气)闪速炉剖视图

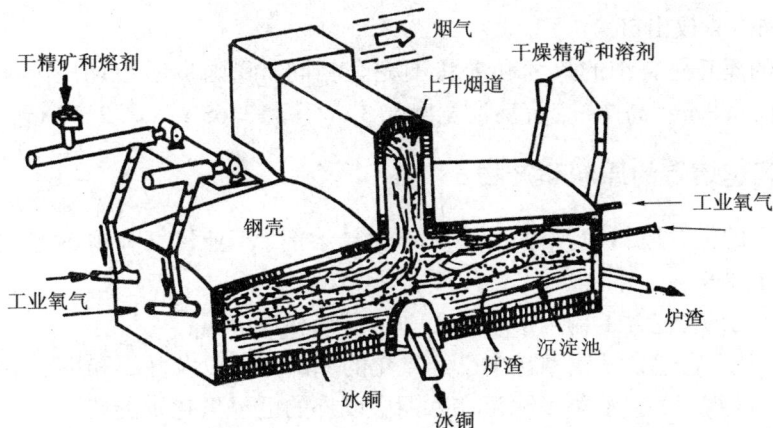

图 5-10　因科(氧气)闪速炉剖视图

奥托昆普法是芬兰奥托昆普公司于 1949 年最初开发的闪速熔炼铜精矿的造锍熔炼方法。该方法的特点是：

(1)精矿和鼓风通过喷嘴自上而下地喷入一个大反应塔内，反应塔位于炉子的一端；

(2)精矿中 FeS 氧化反应所需的氧是由预热富氧空气提供的；

(3)燃烧少量的矿物燃料(如重油、粉煤或天然气)。

因科法是加拿大国际镍公司(INCO)在 1952 年开发的另一类型的闪速熔炼铜精矿的造锍熔炼方法，又称国际镍公司法。该方法的特点是：

(1)精矿和鼓风通过喷嘴从炉子的两端水平喷入炉内；

(2)氧化反应所需的氧是使用常温工业氧气(含氧浓度为 95% 左右)，产出烟气量小，烟气中 $SO_2$ 浓度高达 80%，可用来生产单质硫；

(3)不需要燃烧矿物燃料。

因科闪速炉由于使用工业氧气，仅适于电价(制氧)低廉的地区使用，推广受到一定的限制。

目前世界上有 30 多家大型炼铜厂采用奥托昆普闪速炉炼铜，用因科法的只有 4 家工厂。

### 5.4.1 奥托昆普闪速炉

炉体本身包括以下五个主要组成部分(图 5-11)：

(1)精矿喷嘴：由两个同心管组成，中间管子为固体炉料的通道，外面的套管是鼓入气体的通道。料管底部装有一个喷射分散锥，把干燥的粉状炉料与富含 $O_2$ 的空风混合，使之呈悬浮状态并向下直接喷入炉内。

(2)反应塔：反应塔是由厚 1 cm 的钢板围成的一个圆筒，内衬铬-镁耐火砖。钢壳与炉衬之间装有水冷铜质冷却元件，保护耐火砖免受高温熔体侵蚀。氧与铜精矿粒子之间的反应大部分在此进行。

(3)沉淀池：由铬-镁砖砌成的长方形熔池，熔融的冰铜和炉渣液滴在此聚集，形成彼此分离的冰铜层和炉渣层。

(4)上升烟道：用来排出炉内含 $SO_2$ 的烟气。

(5)冰铜和炉渣放出口。

各个铜厂的奥托昆普炉的尺寸和形状不完全相同，我国贵溪冶炼厂闪速炉的基本尺寸是：反应塔内径 6.8 m，高 7 m；沉淀池宽度 8.3 m，长 18.65 m，高 2.37 m。

### 5.4.2 闪速熔炼的原料和产物

闪速炼铜厂的主要原料为：铜精矿、二氧化硅熔剂、工业氧气和预热空气。

熔炼产物主要是：

(1)熔融冰铜，它包含了铜精矿中的几乎全部铜和贵金属；

(2)熔融炉渣，它包含了铜精矿中已经氧化的那部分铁以及脉石和熔剂中的氧化物；

(3)含 $SO_2$ 的烟气，它汇集了除留在冰铜中以外的已经氧化了的硫。

工业闪速炉熔炼所用的精矿、熔剂和产物冰铜、炉渣等的化学成分如表 5-7 所列。

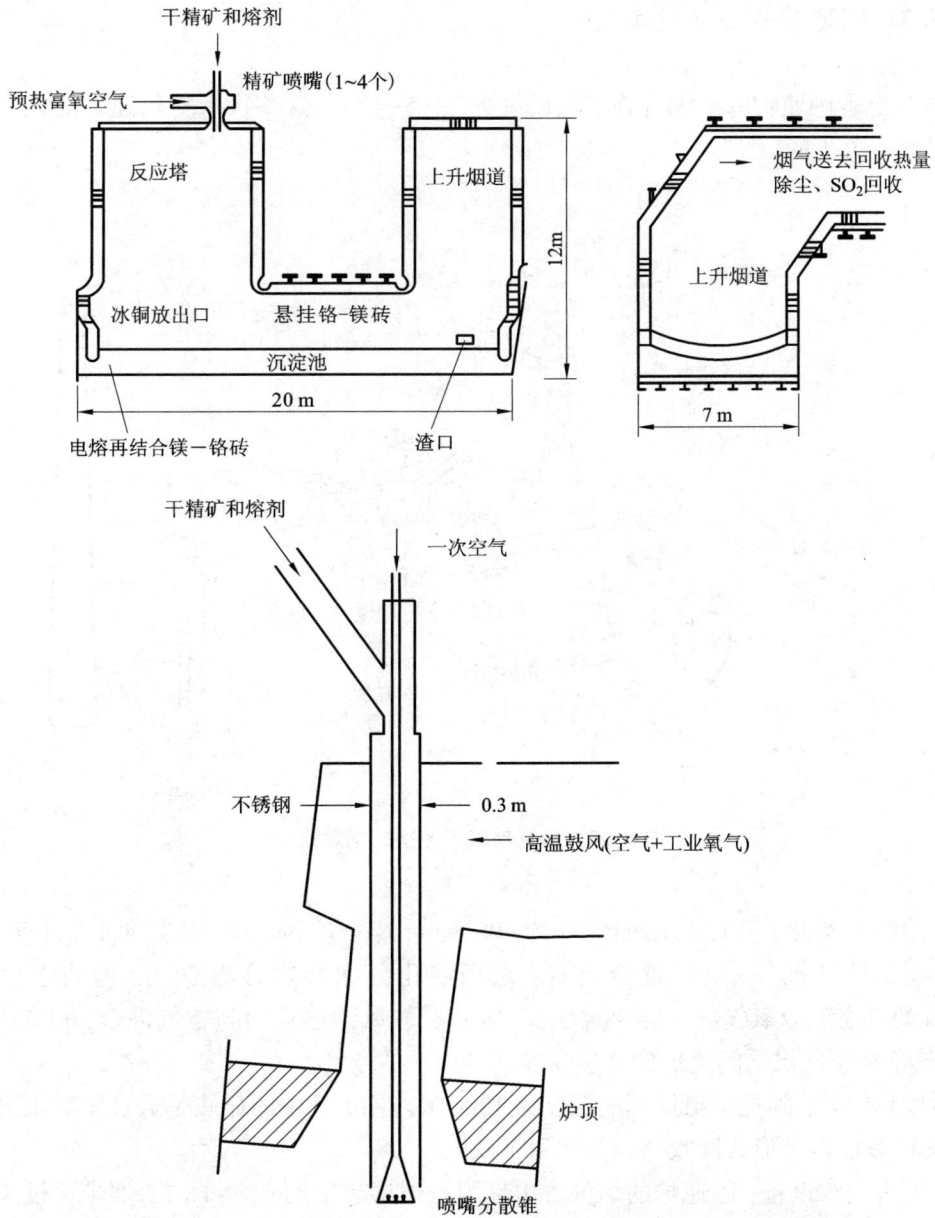

图 5-11　奥托昆普闪速炉的侧视图与端视图(下图为精矿喷嘴详图)

表 5-7　工业闪速炉精矿、熔剂、冰铜和炉渣成分　　　　　　　　　　　　　　%

| 物　　料 | | Cu | Fe | S | $SiO_2$ | $Al_2O_3$ | CaO+MgO |
|---|---|---|---|---|---|---|---|
| 加 | 精　矿 | 20~30 | 25~35 | 25~35 | 5~10 | 2~3 | 2~3 |
| 入 | 石英砂 | — | 1~3 | — | 85~90 | 5~10 | 0~2 |
| 产 | 冰　铜 | 50~65 | 10~20 | 22~23 | — | — | — |
| 出 | 炉　渣 | ~1 | 35~43 | ~1 | 30~35 | 3~5 | 2~5 |

( $Fe/SiO_2 = 1.1 \sim 1.4$ )

### 5.4.3 闪速炉的辅助设备

在奥托昆普闪速炉的周围有许多辅助设备(图 5-12)。这些设备对闪速炉的正常作业来说,都是必不可少的。

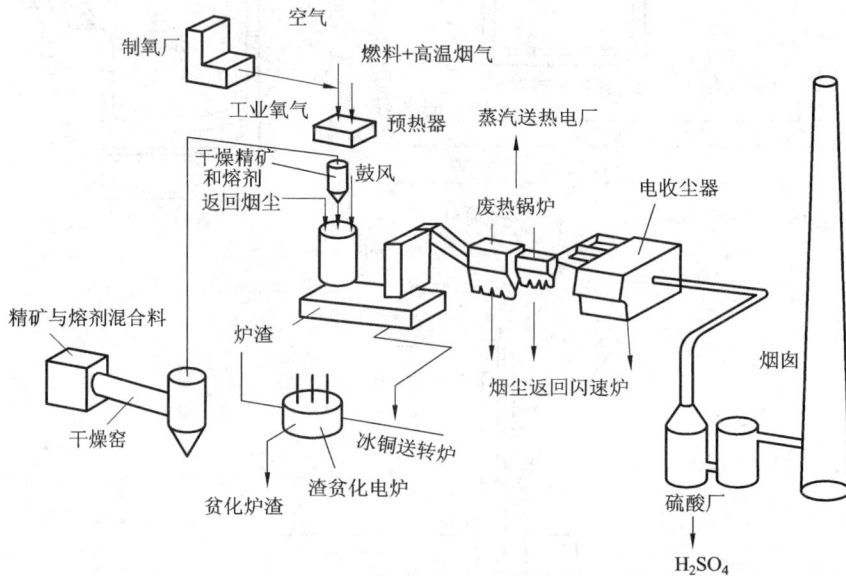

**图 5-12 奥托昆普闪速炉的辅助设备**

(1)炉料干燥设备:大多用回转窑(约 400 ℃)干燥精矿和熔剂,使其含水量小于 0.3%。

(2)制氧厂和氧气-空气混合装置:采用液化分馏装置分离空气,得到绝对压力为 $2 \times 10^5$ Pa 的气态工业氧气($90\% \sim 98\% O_2$),然后在鼓风预热器内与空气混合,以 $25\% \sim 60\%$ $O_2$ 的预热富氧空气供给闪速炉的精矿喷嘴。

(3)废热锅炉:闪速炉出炉烟气温度为 1300 ℃左右,其中的显热是通过紧靠上升烟道后面的废热锅炉以蒸汽形式回收的。蒸汽用于发电。

(4)烟尘回收设备:闪速炉的烟气含尘量为入炉精矿量的 $6\% \sim 15\%$,烟尘通过废热锅炉沉降和电收尘器收集。除尘后的烟气含 $10\% \sim 15\% SO_2$,一般送去制酸。烟尘返回闪速炉。

(5)闪速炉炉渣处理设备:奥托昆普闪速炉炼铜产出的炉渣含铜为 1%左右,必须通过炉渣贫化回收其中的铜。回收铜的方法有两种:一种是用电炉贫化法,炉渣中的铜在电热高温下沉降,经过贫化后废渣含铜可降到 0.4%以下,回收的冰铜送往吹炼炉;另一种是选矿法,即将闪速炉渣缓慢冷却,然后进行磨浮选矿,像铜矿石浮选过程一样,得到渣精矿(含 $15\% \sim 30\% Cu$)返回闪速炉,浮选尾矿含铜 0.3%左右。

### 5.4.4　闪速熔炼的控制系统

闪速熔炼工艺的操作都是在中心控制室的计算机控制下进行的，只有排放冰铜和炉渣的作业是手工操作。

奥托昆普闪速炉操作人员主要通过 6 个作业参数来完成生产任务，并控制炉子正常运行。这些参数是：①精矿装入量；②熔剂装入量；③鼓风量；④鼓风温度；⑤鼓风中的含 $O_2$ 量；⑥燃料(如重油、粉煤)燃烧量。

单位时间精矿装入量是按照工厂生产计划给定的，操作人员在按这个规定装入量熔炼精矿的同时，还必须做到：①按规定的冰铜品位生产冰铜；②按规定的炉渣成分产出炉渣；③产出的冰铜和炉渣温度为规定值。

当闪速炉处理料量不变时，控制闪速炉产出的冰铜品位、冰铜温度和炉渣中的铁硅比这三个变量稳定，就可以使熔炼、吹炼、制酸生产稳定进行。

基本的控制原则是，使精矿以预定的速率装入炉内，所有其它参数都以此为基准来进行控制。其中的主要控制参数是：鼓风中的供 $O_2$ 速率与精矿装入速率的比值，它控制着硫化物的氧化程度，因而也就控制着：①冰铜品位；②放出的热量(指单位重量的炉料)。该比值大，则铁和硫在闪速炉中氧化充分，产出高品位冰铜；这个比值小，则情况相反。同样，该比值也影响单位炉料放出的热量；其比值大，精矿氧化程度高而放出的热量多，反之亦然。因此而引起的作业温度变化，则还可借助自动调节重油(或粉煤)烧嘴的燃料与助燃空气的输入速率比值来补偿。

炉渣成分的控制是通过控制熔剂装入量与精矿装入量的比值来实现的，因为精矿氧化生成的 FeO 和脉石氧化物总是与熔剂中的 $SiO_2$ 进行造渣反应生成液态炉渣，故控制该比值可使炉渣中的铁硅比达到预定值。确定 $SiO_2$ 装入量的原则是，保证铁硅比为最佳值，从而使炉渣的流动性好，冰铜与炉渣容易分离，易于放渣与放冰铜。

闪速炼铜厂计算机的控制目标和功能的生产实例如表 5-8 所示。

**表 5-8　闪速炼铜计算机的控制目标实例**

| 控制对象 | 控制目标 | 操作变量 |
|---|---|---|
| 配　　料 | $Fe/SiO_2 = 1.15$ | 熔剂调节比率 |
| 闪　速　炉 | 冰铜品位 50% | 反应塔送风量、送氧量 |
| 闪　速　炉 | 冰铜温度 1210 ℃ | 反应塔喷嘴重油量 |

精矿、冰铜和炉渣的化学分析是离线执行的。温度、氧气流量、空气流量和重油流量，以及精矿和熔剂的计量都是通过相应的仪表测量、计量和自动调节的。

奥托昆普闪速炉控制系统如图 5-13 所示。

计算机控制的主要优点是使操作过程稳定，减少操作人员，并且使整个过程在生产率和操作费用等方面达到最佳化。

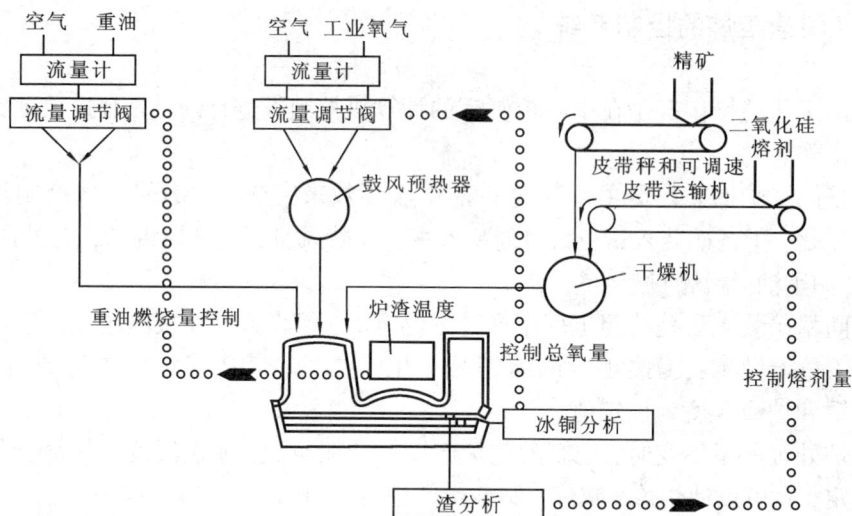

图中，自左至右有 3 个控制回路，依次为：炉渣温度控制、冰铜成分控制和炉渣成分控制。
(——物料流，○○○○○○电控信号)，重油燃烧和精矿氧化所需的总空气量通常由一个闸阀控制。

**图 5-13　奥托昆普闪速炉控制系统实例**

### 5.4.5　闪速熔炼的发展

闪速熔炼能充分利用硫化精矿中硫、铁的反应热，热效率高，能耗低，如用 35%$O_2$ 的富氧空气熔炼黄铜矿型铜精矿生产品位为 65% 的冰铜时，可实现自热熔炼；闪速熔炼烟气含 $SO_2$ 浓度高，有利于回收制酸，硫进入硫酸产品的回收率在 95% 以上，甚至达到 99.9%，能有效地防止冶炼烟气污染大气；闪速熔炼熔化速度和反应速度快，生产能力大，单炉平均年产铜量已超过 17 万 t；闪速熔炼工艺及设备成熟可靠，炉子寿命长(在 10 年以上)，操作自动化程度高，作业环境好。闪速熔炼的主要缺点是炉渣需要贫化处理才能废弃。

经过 40 多年的发展，闪速熔炼已经成为一种高效、节能和少污染的火法冶金方法，到 1995 年，闪速熔炼的冶炼能力占世界各种炼铜方法的 45% 以上。

进入 20 世纪 90 年代后，闪速熔炼与闪速吹炼相结合的连续炼铜新工艺已经投入工业生产(此项新工艺将在 5.6 节中介绍)，它是用熔炼闪速炉将精矿熔炼成高品位冰铜，吹炼闪速炉将磨细的固体冰铜吹炼成金属铜；由于它综合了热工技术、逸散控制、硫酸制造和控制技术的最新成果，从而实现了熔炼—吹炼—制酸整个生产控制的最佳化，从而使闪速熔炼成为一种先进的炼铜工艺，并将以其优势跨入 21 世纪。

## 5.5　熔池熔炼

熔池熔炼是可以与闪速熔炼媲美的另一种强化熔炼过程的炼铜方法，与闪速熔炼不同的是，硫化铜精矿发生的熔炼和吹炼反应主要不是在炉膛空间进行，而主要发生在冶金炉熔池中。

反射炉熔炼和电炉熔炼亦属于熔池熔炼的范畴,但如前所述,它们是"静态料坡熔炼",不利于炉料与氧化性气体的充分接触,硫化物精矿的氧化和熔化速度都很慢。

所谓熔池熔炼,是将炉料直接加入鼓风翻腾的熔池中,在以液相(熔融炉渣和熔融冰铜)为连续相的熔炼体系中,固相(精矿和熔剂)和气相(富氧空气)呈高度分散状,气液固三相接触良好,在熔体中进行的传质和传热都很快,氧化和熔化的时间短,能迅速完成造锍和造渣反应。

按氧化性气体鼓入熔池的方式划分,熔池熔炼分为顶吹、底吹和侧吹三种类型,因而熔池熔炼有多种工艺方法。其中,三菱法是类似于氧气顶吹炼钢转炉的富氧顶吹熔池熔炼法;QSL 法属于底吹熔池熔炼,也可用于炼铜,但目前还只用于直接炼铅;诺兰达法、瓦钮科夫法、特尼恩特法、白银法等炼铜方法则属于侧吹类的熔池熔炼。

目前我国炼铜厂采用的熔池熔炼有诺兰达法和白银法。

### 5.5.1　诺兰达法炼铜

诺兰达法是 20 世纪 70 年代在加拿大最早投入工业生产的一种熔池熔炼炼铜法,用诺兰达反应器处理铜精矿可以直接生产粗铜,故曾被称为一步炼铜或连续炼铜。我国大冶铜厂于1997 年开始采用诺兰达法生产高品位冰铜。

诺兰达法是一种典型的熔池熔炼(图 5-14)。

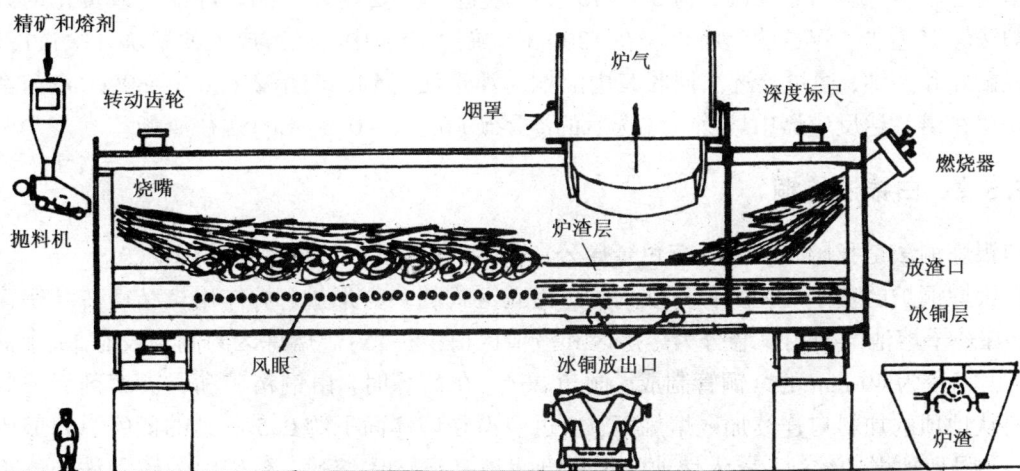

**图 5-14　诺兰达法炼铜炉**

诺兰达反应器类似于炼冰铜的 P-S 转炉。炉体为卧式圆筒形,目前最大的炉子直径 5.2 m,长度 21.3 m,用 5 cm 厚的钢板制作,内衬铬镁砖。沿圆筒的一侧设有 40~50 个风眼,富氧空气从风眼鼓入冰铜层内。作业过程中全部风眼都浸没在熔体内,仅在停吹、风机事故或其它紧急情况时,才转动炉体使风眼离开熔体。

诺兰达法炼铜作业包括:

(1)用抛料机或气动料枪将精矿及石英熔剂加到炉内渣层表面;

（2）通过浸没在熔体中的风眼鼓入富氧空气；

（3）从加料端的对端放出炉渣；

（4）从反应器底部的保温放出口间断放出冰铜或粗铜；

（5）在反应器两端用烧嘴喷烧粉煤、天然气或重油，以补充热量。

随鼓风中富氧浓度的不同，反应器产出的炉气含 $8\% \sim 15\% SO_2$，炉气从炉口排出，再以硫酸或单质硫的形式回收硫。

诺兰达法熔池熔炼的工艺操作，可以像闪速熔炼一样采用计算机自动控制：①控制输入炉内的 $O_2$ 量与精矿量的比例，以产出规定品位的冰铜；②控制输入炉内的熔剂与精矿量的比例，以获得规定成分（$Fe/SiO_2$）的炉渣；③控制补充热能用的燃料与助燃空气的量比，以稳定炉内温度和产出物的温度。

炉料从加料端撒在湍动的熔池表面，并迅速被熔体浸没而熔于熔池中，然后被气泡中的氧所氧化。氧化放出的热量可维持熔体正常的温度。熔体从加料端向炉渣放出的一端移动，熔体中 FeS 连续地被氧化并与 $SiO_2$ 造渣。控制入炉的氧料量比，就控制了铁和硫的氧化程度，便可产出任何高品位的冰铜甚至粗铜。当熔体继续向前运动而离开风口区时，便开始澄清分离，分别放出冰铜（或粗铜）与炉渣。

原先的诺兰达法炼铜工艺是直接用于生产粗铜的，但铜的直接回收率较低，仅 $50\% \sim 60\%$，精矿中近一半的铜都进入了炉渣。现在，采用诺兰达法炼铜的工厂都只生产高品位（$70\% \sim 73\% Cu$）冰铜，铜的直收率提高到 $80\%$ 以上。

诺兰达法熔炼炉渣含铜高，为 $5\% \sim 7\% Cu$，须进一步处理回收铜。炼铜炉渣贫化的方法有电炉法和浮选法。浮选法是将炉渣在 1200 ℃ 时放入渣包中，浇铸成大的扁块并缓慢冷却；渣块经破碎和磨细，通过浮选法回收其中的铜。浮选法得到的渣精矿（$20\% \sim 30\% Cu$）与新的精矿一道在诺兰达反应器中熔炼。浮选后的渣尾矿（$0.2\% \sim 0.3\% Cu$）送往渣场。

### 5.5.2 白银法炼铜

白银炼铜法是我国甘肃白银有色金属公司在 80 年代开发的熔池熔炼炼铜法。

白银炼铜炉的基本炉型类似于反射炉，为固定式的长方形炉，炉体用烧结镁砖和铝镁砖砌成，在炉子熔池部分用隔墙分为熔炼区和澄清区（图 5-15）。熔炼区两侧墙设有 17 个侧吹风口，由直径为 40 mm 的紫铜管制成，倾角 20°。在冶炼时，由铜精矿和石英熔剂组成的混合炉料从炉顶的加料口连续加入熔炼区，通过浸没在熔体面下约 0.5 m 处的侧吹风口鼓入富氧空气，强烈地搅动熔池，落入熔池的炉料迅速被高温熔体熔化，精矿中的硫和铁与气泡中的氧发生气液两相间的氧化反应，并放出大量的热，维持熔炼区的炉膛温度在 $1200 \sim 1250$ ℃。若反应热量不够，则由炉顶的辅助燃烧器喷入粉煤补充供给。在熔炼区形成的冰铜和炉渣通过隔墙下面的孔道流入炉子的澄清区。在澄清区的端墙上安装粉煤辅助燃烧器，以维持炉渣与冰铜分离所需的温度（$1300 \sim 1350$ ℃）。经升温澄清后，炉渣通过设在侧墙尾部的炉渣放出口排出，冰铜从另一侧墙的虹吸井放出。

白银法炼铜由于采用了与诺兰达法相似的侧吹富氧空气熔炼，从而获得了比反射炉优越得多的熔炼效果：①冰铜品位从 $30\% Cu$ 提高到 $50\% Cu$；②燃料消耗减少 $50\%$ 左右；③生产率提高近 10 倍；④烟气 $SO_2$ 浓度达到 $15\%$，能满足生产硫酸的要求。

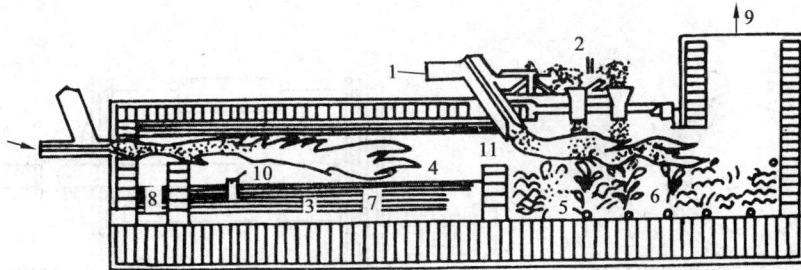

1—燃烧器；2—炉料；3—冰铜；4—渣；5—风口；6—熔炼区；
7—澄清区；8—冰铜区；9—烟气；10—出渣口；11—隔墙。

**图 5-15 白银法炼铜炉**

## 5.6 冰铜吹炼

造锍熔炼所得到的液体冰铜($x\text{Cu}_2\text{S} \cdot y\text{FeS}$)的主要组成是 Cu、Fe 和 S(30%~73%Cu，10%~40%Fe，21%~25%S)，三者之和占冰铜总量的 90% 以上，其中还含有贵金属和少量杂质。这种液体冰铜(约 1100 ℃)通过包子和吊车运输被送进转炉，鼓入空气或富氧空气进行吹炼，并加入适量的石英熔剂，使冰铜中的铁氧化造渣除去，冰铜中的硫氧化成 $\text{SO}_2$ 进入烟气，同时脱除部分其它杂质，得到含铜 98.5%~99.5% 的粗铜，贵金属也进入粗铜。

一个吹炼周期分为两个阶段，即造渣期和造铜期。

第一阶段，将冰铜中的 FeS 氧化成 FeO 造渣除去，得到白冰铜($\text{Cu}_2\text{S}$)，称为造渣期。主要反应是：

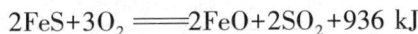

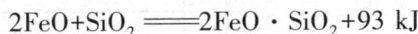

$$2\text{FeS}+3\text{O}_2 === 2\text{FeO}+2\text{SO}_2+936 \text{ kJ}$$
$$2\text{FeO}+\text{SiO}_2 === 2\text{FeO} \cdot \text{SiO}_2+93 \text{ kJ}$$

第二阶段，将白冰铜吹炼成粗铜，称为造铜期。主要反应是：

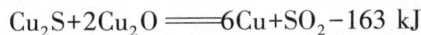

$$2\text{Cu}_2\text{S}+3\text{O}_2 === 2\text{Cu}_2\text{O}+2\text{SO}_2+768 \text{ kJ}$$
$$\text{Cu}_2\text{S}+2\text{Cu}_2\text{O} === 6\text{Cu}+\text{SO}_2-163 \text{ kJ}$$

总反应为：

$$\text{Cu}_2\text{S}+\text{O}_2 === 2\text{Cu}+\text{SO}_2+202 \text{ kJ}$$

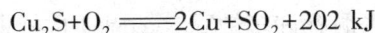

冰铜吹炼是放热反应，其过程可自热进行，通常还须加入部分冷料吸收其过剩热量，以维持熔体温度为 1150~1250 ℃。吹炼后的炉渣含铜较高，一般为 2%~5%，需返回熔炼炉或以选矿、电炉贫化等方法处理。吹炼烟气含 $\text{SO}_2$ 浓度较高，一般为 8%~12%，可用于制酸。

冰铜的吹炼大多在圆筒形的卧式转炉中(图 5-16)进行。转炉的一边沿长度方向安设有一排风眼(30~40 个)，绝对压力为 $1\times10^5$ Pa 的空气或富氧空气通过风眼鼓入熔体。装料、倒渣、出铜和排烟都在炉体上部的炉口进行。

转炉配置了一套转动机构以便炉体转到装料、鼓风、倾倒炉渣和粗铜所要求的不同位置。这种转动功能还能够使风眼浸没到所希望的熔体深度，如在第二阶段吹炼时，空气被送入熔池上层的白冰铜层，使 $\text{Cu}_2\text{S}$ 氧化而不至于使熔池下层的金属铜氧化。

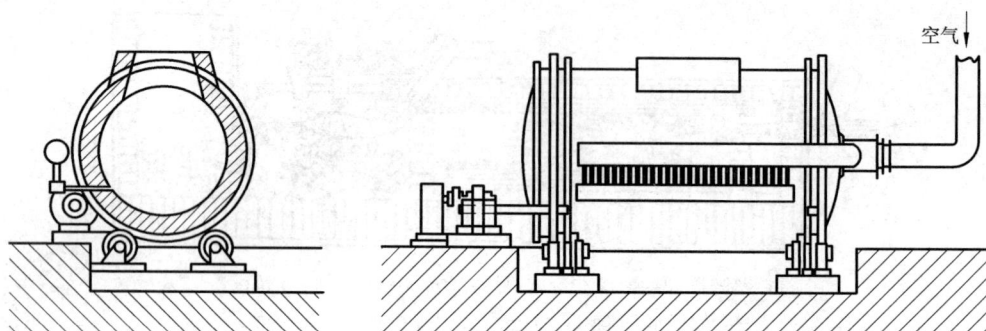

图 5-16 冰铜吹炼转炉

标准的工业卧式转炉的直径为 4 m，长为 9 m。转炉外壳用 4 cm 的钢板制造，内衬 25～75 cm 烧结铬镁砖或镁砖。标准炉每天处理 200～300 t 冰铜，产出 100～200 t 粗铜。

转炉吹炼作业的两个阶段是周期性间断进行的，作业程序如图 5-17 所示。

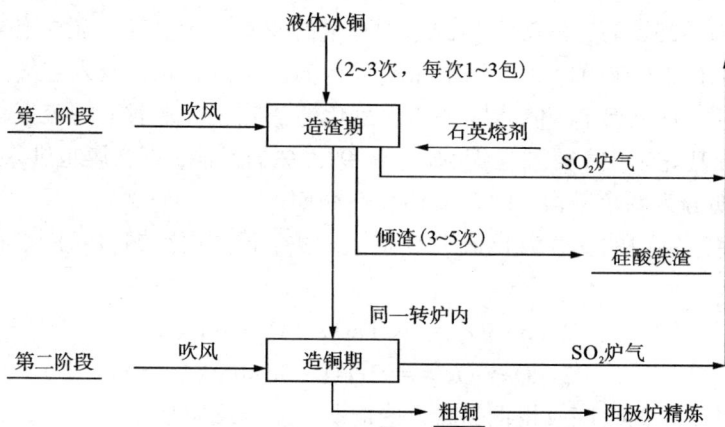

图 5-17 冰铜吹炼作业程序

目前广泛使用的这种转炉是由 Peirce 和 Smith 两人发明的，常称为 P-S 转炉，已经沿用了近一个世纪。P-S 转炉吹炼冰铜有许多缺点：①周期性间断作业造成烟气量和烟气中的 $SO_2$ 浓度波动大，导致制酸过程 $SO_2$ 利用率低；②在熔炼炉和吹炼炉之间采用包子和吊车运送高温熔体，且转炉炉口与烟罩接合处难于密封，由于烟气和热量散发，使车间劳动条件恶劣。

P-S 转炉的环保问题，促使冶金工程师们研究出许多连续吹炼的新工艺。目前在工业上应用的连续炼铜方法有两种：①闪速熔炼-闪速吹炼连续炼铜法(图 5-18)；②三菱法熔炼与连续吹炼法(图 5-19)。它们共同的特点是，在两台相连的炉子中分别进行造锍熔炼和冰铜吹炼，以完成铁和硫的全部氧化反应，从吹炼炉连续产出粗铜。

闪速熔炼与闪速吹炼相结合的连续炼铜法的工艺步骤如下：

(1)在闪速熔炼炉中产出含铜量高于 60% 的液态冰铜；

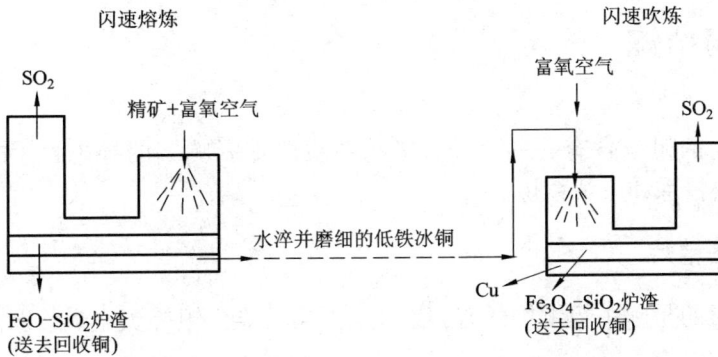

图 5-18　闪速熔炼-闪速吹炼连续炼铜工艺示意图

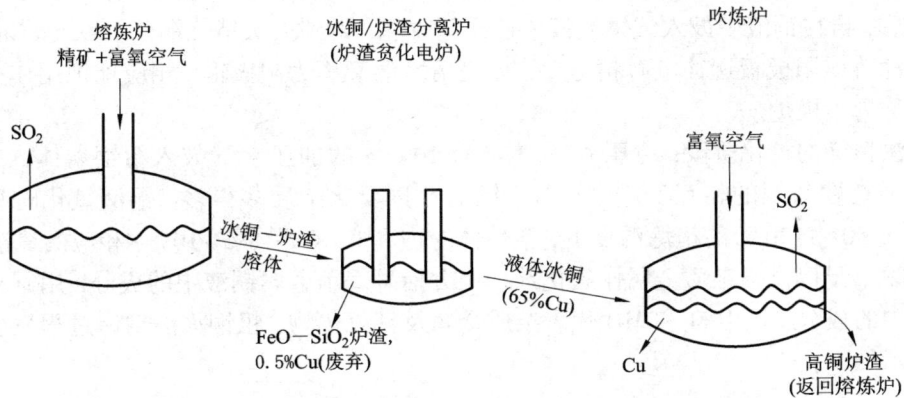

图 5-19　三菱法熔炼-连续吹炼炼铜工艺示意图

(2)将液态冰铜水淬并磨细,达到适合闪速炉喷吹进料的粒度(100~150 μm);

(3)将粒度很细的冰铜进行干燥;

(4)细粒冰铜在第二台闪速炉中连续吹炼成液态粗铜。

三菱法连续炼铜主要设备包括:

(1)一个熔炼炉:通过从上面插入炉内的精矿-富氧空气喷枪,把炉料喷入冰铜-炉渣熔体层内,发生氧化熔炼反应,产出高品位冰铜(约65%Cu)和含铜较低的炉渣(经过贫化电炉分离冰铜后炉渣废弃);

(2)一个吹炼炉:采用与熔炼炉相似的设备,将熔炼炉产出的液态冰铜吹炼成金属铜和含铜高的炉渣。

闪速吹炼法与三菱法的一个主要不同点是:三菱吹炼炉处理的是液态冰铜而不是固态冰铜,因为三菱炉不像闪速炉,它不要求粉状炉料,可以省去冰铜的冷凝与水淬工序,从而节省了这些工序的能耗和作业费用;然而三菱法也有缺点,就是它的炉子比闪速炉要复杂。

## 5.7　粗铜精炼

冰铜吹炼获得的粗铜含有一些杂质，这些杂质严重影响铜的导电性、抗蚀性和机械性能，需要进行火法精炼和电解精炼。

### 5.7.1　火法精炼

火法精炼的目的是除去粗铜中的有害杂质，并富集金、银等贵金属，以便在电解精炼时回收。

粗铜火法精炼是利用杂质金属对氧亲和力比铜大，而其氧化物又不溶于铜液等性质，通过氧化造渣或挥发除去。精炼作业过程首先是鼓风氧化除杂质，当铜液中杂质含量达到规定的要求以后，再往铜液中鼓入气体或液体还原剂脱氧，得到火法精炼铜（约99.5%Cu）。火法精炼铜被浇铸成阳极板送往电解精炼，故火法精炼铜又称为阳极铜，相应地把用作火法精炼的炉子也称为阳极炉。

在火法精炼的氧化阶段，将压力为$(3\sim5)\times10^5$ Pa的加压空气鼓入粗铜熔体内，气体中的氧主要消耗在与铜的相互反应中，因为铜的数量要比杂质多得多，铜液氧化时只会生成$Cu_2O$。在1150~1170℃的精炼温度下，铜熔体中饱和$Cu_2O$为8%~10%，相应的氧浓度为0.6%[O]左右，足以供给杂质金属作氧化剂。用方括号表示金属铜液中的成分，用圆括号表示精炼炉渣中的成分，且用M和MO代表杂质金属及其氧化物，粗铜火法精炼过程发生的氧化反应可表示如下：

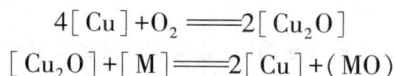

$$4[Cu]+O_2 = 2[Cu_2O]$$
$$[Cu_2O]+[M] = 2[Cu]+(MO)$$

形成的杂质氧化物不溶于熔铜之中，而浮于铜液表面形成一单独的渣相MO（如FeO、ZnO等），然后被排出炉外。有些杂质氧化物在精炼温度下具有很高的蒸气压（如$As_2O_3$、$Sb_2O_3$、$SnO_2$等），很大一部分被挥发除去。

杂质氧化顺序大体上可以根据杂质对氧的亲和力的大小来确定，但要考虑杂质在金属铜中的浓度等性质。粗铜中杂质的氧化顺序为：Fe-Zn-Co-Ni-Sn-Pb-Bi-Sb-As。生产实践表明，As、Sb、Bi是粗铜火法精炼最难除去的杂质，这与上述顺序的趋势是一致的。

在氧化阶段后期，杂质金属被除去，铜液中的硫被氧化成$SO_2$气泡排除，只要加强铜液的搅动，将温度降至1150℃左右，就可以减少$SO_2$在熔铜中的溶解度，促使硫氧化和$SO_2$挥发，直至硫含量降到0.001%[S]左右，从而避免液体铜在浇铸阳极板的冷凝过程中，$SO_2$气体在阳极板表面和内部形成气泡孔洞，以获得表面平整光滑而坚实的阳极。

除硫是在氧化精炼的最后阶段进行，主要反应如下：

$$Cu_2S+2Cu_2O = 6Cu+SO_2$$

由于在氧化过程中，铜液中含有过饱和的氧，因此还必须进行还原脱氧。吹入低硫含量的重油或气体还原剂，如液化石油气、天然气以及氨气等，利用这些还原剂中的碳氢化合物热分解后挥发出的碳、氢组分，除去铜液中的氧，其反应为：

$$Cu_2O+H_2 = 2Cu+H_2O$$

$$Cu_2O+CO \Longrightarrow 2Cu+CO_2$$
$$Cu_2O+C \Longrightarrow 2Cu+CO$$
$$4Cu_2O+CH_4 \Longrightarrow 8Cu+CO_2+2H_2O$$

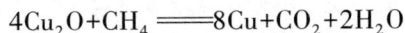

粗铜火法精炼炉主要有两种类型：①反射炉；②回转式精炼炉。新建的铜厂大都采用回转式精炼炉(图 5-20)。

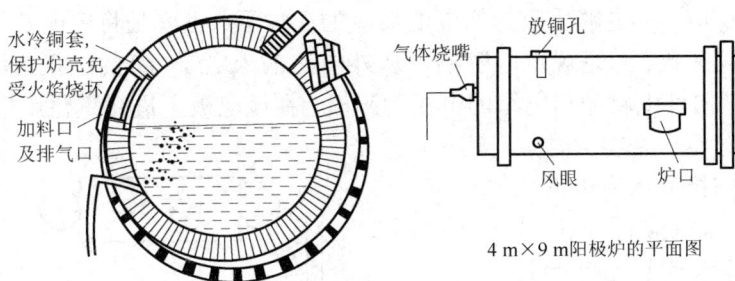

(a) 风眼处于淹没位置

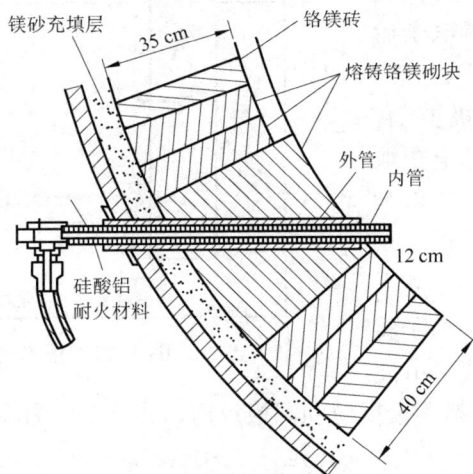

(b) 火法精炼风眼

(a)回转阳极炉的端视图和正视图；(b)阳极炉风眼详细情况

**图 5-20　用于粗铜火法精炼的回转式精炼炉**

回转式精炼炉这种粗铜火法精炼专用转炉与冰铜吹炼转炉的不同之处在于前者只设一个风眼，以便准确控制通入气体的速率。从风眼鼓入氧化气体或液体、气体还原剂。风眼是两只同心套管，以便在内风管损坏时易于更换(图 5-20b)。

与冰铜吹炼的 P-S 转炉一样，回转式精炼炉配置了一套转动机构，以便使炉体转到加料、鼓风、倾倒所要求的位置。装料、倒渣和排烟都经炉口进行。液态精铜从放铜孔放出，用双包自动定量浇铸机浇铸成阳极板。

一台规格为直径 4.5 m、长 10 m 的回转式精炼炉可装 350 t 粗铜，作业时间 3~5 h，其中 0.5~1 h 为氧化阶段，其余时间用来还原脱氧。

铜火法精炼时，金、银等贵金属不会被除去，此外还残留有少量杂质(铜的品位为 99.5%

Cu 左右，杂质质量分数为 0.3%~0.8%），故火法精炼后的铜还必须送去进行电解精炼。

### 5.7.2 电解精炼

电解精炼的目的，是要得到纯度高的电铜（含铜为 99.95~99.99%Cu），以满足电气工业和合金生产的需要。此外，电解精炼时贵金属和稀散金属均富集在阳极泥中，可进一步分离提取。粗金属电解提纯一般在电解质水溶液中进行。当外电源的直流电流通过电解槽时，在电极上发生电化反应，其电解反应为原电池反应的逆过程，也就是将电能转变成化学能的过程。为了讨论问题一致，总是规定电解槽中从外电路输入电子（e）的电极为阴极，在此电极上进行还原反应；向外电路输出电子的电极为阳极，在该电极上进行氧化反应。

铜电解精炼过程，是将火法精炼后浇铸成的铜阳极放入有电解液（硫酸铜和硫酸的水溶液）的电解槽中，阴极是纯铜薄片（又叫始极片）。当导电板分别接上电源，两极通以直流电流后，溶液中的铜离子（$Cu^{2+}$）便移向阴极，获得电子后就成为铜原子沉积在阴极上，产出纯度很高的电解铜；在阳极方面，由于电源不断地从它上面把电子取走，结果阳极方面的铜原子，因为失去电子成为离子。当硫酸根离子（$SO_4^{2-}$）移向阳极而与这些 $Cu^{2+}$ 离子接触时，便形成 $CuSO_4$，$Cu^{2+}$ 离子就陆续从阳极脱离，进入溶液。由此

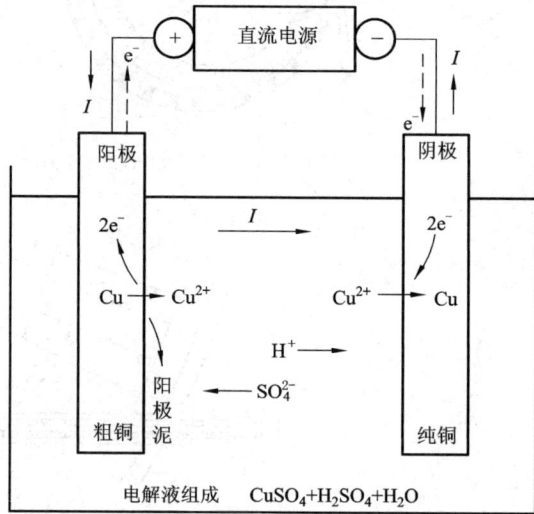

图 5-21 铜电解精炼示意图

可见，整个电解精炼过程包括阴极反应和阳极反应，其总反应为：

$$Cu(粗) \longrightarrow Cu(纯)$$

铜电解精炼体系如图 5-21 所示。

5.7.2.1 铜电解精炼的电极过程

（1）阳极过程。铜电解精炼的阳极是待精炼的粗铜阳极，这是一种含杂质的可溶性阳极，电解时主金属铜可能发生以下多种电极反应：

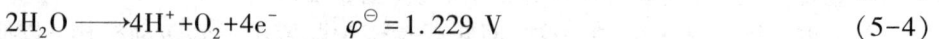

$$Cu \longrightarrow Cu^{2+} + 2e^- \qquad \varphi^\ominus = 0.34\ V \qquad (5-1)$$
$$Cu \longrightarrow Cu^+ + e^- \qquad \varphi^\ominus = 0.51\ V \qquad (5-2)$$
$$Cu^+ \longrightarrow Cu^{2+} + e^- \qquad \varphi^\ominus = 0.17\ V \qquad (5-3)$$
$$2H_2O \longrightarrow 4H^+ + O_2 + 4e^- \qquad \varphi^\ominus = 1.229\ V \qquad (5-4)$$

此外，阳极中含有的比铜电位负的杂质离子也可能从阳极溶解。

一般，铜电解精炼时阳极过程的主要反应是反应（5-1），即铜以二价铜离子从阳极溶解，因其电极电位比反应（5-2）更负。反应（5-2），即生成一价铜离子的反应，虽然是次要的反应，但溶液中存在以下化学平衡：

$$2Cu^+ \Longrightarrow Cu^2 + Cu \qquad (5-5)$$

$Cu^+$的浓度虽很低,却可能引起以下的副反应,使电流效率下降。

①$Cu^+$的氧化:

$$Cu_2SO_4+\frac{1}{2}O_2+H_2SO_4 \longrightarrow 2CuSO_4+H_2O \qquad (5-6)$$

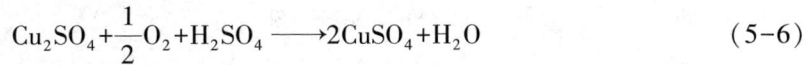

②当 $Cu^{2+}$ 的浓度及温度降低时,$Cu^+$因过饱和发生分解反应:

$$Cu_2SO_4 \longrightarrow CuSO_4+Cu \qquad (5-7)$$

所生成的铜为粉状,落入阳极泥,使阳极泥产出量增加,从而降低了阳极泥中贵金属的品位。

由于反应(5-4)的电位很正,因此,阳极过程不会有水的分解反应发生。

(2)阴极过程。铜电解精炼时主要的阴极过程是二价铜离子的还原析出:

$$Cu^{2+}+2e^- \longrightarrow Cu \qquad \varphi^{\ominus}=0.34\ V \qquad (5-8)$$

它和发生在阳极的反应(5-1)恰好是一对可逆反应。

由于电解液为酸性,因而也可能发生析氢反应:

$$2H^++2e^- \longrightarrow H_2 \qquad \varphi^{\ominus}=0\ V$$

但因氢析出的电位比铜更负,且需一定的过电位,所以一般情况下,氢不会析出。但当 $Cu^{2+}$浓度下降到一定程度后,二者电位接近,也可能发生铜和氢的共析。

(3)杂质的行为及分离杂质的原理。金属电解精炼的目的是分离杂质和提纯金属,因此,粗铜阳极中杂质的行为成为关键问题。粗铜中常见金属杂质有锌、铁、镍、锡、铅、砷、锑、铋及稀贵金属金、银、硒、碲等。杂质在阳极过程和阴极过程中的行为主要取决于它们所发生的电极反应的电位数值。为了便于比较,表 5-9 列出了各种金属的标准电极电位。

表 5-9　标准电极电位

| 电　极 | 电极反应 | 标准电位, $\varphi^{\ominus}/V$ |
| --- | --- | --- |
| K | $K^++e^- \longrightarrow K$ | -2.97 |
| Ca | $Ca^{2+}+2e^- \longrightarrow Ca$ | -2.76 |
| Na | $Na^{2+}+e^- \longrightarrow Na$ | -2.71 |
| Mg | $Mg^{2+}+2e^- \longrightarrow Mg$ | -1.55 |
| Al | $Al^{3+}+3e^- \longrightarrow Al$ | -1.30 |
| Mn | $Mn^{2+}+2e^- \longrightarrow Mn$ | -1.10 |
| Zn | $Zn^{2+}+2e^- \longrightarrow Zn$ | -0.76 |
| Fe | $Fe^{2+}+2e^- \longrightarrow Fe$ | -0.44 |
| Ni | $Ni^{2+}+2e^- \longrightarrow Ni$ | -0.24 |
| Sn | $Sn^{2+}+2e^- \longrightarrow Sn$ | -0.14 |
| Pb | $Pb^{2+}+2e^- \longrightarrow Pb$ | -0.13 |
| $H_2$ | $2H^++2e^- \longrightarrow H_2$ | 0 |
| Bi | $Bi^{3+}+3e^- \longrightarrow Bi$ | +0.20 |

续表5-9

| 电　极 | 电极反应 | 标准电位，$\varphi^{\ominus}$/V |
|---|---|---|
| Sb | $Sb^{3+}+3e^- \longrightarrow Sb$ | +0.10 |
| As | $As^{3+}+3e^- \longrightarrow As$ | +0.30 |
| Cu | $Cu^{2+}+2e^- \longrightarrow Cu$ | +0.34 |
| Ag | $Ag^+ + e^- \longrightarrow Ag$ | +0.80 |
| $O_2$ | $4H^+ + O_2 + 4e^- \longrightarrow 2H_2O$ | +1.23 |
| $Cl_2$ | $Cl_2 + 2e^- \longrightarrow 2Cl^-$ | +1.36 |
| Au | $Au^+ + e^- \longrightarrow Au$ | +1.50 |

依据各种金属电极反应的电极电位，可将铜阳极中的杂质行为分为三类：

1）不发生电化学溶解的杂质。它包括比铜电极电位更正的杂质，如金、银、铂族元素以及以稳定化合物形态存在于阳极中的元素，如氧($Cu_2O$)、硫($Cu_2S$)、硒($Cu_2Se$)、碲($Cu_2Te$)等，它们将以极细微粒进入阳极泥中。

2）形成不溶性产物的杂质。包括铅和锡，它们虽能在阳极发生溶解，却形成不溶性产物。前者生成$PbSO_4$，并可进一步氧化为$PbO_2$，覆盖在阳极表面；后者溶解生成的$SnSO_4$能进一步氧化为$Sn(SO_4)_2$，进而水解生成难溶的碱式盐落入阳极泥中。

3）发生电化学溶解的杂质。包括电极电位比铜更负的杂质，如铁、锌、镍，以及与铜电位接近的杂质，如砷、锑、铋。前者发生电化学溶解后进入电解液，虽因含量低且电位负，不会在阴极析出，但如长时间积累，仍然有害，应定期进行净化处理；后者最为有害，它们能在阴极与 Cu 共析，影响阴极铜的纯度，降低电流效率。

表 5-10 列出了铜精炼时常见杂质去向的实例，其数量将随电解工艺条件，如电解液成分、温度、电解液循环速度、电流密度和阳极组成而变化。

表 5-10　铜电解精炼阳极中杂质的去向　　　　　　%

| 元　素 | 进入电解液 | 进入阳极泥 | 进入阴极 |
|---|---|---|---|
| Cu | 1~2 | 0.03~0.1 | 98~99 |
| Ag | 2 | 97~98 | <1.6 |
| Au | 1 | 99 | <0.5 |
| 铂族 | — | ~100 | 0.05 |
| Se, Te | 2 | ~98 | 1 |
| Pb, Sn | 2 | ~98 | 1 |
| Ni | 75~100 | 0~25 | <0.5 |
| Fe | 100 | | |
| Zn | 100 | — | |
| Al | 约75 | 约25 | 5 |

**续表5-10**

| 元　素 | 进入电解液 | 进入阳极泥 | 进入阴极 |
|---|---|---|---|
| As | 60～80 | 20～40 | <10 |
| Sb | 10～60 | 40～90 | <15 |
| Bi | 20～40 | 60～80 | 5 |
| S | — | 95～97 | 3～5 |
| $SiO_2$ | — | 100 | — |

注：表中每一元素的总量均取100%。

通过以上的讨论可以看出，在铜电解精炼时，电极电位较铜负的杂质可在阳极共溶，但不能在阴极与铜一起析出而留在电解液中；电极电位较铜正的杂质虽可能在阴极共析，却不可能在阳极共溶，而只能进入阳极泥，这正是金属电解精炼的电化学原理。最危险的杂质是电位与铜接近的杂质，它们既可能在阳极共溶，又可能在阴极共析，因此它们在溶液中的浓度应加以控制，即通过定期对电解液进行净化处理，来降低这些离子在溶液中的积累。

通过上述电解，到一定时期(7天左右)即可取出阴极，这种阴极铜就是电解过程的最后产品，其纯度为99.95%～99.99% Cu。我国电解铜(1#铜)标准如表5-11所列。

**表5-11　一号铜化学成分( GB 466—1982)**

| 铜品号 | Cu+Ag 不小于 | 杂质含量/%，不大于 | | | | | | | | | | |
|---|---|---|---|---|---|---|---|---|---|---|---|---|
| | | As | Sb | Bi | Fe | Pb | Sn | Ni | Zn | S | P | 总和 |
| 一号铜 | 99.95 | 0.002 | 0.002 | 0.001 | 0.004 | 0.003 | 0.002 | 0.002 | 0.003 | 0.004 | 0.001 | 0.05 |

### 5.7.2.2　电解槽结构和电解车间的直流电路系统

(1)电解槽。铜电解精炼的主要设备是电解槽。电解槽为长方形的槽，其中依次交错地挂着阳极和阴极。溶液(电解液)由槽的一端引入，流经电解槽槽底中央沿槽长度方向设置的进液管，通过沿管均布的小孔给液。出液漏斗安放在槽体出液端壁上预留的出液口上，与槽内衬连成整体。出液漏斗内设有调节电解槽液面高度的隔板式三角堰板。在电解槽长边的边缘上放有导电排(或导电棒)，用以导入和导出直流电。槽底设有带塞子的阳极泥放出口，以便在槽内电解液基本放出后，在洗槽之前，拔掉塞子，放出阳极泥。

电解槽用钢筋混凝土浇灌而成，内表面用铅板、聚氯乙烯或玻璃钢做内衬。槽体底部做成由一端向另一端倾斜状，也有的老厂的电解槽底部是由两端向中央倾斜的。两种槽体都是在最低处开设排泥孔。

现代大型铜电解车间设有成百上千个电解槽，多个电解槽平行放置形成若干列。铜电解槽的实例如图 5-22 所示。

(2)直流电流系统。电解槽的电路连接，一般采用复联法，即每个电解槽内的全部阳极(比阴极少一块)并列相连，全部阴极(通常为 30～40 块)也并联相连，而槽与槽之间则为串联连接，如图 5-23 所示。

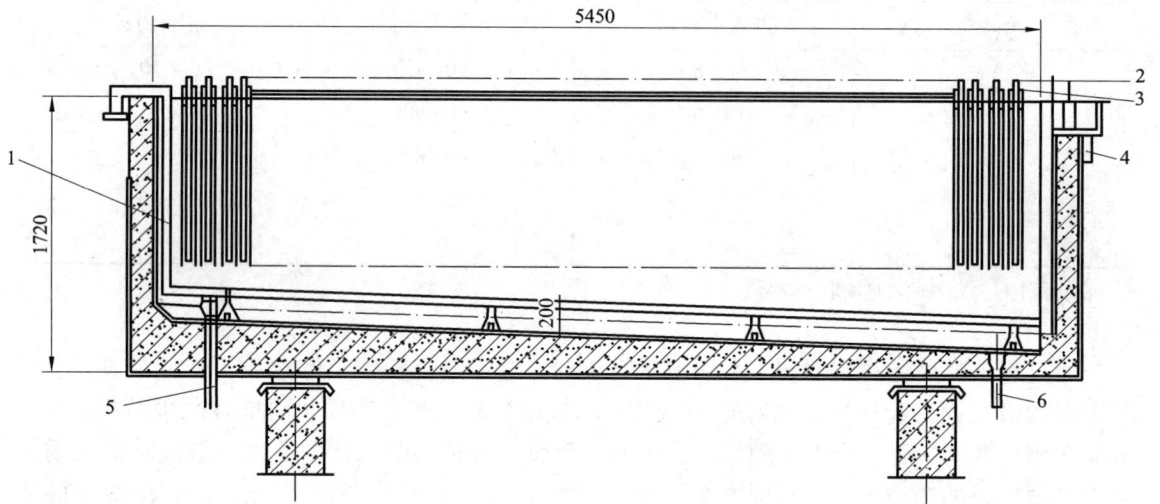

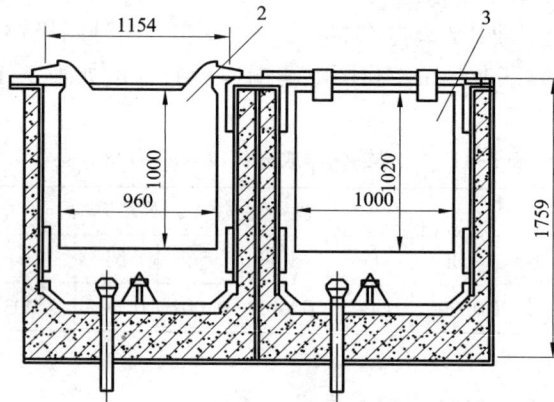

1—进液管；2—阳极；3—阴极；4—出液管；5—放液管；6—放阳极泥管。

图 5-22　铜电解槽安装实例图

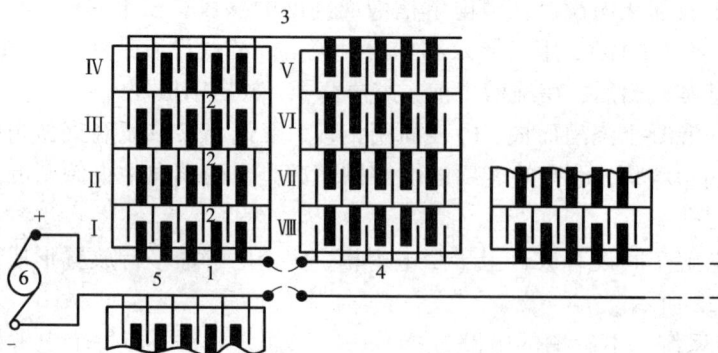

1—阳极导电排；2，3，4—中间导电排；5—阴极导电排；6—硅整流器　Ⅰ～Ⅷ均为单个电解槽

图 5-23　电极和电解槽的排列

在电解车间,硅整流器的正极与设置在第一列电解槽首槽(图 5-23 的 Ⅰ 槽)边缘上的阳极导电排连接在一起,而送到导电排上的电流平均分布于各个阳极耳部上,然后通过阳极的两面传递到电解液中,继而通过阴极传递到槽间导电棒上,如是电流进入第二个电解槽,如此传递下去,直至最后一列的最末槽的阴极导电排,最终回到硅整流器的负极,从而构成直流电流的整个回路。

### 5.7.2.3　铜电解液净化

随着电解精炼的进行,阳极中的杂质金属(如镍、铁、砷、锑、铋等)逐渐在电解液中积累。另外,从阳极溶解的铜比在阴极上析出的铜多,电解液中的铜含量也不断增高,硫酸浓度则逐渐降低。为确保阴极电铜的质量,必须定期从循环系统中抽出部分溶液进行净化,并补充一定量的硫酸。大概每生产 1000 kg 阴极铜需净化 0.1~0.5 m³ 电解液,并用等量的新溶液替换。

从电解槽抽出的电解液的净化过程如下:①脱铜,即加热蒸发浓缩,结晶析出硫酸铜;②除砷锑,即结晶母液用电积法进一步脱铜,析出黑铜(含砷、锑等杂质高的电铜);③除铁镍,即电积脱铜后的溶液经蒸发浓缩或冷却结晶产生含铁的硫酸镍,母液作为部分补充酸返回电解过程。

铜电解槽用高酸度电解液,主要成分(g/L)为:Cu 40~60, $H_2SO_4$ 160~220。另外,电解液还保持小于 15 mg/L 的氯离子($Cl^-$),并添加少量添加剂,以保证得到平整光滑的阴极沉积物。电解液温度为 60~65 ℃,电解液循环速度随电流密度而定。

### 5.7.2.4　电解过程主要技术经济指标

电解过程是将电能转变为化学能的过程,所以在生产上最重要的生产技术和经济指标是电流密度、槽电压、电流效率和电能消耗。

(1)电流密度。电流密度是单位电极面积上通过的电流强度。在冶金上,电解过程的产品主要是阴极析出物,故常指阴极电流密度。电流密度的计算公式为:

$$D = \frac{I}{F}$$

式中 $D$ 为电流密度,$A/m^2$;$I$ 为通过电解槽的电流,A;$F$ 为一个槽内全部阴极的有效面积,$m^2$。电流密度是电解生产中最重要的技术参数。根据法拉第定律,电解产物量正比于通过的电流,故而电流密度代表着电解过程的强度,直接决定电解工厂的生产效率。铜电解精炼的电流密度为 200~280 $A/m^2$。

(2)槽电压。电解过程的槽电压就是槽内相邻阴、阳两极间的电压。生产上,槽电压可以用电压表测量一对阴、阳电极的电压来确定。

铜电解精炼的槽电压很低,一般仅为 0.2~0.3 V。这首先是由于铜电解精炼的两个电极反应是一对可逆反应,因而过程总的自由焓变化($\Delta G$)甚小,理论分解电压趋于零。

表 5-12 为铜电解精炼的槽电压组成的一个实例。可以看出,由于电极反应可逆性很高,过电位甚低,槽电压的主要组成是电解液的欧姆压降,但由于电解液的电导率很高,这一项数值也不大。

表 5–12　铜电解精炼的槽电压实例（$D=210\ A/m^2$）　　　　　　　　　　　　mV

| 理论分解电压 | 0 | 溶液欧姆压降 | 100 |
|---|---|---|---|
| 阴极过电位 | 80 | 硬件导体电阻压降 | 70 |
| 阳极过电位 | 30 | 槽电压 | 280 |

（3）电流效率。电解过程中阴极上实际析出的金属量与理论析出量之比的百分数为电流效率。理论析出量是按法拉第定律计算出来的，因此电流效率的计算公式为：

$$\eta=\frac{G}{qI\tau N}\times100\%$$

式中 $\tau$ 为电解通电时间，h；$N$ 为电解槽个数；$G$ 为通电时间内 $N$ 个电解槽的阴极实际析出量，g；$I$ 为通过电解槽的电流强度，A；$q$ 为金属的电化当量，g/(A·h)。

法拉第定律是通过电解实验得出的。实验证明，当以 96500 库仑（C）的电量通过电解质（液）时，在电极上将获得 1 克当量的电解产物。该电量称为 1 法拉第（F），即

$$1\ F=96500\ C=26.8\ A\cdot h$$

因此，当以 96500 C 电量通过铜电解液时，阴极上有 $63.54\div2=31.77$ g 铜析出，即 1 A·h 的电量能析出 $31.77\div26.8=1.185$ g 铜。这个通入单位电量所获得的产物的重量称为电化当量（$q$）。铜的电化当量为 $1.185$ g/(A·h)。

由于上述公式中的理论析出量是按法拉第定律计算出来的，因此电流效率实际上是表示电解过程对法拉第定律偏差程度的一种度量。

例如，某铜厂电解车间通过串联的 133 个电解槽的电流强度为 12000 A，电解时间 5 昼夜，实际产出电解铜 220 t，求其电流效率？

解：已知 $I=12000\ A$，$\tau=5\times24\ h$，

$\qquad N=133$，$G=220\times10^6\ g$，

$\qquad q=1.185\ g/(A\cdot h)$

计算得

$$\eta=\frac{220\times10^6}{1.185\times12000\times5\times24\times133}\times100\%=96.9\%$$

在工业生产上，实际的析出量总是小于理论计算的析出量，即电流效率总是小于 100%，其主要原因有：

①短路，即由于极板放置不正或阴极上产生树枝状结晶而引起阴阳极短路。

②漏电，即由于电解槽与电解槽之间、电解槽与地面、溶液循环系统等绝缘不良而引起的漏电。

③化学溶解，即由于副反应如阴极铜被空气氧化和铁离子的氧化还原作用引起的铜的化学溶解等。

电流效率直接影响单位电解产物的电能消耗，是电解生产的一项重要技术指标。铜电解精炼的电流效率一般为 93%~98%。保证电解槽对地的良好绝缘，及时消除阴、阳极短路现象，对电解液进行净化，是提高电流效率普遍采用的基本措施。

（4）电能消耗。电能消耗是指电解过程中阴极析出单位重量金属所消耗掉的电能量。通

常用产出 1 t 阴极金属所消耗的直流电能表示, 也称直流电耗。设 $W$ 为单位电能消耗量, 其计算式为:

$$W = \frac{I\tau V}{I\tau q\eta} = \frac{U \times 10^3}{q\eta}$$

式中 $W$ 为直流电耗, $kW \cdot h/t$; $U$ 为槽电压, $V$; $\eta$ 为电流效率, %; $q$ 为阴极析出金属的电化当量, $g/(A \cdot h)$。

在上面计算题中, 该铜厂电解车间电流效率为 96.9%, 又测得其槽电压为 0.28 V, 那么 1 t 电解铜的电能消耗为:

$$W = \frac{0.28 \times 10^3}{1.185 \times 0.969} = 244 \ kW \cdot h$$

铜电解精炼的电能消耗一般为 230~280 kW · h/t Cu。

电能消耗与槽电压成正比, 与电流效率成反比。因此, 凡有利于降低槽电压、提高电流效率的因素, 均起到降低电能消耗的作用。

## 复习思考题

1. 试比较铜、铁硫化物及其氧化物在高温下的性质有哪些差异?

2. 工业价值大的硫化铜矿物有哪些? 写出它们的化学式。

3. 铜精矿的品位一般是多少? 在选择冶炼工艺时应当注意铜精矿原料的哪些特点?

4. 用造硫熔炼的方法处理硫化铜精矿是基于哪些基本原理? 为什么不用高炉炼铁的方法炼铜?

5. 火法炼铜和湿法炼铜各包括哪些主要过程? 分别画出它们的原则工艺流程。

6. 铜精矿造锍熔炼发生哪些主要反应? 写出其反应式。

7. 硫化铜精矿熔炼时为什么会形成冰铜? 冰铜的形成对火法炼铜有什么意义?

8. 为什么说磁性氧化铁对火法炼铜是有害的? 减少 $Fe_3O_4$ 的生成有哪些途径?

9. 何谓冰铜品位? 传统熔炼、闪速熔炼和熔池熔炼的冰铜品位一般是多少? 为什么后两种方法生产的冰铜品位较高? 冰铜品位高有什么好处?

10. 试比较不同类型炼铜方法所产炉渣中的 $Fe_3O_4$ 和 Cu 含量与冰铜品位的关系。

11. 何谓炉渣贫化? 贫化方法有哪些? 基本原理是什么?

12. 传统法炼铜有哪些方法? 它们各有什么特点? 为什么用这些方法炼铜的工厂越来越少了?

13. 闪速熔炼有哪两种类型? 它们各有何特点?

14. 奥托昆普闪速炉主要由哪几部分组成? 它还包括哪些主要辅助设备?

15. 闪速炼铜控制氧/矿量比和熔剂/矿量比对熔炼产物(冰铜和炉渣)成分有何影响?

16. 闪速炼铜有哪些优缺点?

17. 熔池熔炼的特点是什么? 与闪速熔炼有何区别?

18. 诺兰达法炼铜的原理是什么? 为什么它可以生产高品位冰铜甚至产出粗铜?

19. 白银法炼铜比反射炉炼铜有何优点?

20. 冰铜吹炼分哪两个周期? 写出主要化学反应式。

21.用 P-S 转炉吹炼冰铜存在哪些缺点？新发展的连续吹炼有哪两种方法？

22.粗铜火法精炼除杂质的原理是什么？为什么分氧化期和还原期两阶段进行？

23.铜电解精炼的主要阳极反应和阴极反应是什么？为什么说可以把它们视为一对可逆反应？

24.铜电解精炼时，阳极中的主要杂质行为如何？

25.画出电解车间从整流器(直流电源)—电解槽(阴、阳极)—整流器的整个电路回路示意图。

26.电流密度、槽电压、电流效率和电能消耗是如何定义的？

27.铜电解精炼的槽电压由哪些部分组成？其中最大项是什么？

28.影响电解精炼电流效率的因素有哪些？

# 第6章 锌冶金

## 6.1 概述

### 6.1.1 锌的性质和用途

锌是一种银白色金属,断面具有金属光泽。

锌属于重金属,20 ℃时的密度为 7.13 g/cm³,熔点 419.6 ℃。由于熔点低,液态锌流动性好,在压力浇铸时能充满模内很精细的地方,所以锌常作为精密铸件的原料。

液态金属锌的沸点比较低,为 907 ℃。液态锌的蒸气压随温度升高而迅速增加。在不同温度下锌的蒸气压如下:

| 温度/℃ | 419.6 | 500 | 700 | 907 | 950 |
|--------|-------|-----|-----|-----|-----|
| 蒸气压/Pa | 19.5 | 169 | 7982 | 101325 | 156347 |

在火法炼锌中,氧化锌用碳还原的反应必须在 1000 ℃以上的温度进行,挥发冶炼生成的锌蒸气只有通过冷凝才能得到金属锌。

锌在 420 ℃时开始与硫发生反应,而与氧反应在 225 ℃时便开始了。锌对氧的亲和力比较大,硫化锌在空气中加热氧化生成稳定的氧化锌。氧化锌既能在高温下被碳还原,又能很好地溶解于稀硫酸溶液中,因此硫化锌的氧化焙烧对于火法炼锌和湿法炼锌都是重要的矿物原料预处理过程。

锌是比较活泼的重金属,在室温下的干燥空气中不起变化,但在潮湿而含有 $CO_2$ 的大气中,锌的表面会逐渐氧化生成灰白色致密的碱式碳酸锌$[ZnCO_3 \cdot 3Zn(OH)_2]$薄膜层,阻止锌继续氧化。更为重要的是锌的电位较铁负,通过电化作用能代替铁被腐蚀,所以锌被大量用于镀覆钢铁材料以防腐蚀。随着汽车业和建筑业对镀锌钢材的需求不断增长,镀锌已经成为锌的一项主要消费。

锌是负电性金属,标准电位为 -0.76 V;又由于锌价廉易得,在化学电源中锌是应用最多的一种负极材料,如锌-二氧化锰干电池、锌-空气电池、锌-银蓄电池等。

锌能和多种金属形成合金,其中最主要的是锌与铜组成的黄铜,用于机械制造业;锌与铝、镁、铜等组成的压铸合金,用于制造各种精密铸件。

锌的化合物也很重要,例如,氧化锌用于橡胶工业和医药工业;硫酸锌用于制革、纺织、医药、饲料工业;氯化锌用于木材防腐和干电池工业。

1996 年世界锌的产量为 723 万 t,消费量 777 万 t,其用途的分配大致是:50%镀锌,21%精密铸造;14%黄铜,7%板材,8%氧化锌及其他化工原料。

我国 1996 年的锌产量为 118.5 万 t，居世界首位；消费量为 91.1 万 t。我国是世界上锌锭出口的主要国家之一。

### 6.1.2 锌的矿物资源和炼锌原料

锌在自然界多以硫化物状态存在，主要矿物是闪锌矿（ZnS），当这种硫化矿的形成过程中有 FeS 固溶时，称为铁闪锌矿（$n$ZnS·$m$FeS）。含铁高矿的闪锌矿会使提取冶金过程复杂化。硫化矿床的地表部位还常有一部分被氧化的氧化矿，如菱锌矿（$ZnCO_3$）、硅锌矿（$Zn_2SiO_4$）等。

锌资源的特点是铅锌共生。世界上极少发现有单独的铅矿和锌矿。闪锌矿与方铅矿（PbS）在天然矿床中常紧密共生。

我国是铅锌资源较丰富的国家之一，已探明的铅锌储量 1.1 亿 t，约占目前全世界已探明的铅锌储量的四分之一，居世界首位，其中铅储量 3300 万 t，锌储量 8400 万 t，铅锌平均品位 4%，锌铅比 2.4∶1。

我国铅锌资源的特点是多金属硫化物共生矿床多，矿石类型复杂，较难分选，成分复杂，但伴生矿综合利用价值高。我国的铅锌矿是镉、铟、银等金属的主要矿源，也是硫、铋、锗、铊、碲等元素和金属的重要来源。

铅锌矿的开采分露天开采和地下开采两种。由于金属品位不高，铅锌共生，并含有大量脉石和其它杂质金属，矿石须先经过选矿。通常是采用优先浮选法选出锌精矿，副产铅精矿和硫精矿。我国某些大型铅锌矿产出的锌精矿成分实例如表 6-1 所示。

表 6-1　锌精矿成分实例　　　　　　　　　　　　　　　　　　　%

| 精矿来源 | Zn | Pb | S | Fe | Cu | Cd | As | Sb | $SiO_2$ | Ag(g/t) |
|---|---|---|---|---|---|---|---|---|---|---|
| 湖南某矿山 | 44.83 | 0.98 | 32.43 | 15.60 | 0.64 | 0.20 | <0.20 | 0.001 | 1.32 | 80 |
| 黑龙江某矿山 | 51.34 | 0.88 | 32.53 | 11.48 | 0.12 | 0.02 | 0.04 | 0.02 | 0.50 | 85 |
| 广东某矿山 | 51.92 | 1.40 | 32.69 | 7.03 | 0.20 | 0.14 | <0.20 | 0.01 | 3.88 | 180 |
| 甘肃某矿山 | 55.00 | 1.09 | 30.35 | 4.40 | 0.04 | 0.12 | 0.01 | 0.011 | 3.05 | 33 |

硫化锌精矿是生产锌的主要原料，成分一般为：锌 45%~60%，铁 5%~15%，硫的含量变化不大，为 30%~33%。可见，锌精矿的主要组分为 Zn、Fe 和 S，三者共占总重的 90% 左右。从经济价值来考虑处理锌精矿的目的，首先应该回收锌和硫，因为两者加起来占精矿总量的 80% 左右。从冶炼过程和回收率来考虑，铁是最主要的杂质金属，采用的冶炼工艺流程要有利于原料中的锌铁分离，相近的化学性质决定了它们在冶金过程中的行为相似，应使铁全部进入熔炼渣或湿法冶金浸出后的铁渣中，且渣量要少，分离性能好，减少随渣带走的金属损失。

硫化锌精矿的粒度细小，95% 以上小于 40 μm，堆密度为 1.7~2 g/$cm^3$。在选用精矿氧化焙烧脱硫设备时，应当充分利用精矿粒度小，表面积大，活性高，硫化物本身也是一种"燃料"的特点，即使硫化锌能迅速氧化生成氧化锌，也能充分利用精矿的自身能量。

### 6.1.3　锌的生产方法

现代锌的生产方法可分为火法和湿法两大类。图 6-1 和图 6-2 是火法和湿法炼锌的原则流程。

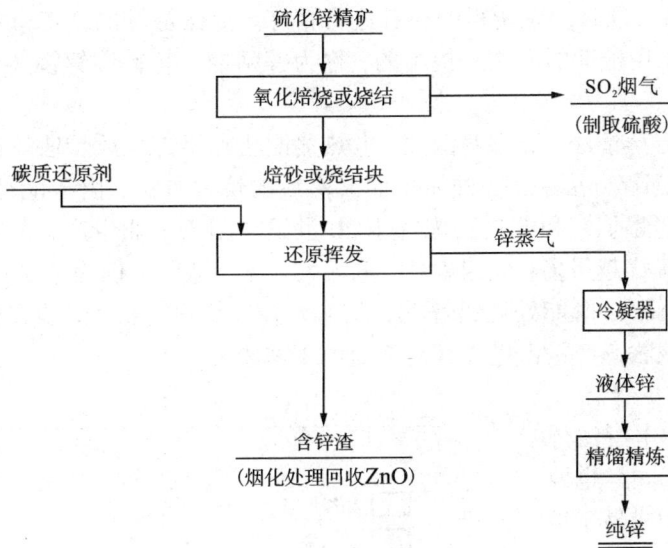

```
                        硫化锌精矿
                           │
                           ▼
                   ┌──────────────┐        SO₂烟气
                   │  氧化焙烧或烧结  │──────▶ （制取硫酸）
                   └──────────────┘
                           │  焙砂或烧结块
      碳质还原剂             │
         │                 ▼
         │           ┌──────────┐   锌蒸气
         └──────────▶│  还原挥发  │──────────┐
                     └──────────┘            │
                           │                 ▼
                           │             ┌──────┐
                           ▼             │ 冷凝器 │
                      含锌渣             └──────┘
                  （烟化处理回收ZnO）         │ 液体锌
                                            ▼
                                        ┌────────┐
                                        │ 精馏精炼 │
                                        └────────┘
                                            │
                                            ▼
                                           纯锌
```

**图 6-1　火法炼锌原则流程**

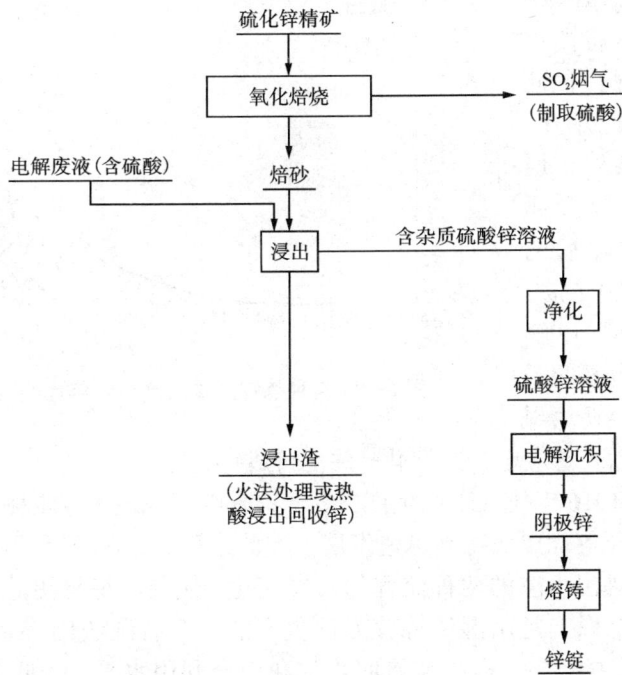

```
                        硫化锌精矿
                           │
                           ▼
                   ┌──────────┐        SO₂烟气
                   │  氧化焙烧  │──────▶ （制取硫酸）
                   └──────────┘
                           │  焙砂
   电解废液（含硫酸）          │
         │                 ▼
         │           ┌──────┐   含杂质硫酸锌溶液
         └──────────▶│  浸出  │──────────┐
                     └──────┘            │
                           │             ▼
                           │         ┌──────┐
                           │         │ 净化 │
                           ▼         └──────┘
                      浸出渣              │ 硫酸锌溶液
                  （火法处理或热             ▼
                  酸浸出回收锌）        ┌────────┐
                                    │ 电解沉积 │
                                    └────────┘
                                        │ 阴极锌
                                        ▼
                                    ┌──────┐
                                    │ 熔铸 │
                                    └──────┘
                                        │
                                        ▼
                                       锌锭
```

**图 6-2　湿法炼锌原则流程**

### 6.1.3.1　火法炼锌

火法炼锌首先将锌精矿进行氧化焙烧或烧结焙烧，使精矿中的 ZnS 变为 ZnO，以便易为碳质还原剂所还原。由于锌的沸点较低，在高于其沸点温度下还原出来的锌将呈蒸气状态从炉料中挥发出来，这样，锌便与炉料中其它组分分离。锌蒸气随炉气一道进入冷凝器，在冷凝器内冷凝成液体锌。与锌一道呈蒸气状态进入气相的还有其它易挥发的杂质金属，如镉和铅，会影响锌的纯度，须将冷凝所得的粗锌进行精炼。火法炼锌的精炼方法是利用锌和杂质金属的沸点不同，采用蒸馏的方法来提纯的，称为锌精馏。将精馏锌浇铸成锭，得到纯度在99.99%以上的精锌。

火法炼锌有平罐蒸馏法、竖罐蒸馏法、电热蒸馏法和铅锌鼓风炉法等四种。平罐炼锌在20 世纪前是唯一的炼锌方法，是一种简单而又落后的炼锌方法，由于能耗高，生产效率低，目前已基本淘汰。竖罐炼锌和电热法炼锌于 20 世纪初用于工业生产，在生产能力和连续化操作等方面上比平罐优越得多，但因煤耗、电耗大，现今世界上仅为个别厂家采用。50 年代出现的密闭鼓风炉炼锌，既能处理铅锌混合精矿及含锌氧化物料，又能在同一座鼓风炉中生产出铅、锌。目前该法锌产量占世界锌总产量的 14% 左右。

### 6.1.3.2　湿法炼锌

湿法炼锌(又称电解法炼锌)处理硫化锌精矿同样也要进行焙烧，使 ZnS 变成易于被稀硫酸溶解的 ZnO。在浸出过程中，与氧化锌一道溶解进入溶液的还有杂质金属，$ZnSO_4$浸出液中的这些杂质将严重影响下一步的电积过程，因此必须将这种溶液进行净化。净化过程得到的含杂质金属的滤渣送去回收有价金属（镉、钴、铜等），净化后的 $ZnSO_4$ 溶液在备有铅(0.5%~1%银)阳极和铝阴极的电解槽中进行电积，锌呈致密的沉积物在阴极上析出，定期从阴极上剥下析出锌，最后在感应电炉中熔化，并浇铸成锌锭。

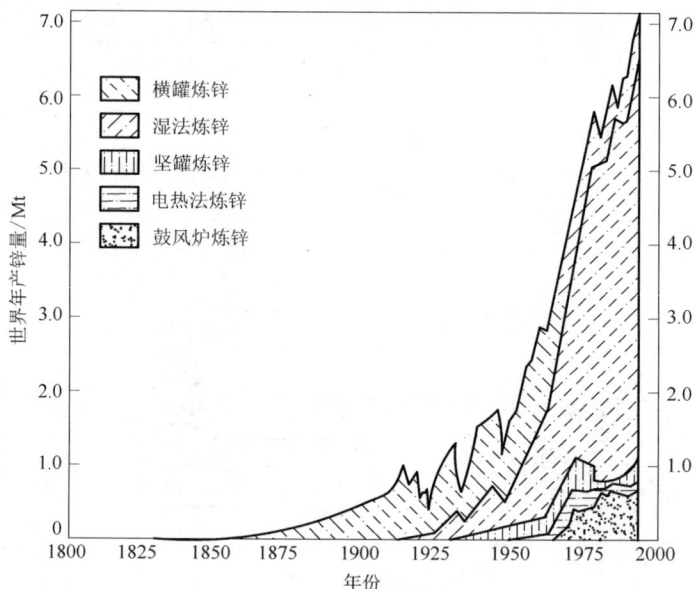

图 6-3　各种炼锌方法的产量随年代的变化及所占比例

湿法炼锌最早于 1916 年投入工业生产，由于具有生产规模大、能耗低、劳动条件好、易于实现机械化和自动化等优点而得到迅速发展。在此过程中，它经历了用回转窑火法处理浸出渣和用热酸浸出处理浸出渣的两种流程的发展变化，使湿法炼锌更趋完善。自 80 年代以来，世界锌产量的 80% 以上是由湿法炼锌方法生产的。今后湿法仍将是炼锌技术的发展方向，它将朝改善对环境的影响，提高金属回收率和综合利用水平，降低能耗，实现设备大型化、机械化和自动化的方向进一步发展。

近 200 年来各种炼锌方法的兴衰及其产量随年代的变化如图 6-3 所示。

## 6.2  硫化锌精矿的焙烧

### 6.2.1  焙烧的目的及一般特征

在许多情况下，矿石或精矿中金属的化合物形态，并不是仅通过简单的直接还原或稀酸浸出就可以很容易、很经济地转变成金属的化学形态，因此首先使这类矿物原料中的有价金属化合物转变成更利于冶炼的另外形态的化合物。焙烧就是通常采用的完成这种化合物形态转变的化学过程，是冶炼前对矿石或精矿进行预处理的一种高温作业。

金属锌的生产，无论是用火法还是湿法，90%以上都是以硫化锌精矿为原料。ZnS 不能被廉价的、最容易获得的碳质还原剂还原，也不容易被廉价的，并且在浸出-电积湿法炼锌生产流程中可以再生的硫酸稀溶液(废电解液)所浸出，因此对硫化锌精矿进行氧化焙烧使之转变成氧化锌就很有必要。

湿法炼锌是在硫酸和硫酸锌溶液体系中进行的。由于原料中不同程度上含有难溶或溶解度较小的硫酸盐金属组分，如铅、钙、镁等，它们在浸出时形成不溶性硫酸盐进入浸出渣而造成浸出剂硫酸的损失，此外，浸出-电积过程有硫酸挥发损失。为了使焙砂中形成少量硫酸盐以补偿电解与浸出循环系统中硫酸的损失，焙砂中须保留 2%~4%硫酸盐形态的硫($S_{SO_4^{2-}}$)。所以湿法炼锌厂所进行的焙烧一般是氧化焙烧和部分的硫酸化焙烧。

硫化物的焙烧过程是一个发生气固反应的过程，将大量的空气(或富氧空气)通入硫化矿物料层，在高温下发生反应，氧与硫化物中的硫化合产生 $SO_2$ 气体，有价金属则变成为氧化物或硫酸盐。焙烧过程得到的固体产物就被称为焙砂或焙烧矿。

硫化物精矿焙烧时，一定要使炉料不发生熔融，否则会使氧化反应所要求的矿粒表面与氧化性气体的最大接触面积受到破坏。只有当矿粒在气相中呈悬浮状态，强烈搅动，才能使矿粒表面充分暴露给氧化性气体。

硫化精矿的氧化焙烧是放热反应过程，其反应热就能维持焙烧炉处于所需的温度之下，因而不需要燃烧燃料供热就能使焙烧过程连续进行。

### 6.2.2  锌精矿焙烧的主要反应

#### 6.2.2.1  硫化锌的焙烧反应和硫酸盐的生成

焙烧时硫化锌进行下列反应：

$$2ZnS+3O_2 =\!=\!= 2ZnO+2SO_2 \tag{6-1}$$

$$2SO_2+O_2 =\!=\!= 2SO_3 \tag{6-2}$$

$$ZnO+SO_3 =\!=\!= ZnSO_4 \tag{6-3}$$

焙烧反应(6-1)产生的 $SO_2$ 在有氧的条件下可氧化成 $SO_3$。反应(6-2)是可逆的，低温时(500 ℃)由左向右进行，即 $SO_2$ 氧化为 $SO_3$；较高温(600 ℃以上)时，该反应由右向左进行，即 $SO_3$ 分解为 $SO_2$ 与氧。反应(6-3)表明，在有 $SO_3$ 存在时氧化锌可形成硫酸锌，此反应也是可逆的。

综上所述，硫化锌焙烧的结果可得到氧化锌或硫酸锌。

反应(6-2)的平衡常数为:

$$K_p = \frac{p_{SO_3}^2}{p_{SO_2}^2 \cdot p_{O_2}}$$

移项得

$$p_{SO_3} = K_p^{1/2} \cdot p_{O_2}^{1/2} \cdot p_{SO_2}$$

反应(6-3)的平衡常数就是 $ZnSO_4$ 的分解压:

$$K_p' = p_{SO_3}'$$

当 $p_{SO_3} > p_{SO_3}'$ 时,气相中 $SO_3$ 的分压大于硫酸锌在该温度下的分解压,则形成硫酸锌。反之,当 $p_{SO_3} < p_{SO_3}'$ 时,则形成氧化锌。

$p_{SO_3}$ 和 $p_{SO_3}'$ 与温度的关系,即硫酸盐分解与生成的条件示于图6-4。图中的实线表示 $p_{SO_3}'$ 与温度的关系,虚线表示 $p_{SO_3}$ 与温度的关系,两曲线的交点相当于 $p_{SO_3} = p_{SO_3}'$ 的温度,即硫酸盐与该成分炉气的平衡状态,要是改变此种条件,则发生硫酸盐生成或硫酸盐分解的反应。可见,调节焙烧温度和气相成分,就可以在焙砂中获得所需要的氧化物或硫酸盐。

I—10.1%$SO_2$ 和 5.05%$O_2$;II—7.0%$SO_2$ 和 10%$O_2$;
III—4.0%$SO_2$ 和 14.6%$O_2$;IV—2.0%$SO_2$ 和 18.0%$O_2$。

**图6-4 硫酸盐分解与生成的条件图**

提高焙烧温度,有利于硫化物氧化脱硫,使焙烧产物中残存的金属硫化物的硫减少到最低含量($S_{S^{2-}} < 0.5\%$)。一般炼锌厂的焙烧温度控制在 900 至 1050 ℃范围。但为了得到的焙砂含一定量的硫酸盐形态的硫,焙烧温度不能太高,以防止硫酸盐全部分解。因此有的湿法炼锌中精矿的焙烧温度为 850~900 ℃。

为保证焙烧过程中硫化物的氧化完全和部分硫酸盐的生成,需要一定的过剩空气,因此湿法炼锌焙烧过程的过剩空气系数为 1.20~1.30。

### 6.2.2.2 铁的硫化物氧化和铁酸盐的生成

铁在锌精矿中一般以黄铁矿($FeS_2$)、磁黄铁矿($Fe_7S_8$)或铁闪锌矿($nZnS \cdot mFeS$)的形式存在。铁的硫化物在焙烧温度下进行氧化,按下列反应生成氧化物:

$$4FeS_2 + 11O_2 = 2Fe_2O_3 + 8SO_2$$
$$3FeS + 5O_2 = Fe_3O_4 + 3SO_2$$

由于氧化亚铁易于氧化成高价铁,同时硫酸铁也易分解(见图6-4),所以 FeO 及 $Fe_2(SO_4)_3$ 在焙烧产物中极少,主要生成 $Fe_2O_3$ 和部分 $Fe_3O_4$。

当焙烧温度高于 650 ℃时,氧化铁与氧化锌反应生成铁酸锌:

$$ZnO + Fe_2O_3 = ZnO \cdot Fe_2O_3$$

在火法冶金中,$ZnO \cdot Fe_2O_3$ 中的锌可被碳还原而挥发出来,不至于影响金属回收率。但由于铁酸锌是一种难溶于稀硫酸的化合物,在湿法炼锌浸出过程采用较低酸度和温度条件下,铁酸锌不被溶解,几乎全部残留在浸出渣中,而造成锌的损失。根据 $ZnO \cdot Fe_2O_3$ 的化学组成计算,1 份铁将带走 0.58 份的锌。在生产上,锌精矿氧化焙烧,很难避免 $ZnO \cdot Fe_2O_3$

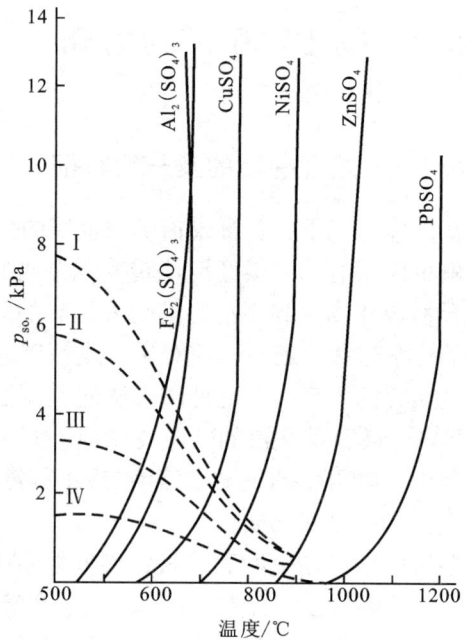

的生成，致使湿法炼锌工厂不得不用比较复杂的工艺流程来处理浸出渣以回收锌。

### 6.2.3 硫化锌精矿的沸腾焙烧

#### 6.2.3.1 沸腾焙烧的一般特征

沸腾焙烧又称流态化焙烧，它是一种强化气-固之间传质传热和化学反应过程的火法工艺。

经干燥并破碎的锌精矿，用加料机连续送入焙烧炉内，在经炉底鼓入的空气的激烈搅动下，在炉床上呈流态化状态，并迅速完成脱硫反应。焙砂经溢流口排出；夹带大量烟尘的$SO_2$烟气经收尘系统净化后，送去制造硫酸。沸腾焙烧过程如图6-5所示。

在一定的气流速度下，焙烧炉内的赤热炉料中较粗颗粒在炉床上形成浓相，宏观看去似水沸腾，而随炉气所携带的较细颗粒形成稀相，充满炉膛空间类似水蒸气，因而习惯把流态化焙烧称为沸腾焙烧。由于锌精矿粒度细小，大多在40 μm左右，当通过精矿料层的气流速度控制适当时，就能使炉料形成均匀的气-固混合层，常称为沸腾层或沸腾床。一般生产上的沸腾层高度控制在1 m左右。沸腾层内传质传热速率快，改善了固相与气相的接触，使矿粒表面充分暴露于氧化性气流之中，硫化物氧化速度大大加快，因此生产效率高，同时因氧化速度快，单位时间内放出的热量

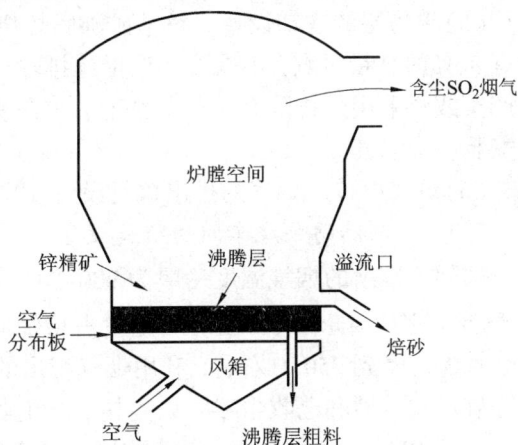

图6-5 沸腾焙烧示意图

多，不仅不需要外加燃料，还能利用部分反应热来生产蒸汽。此外，沸腾焙烧还具有炉内温度均匀分布和易于调控的优点。

#### 6.2.3.2 沸腾焙烧炉的结构

沸腾炉的结构比较简单，可分炉身、炉床、风箱、加料口和排料口、炉气出口和沸腾层冷却设备等组成部分。

(1)炉身。沸腾炉大多为圆形，用厚约1 cm的钢板铆焊而成，内衬耐火砖。沸腾炉的高度一般指炉床至炉顶的内空高度，为10~15 m。

沸腾炉的面积是指沸腾炉炉床处的面积，依工厂的生产规模和沸腾炉工作的台数不同，有几平方米至数十平方米不等。我国最大的沸腾炉为109 $m^2$。

增加沸腾炉内空高度，并采用上部空间扩大的炉形，有利于延长炉料在炉内的停留时间，对于提高炉子的生产效率，促进硫化物的充分氧化和减少烟尘率都有很大作用。新建的炼锌厂大多采用鲁奇式沸腾炉，其特点是上部空间直径与下部沸腾层部位直径之比约等于1.3~1.5(见图6-5)。

(2)炉床。炉子的底就是炉床，也就是通常指的空气分布板，是沸腾炉最重要的部分。空气分布板的制作是在20~30 mm厚的多孔钢板上，浇铸厚度为200~300 mm的耐热混凝土，将连接风帽的若干送风小管(内径为25 mm)嵌入其中，最后将风帽与送风小管逐个旋接起来。风帽的作用是保证鼓入沸腾层的空气分布均匀，且防止被炉料堵塞。风帽在空气分布

板上按同心圆方式排列。某厂 42 $m^2$ 的沸腾炉总共设有 1500 个风帽。

（3）风箱。在炉底下面设有用钢板制成的圆锥形空气分布箱，又称风斗，其作用是确保供风均匀。加压空气通过空气分布板上的风帽孔眼，均匀进入料层，使炉料沸腾状态一致，焙烧反应能充分进行。

（4）加料口和排料口。锌精矿经沸腾层上方一侧的加料口加到炉床上。新建沸腾炉大多采用抛料机加料。

焙烧好的精矿（焙砂）经由设在加料口对面的排料口溢流而出。排料口的高度决定着沸腾层的高度，大多控制为 1 m 左右。在靠近排料口的炉床处设置底排料孔，用来定期清理排出沸腾层底部因结团而未焙烧好的粗料。

（5）沸腾层的冷却设备。锌精矿沸腾焙烧放出的大量的热，除维持沸腾层所需的高温外，约有 30% 的热量过剩，不采取相应措施排除这部分热量，炉内温度将超过正常操作温度。在生产实践中采用的排除余热的方法有：①向沸腾层中插入循环水管；②在沸腾层的周边炉墙上安装冷却水套。

（6）炉气出口。烟气的排出口是设置在靠近炉顶的一侧，小炉也可设置在炉顶中央。

### 6.2.3.3 沸腾焙烧车间的附属设备

沸腾炉排出的烟气温度一般为 900~1000 ℃，含 $SO_2$ 为 10% 左右，含尘 200~300 $g/cm^3$。由于烟气量大，随烟气带出的烟尘量占焙烧固体产物总量的 1/3~1/2。烟气先经余热锅炉，使烟气温度降到 350 ℃ 左右，利用烟气带出的热和沸腾层排出的余热一起生产高压蒸汽。烟气经旋风收尘器和电收尘器收集尘粒。从电收尘器排出的烟气，其温度降到 300 ℃ 左右，含尘量降到 100 $mg/cm^3$，然后送硫酸厂生产硫酸。烟尘与从沸腾层排料口溢流出炉的焙砂（约900 ℃）一道送往浸出车间。

锌精矿沸腾焙烧车间的设备连接如图 6-6 所示。

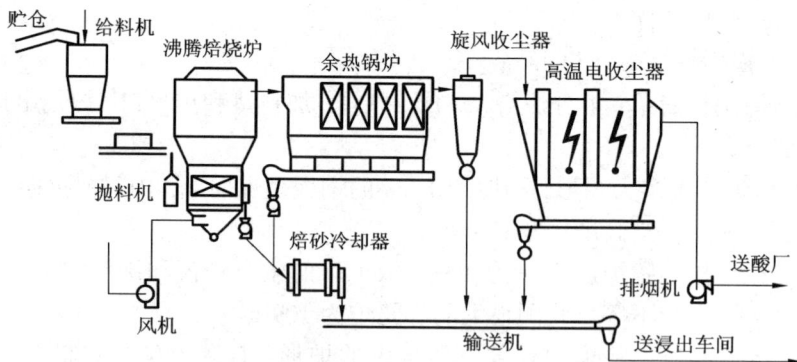

**图 6-6 锌精矿沸腾焙烧车间设备连接图**

一座 109 $m^2$ 沸腾炉，一天可处理 700~800 t 锌精矿，将约含 30% S 的精矿焙烧成约含 0.3% S 的焙烧矿。利用烟气制酸可产生大约与精矿等重量的浓硫酸，利用废热锅炉可以生产大约与精矿等重量的高压（3~6 MPa）蒸汽，除供湿法炼锌本厂消耗外，还有一半可用于发电。

## 6.3 湿法炼锌的浸出过程

### 6.3.1 湿法炼锌的工艺流程

湿法炼锌主要包括焙烧、浸出、浸出液净化和硫酸锌溶液电积等四个主要工序,其简单原则流程见图6-2。自1916年以后,湿法炼锌经过数十年的发展变化,形成了目前为国内外湿法炼锌厂所普遍采用的两种工艺流程,即传统湿法流程和热酸浸出流程。二者综合起来,如图6-7所示。

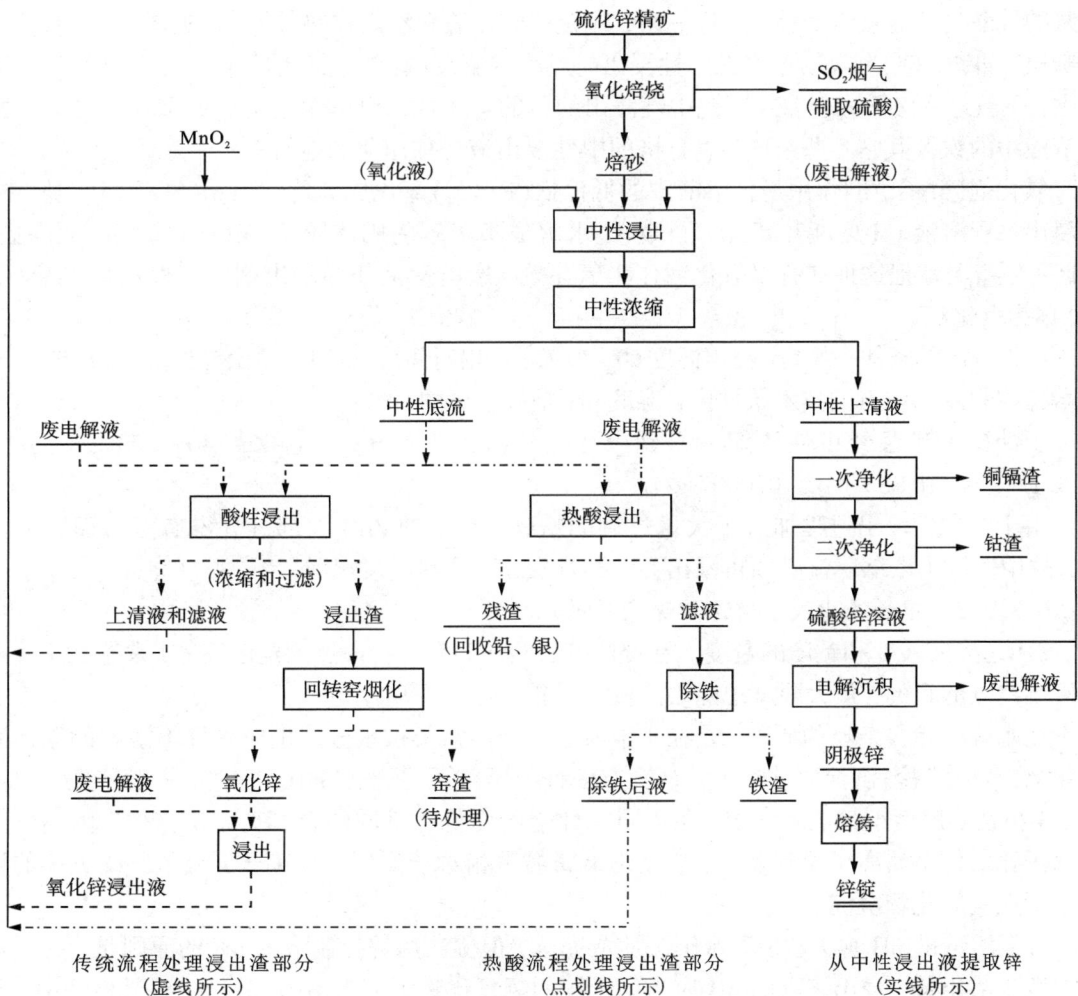

**图6-7 湿法炼锌的两种生产流程**

传统湿法流程和热酸浸出流程的不同点主要在于回收焙砂所含铁酸锌中的锌的方法不同，前者用火法处理浸出渣，后者用高温高酸再浸出。

### 6.3.2　锌焙砂的浸出及火法处理浸出渣

#### 6.3.2.1　中性浸出过程的主要反应

湿法炼锌无论是采用传统流程，还是采用热酸浸出流程，氧化锌焙砂的浸出反应都是从中性浸出开始的。中性浸出用电解废液(含 $150 \sim 200$ g/L 的 $H_2SO_4$)配制成稀硫酸混合液作浸出剂，用二氧化锰作铁的氧化剂，进行的主要反应如下：

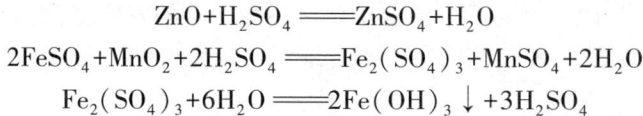

$$ZnO+H_2SO_4 =\!=\!= ZnSO_4+H_2O$$
$$2FeSO_4+MnO_2+2H_2SO_4 =\!=\!= Fe_2(SO_4)_3+MnSO_4+2H_2O$$
$$Fe_2(SO_4)_3+6H_2O =\!=\!= 2Fe(OH)_3\downarrow+3H_2SO_4$$

由于在中性浸出阶段添加了大量过剩的焙砂去中和浸出液中的 $H_2SO_4$，以确保浸出终点矿浆的残酸量迅速接近中性，这样一来，即使那些在酸性浸出或热酸浸出(见图 6-7)时溶解的杂质，如铁、砷、锑等，也将在中性浸出时发生水解反应(如上第 3 反应式)，或共沉淀而被除去，不致进入 $ZnSO_4$ 溶液，因此中性浸出的目的除了使部分锌溶解外，更重要的是为了除去溶液中的铁及其它一些杂质，以合格的中性浸出液送往净化和电解。

氧化剂($MnO_2$)的作用是把溶液中的低价铁($FeSO_4$)氧化成高价铁[$Fe_2(SO_4)_3$]。随着中性浸出过程溶液 pH 逐渐升高，$Fe_2(SO_4)_3$ 水解成不溶解的固体胶状 $Fe(OH)_3$ 沉淀而除去。因此，生产上常把这种加有以氧化锰作为氧化剂、废电解液作为浸出剂的中性浸出料液(始液)称为氧化液。

中性浸出的条件一般是：浸出温度 $60 \sim 70\ ^{\circ}\mathrm{C}$，浸出时间 $1 \sim 1.5$ h，浸出终点溶液 pH $5 \sim 5.4$；在严格控制浸出终点的技术条件中，溶液 pH 是最重要的。

中性浸出矿浆经中性浓缩后得到中性上清液，其成分是：含 Zn $140 \sim 170$ g/L，$\rho_{Fe} < 0.02$ g/L，As 和 Sb 均小于 $0.0007$ g/L。

由于在中性浸出过程加入了大量过剩的焙砂，其中的 ZnO 大部分并没有溶解而进入渣中，故中性浸出浓缩底流必须再浸出——酸性浸出，或热酸浸出。

#### 6.3.2.2　中性浸出液水解沉淀除杂质的原理

pH 是溶液酸度和碱度的量度。在湿法炼锌浸出过程中，通过测定溶液 pH 来达到正确控制浸出终点的目的，最大限度地除去溶液中的铁、砷、锑等杂质。

用水解法除去杂质的原理，是在水溶液中使杂质盐类被水分解生成一种不溶解的固体氢氧化物(或碱式盐)沉淀而被除去。从含有多种金属离子的盐溶液中沉淀时，一般首先析出的是 pH 小且溶解度小的氢氧化物；在含同一种金属而价态不同的金属离子溶液中，因高价金属离子比低价金属离子溶解度小，故高价金属离子相对于低价金属离子总是在 pH 更小的溶液中形成氢氧化物沉淀。

控制溶液的 pH 愈大，杂质水解沉淀愈完全，但湿法炼锌控制溶液 pH 的原则是，为了最大限度地溶出锌，浸出终点的 pH 应当低于锌的氢氧化物沉淀析出的 pH。在锌浸出液中，开始析出金属氢氧化物沉淀的 pH 如表 6-2 所列。

**表 6-2　开始析金属氢氧化物沉淀的 pH**

| 金属离子 | 浓度/($g·L^{-1}$) | pH |
|---|---|---|
| $Fe^{3+}$ | 2.0 | 1.7 |
| $Al^{3+}$ | 1.0 | 4.0 |
| $Cu^{2+}$ | 2.0 | 4.4 |
|  | 0.5 | 5.0 |
| $Zn^{2+}$ | 100~120 | 5.6~5.5 |
| $Cd^{2+}$ | 0.3 | 7.5 |
| $Fe^{2+}$ | 0.5 | 8.5 |
| $Co^{2+}$ | 0.05 | 8.5 |
| $Mn^{2+}$ | 5.0 | 9.0 |

从表 6-2 可见，位于表中锌以下的杂质金属离子开始水解沉淀的 pH 都很大，不能用水解法除去。当溶液的 pH 控制在 5.0~5.4 时，$Zn^{2+}$ 不水解沉淀(目前工业生产中浸出液的含锌量已达 140~170 g/L)；$Fe^{3+}$ 可完全析出沉淀，$Al^{3+}$ 亦如此；$Cu^{2+}$ 部分发生水解沉淀而除去，还有部分残留在溶液中。位于 $Zn^{2+}$ 以下的 $Cd^{2+}$、$Fe^{2+}$、$Co^{2+}$、$Mn^{2+}$ 等不会发生水解沉淀而存在于溶液中。由于 $Fe^{2+}$ 的水解 pH 比 $Fe^{3+}$ 高得多，因此在中性浸出时须加氧化剂把 $Fe^{2+}$ 氧化成 $Fe^{3+}$，使铁从溶液中全部除去。

硫酸锌溶液中的砷、锑($As^{3+}$、$Sb^{3+}$ 等形态)是对电解法提锌危害最大的杂质离子，电解液中要求其含量低于 0.1 mg/L。湿法炼锌原料中进入溶液中的砷、锑是在中性浸出时除去的，$Fe^{3+}$ 水解所生成的 $Fe(OH)_3$ 是一种絮凝物，可有效地吸附砷、锑，使其与铁共同沉淀而除去。为在沉淀铁的同时能有效地除去砷和锑，在生产上要控制溶液中的含铁量为含砷、锑量的 10~20 倍。若溶液中的铁量不够，在配制中性浸出液时还要加入 $FeSO_4$ 或 $Fe_2(SO_4)_3$，但铁的总浓度不应超过 1 g/L，否则会使中性浸出矿浆的沉降性质变坏。

### 6.3.2.3　酸性浸出和火法处理浸出渣

在采用传统的湿法流程炼锌工厂中，中性浓缩所得的底流(浓泥)送往酸性浸出槽，用大量的废电解液进行酸性浸出。酸性浸出的始酸浓度较高，也就是以高于理论量的硫酸量对中性浸出底流中的 ZnO 进行再浸出，且浸出温度较高(70~80 ℃)，浸出时间更长(2~4 h)，浸出终点溶液 pH 高于中性浸出(pH 终点=2~3，即溶液残酸为 1~5 g/L 的 $H_2SO_4$)，目的是使锌尽量多溶解，而杂质尽量少溶解。

酸性浸出后的矿浆送往酸性浓缩槽进行初步液固分离，浓缩产出的浓泥送去过滤，而浓缩上清液与过滤液一道返回中性浸出(见图 6-7)。

锌焙砂经过中性和酸性两段浸出后，浸出渣含锌还高达 15%~20%，其原因主要是由于锌焙砂中的铁酸锌在中浸和酸浸的浸出条件下不溶解，而与脉石和其它杂质等不溶组分一道进入浸出渣。这种含锌高的浸出渣不能废弃，必须进一步处理回收锌。传统流程是用回转窑处理锌浸出渣，也称作威尔兹法。

回转窑处理浸出渣是一个用碳还原挥发锌的火法过程。将干燥后的浸出渣与还原剂(焦粉或无烟煤)混合均匀，通过一根加料管从窑尾部加入到具有一定倾斜度的回转窑内。回转窑的窑头部设燃料烧嘴，靠燃烧重油或煤气供热，使窑温达到 1100~1200 ℃。炉料在窑内的充填系数约占窑内空间的 15%左右。当窑体缓慢转动时，炉料翻转滚动，在向窑头高温端运动过程中，铁酸锌被还原分解成游离的 ZnO 和 $Fe_3O_4$，然后分别还原成锌蒸气和金属铁。锌蒸气被炉气中的 $O_2$ 和 $CO_2$ 氧化成 ZnO 固体细颗粒，随炉气带到与窑尾部紧相连的废热锅炉和布袋收尘器内，得到粗氧化锌。浸出渣中的铁被还原成 FeO 或金属铁(呈海绵状)，分散于残渣中。回转窑内物料流动及横断面的还原过程如图 6-8 所示。

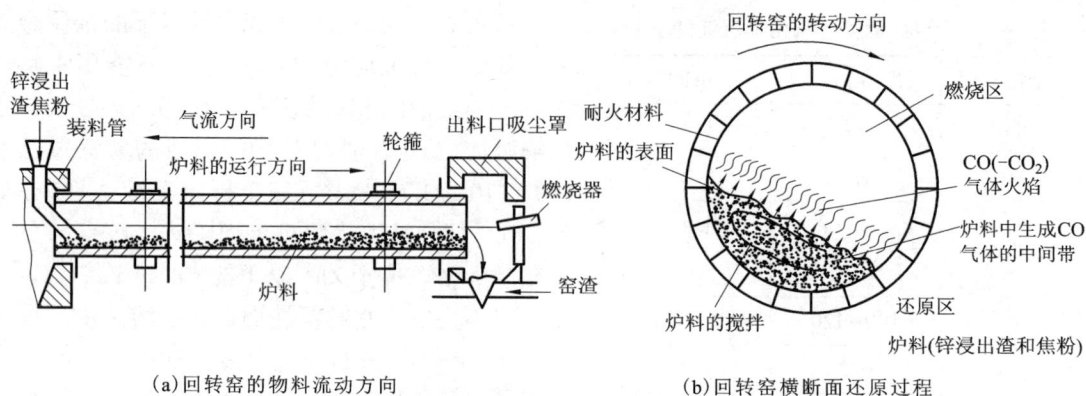

（a）回转窑的物料流动方向　　　　　（b）回转窑横断面还原过程

图 6-8　回转窑处理锌浸出渣

　　粗氧化锌是火法处理浸出渣的主要产物，含锌 55%~65%，其次还含有铅、铟、锗、镉等有价金属氧化物，必须送氧化锌浸出系统进行湿法处理。

　　氧化锌的浸出与锌焙砂浸出相似，氧化锌的中性浸出液返回至焙砂中性浸出槽（见图 6-7）。此外，要注意从氧化锌处理过程中回收其它有价金属。

　　回转窑处理锌浸出渣所产窑渣中含有铜、银、金、少量铅锌和未燃烧完的碎焦屑，应当寻找经济而有效的方法处理，以实现综合利用。

　　传统湿法炼锌厂最后产出的可废弃的残渣是以窑渣的形式得到固定。这种火法冶金排出的固体废料在环境中处于稳定状态，含可溶性的盐类和其它化合物少，便于堆存，对环境影响不大。但该工艺流程较长，能耗较高，窑衬耐火材料容易损坏，迫使人们研究用全湿法流程处理锌渣出渣。

### 6.3.3　热酸浸出和高铁溶液除铁

　　如前所述，为了避免杂质的大量溶解，传统湿法炼锌采用较低温度和较低终酸浓度的条件进行两段浸出，致使酸性浸出渣中仍残存有焙砂中的 15%~20% 锌和几乎全部铁，残存的锌和铁大部分是以未发生溶解反应的铁酸锌形态存在。整个浸出流程中锌的浸出率只有80%~85%。上述就是回转窑火法处理浸出渣存在的缺点。

　　从 1916 年生产电锌开始，在此以后近半个世纪的时间内，关于铁酸锌的溶解及锌铁分离的问题一直是化学和冶金工作者为解决湿法炼锌金属回收率低进行的主要研究课题。早在20 世纪 30 年代，人们从实验中就知道 $ZnO \cdot Fe_2O_3$ 在浸出温度和酸度比较高的条件下也能进入溶液，这种温度比较高（90~95 ℃）、酸度比较大（终点残酸 40~60 g/L 的 $H_2SO_4$）的浸出方法称为高温高酸浸出或简称热酸浸出。在这种浸出条件下，铁酸锌的溶解按下列反应式进行：$ZnO \cdot Fe_2O_3 + 4H_2SO_4 = ZnSO_4 + Fe_2(SO_4)_3 + 4H_2O$。热酸浸出时锌的浸出率可达到97%~99%，铁 70%~85%。可是，高温高酸的浸出方法带来了一个新的问题，就是由于 $ZnO \cdot Fe_2O_3$ 的大量溶解，使浸出液中铁的含量大为增加（高达 15~30 g/L 的 Fe），对于这种含铁量高的浸出液若采用中和水解除铁法则会产生大量 $Fe(OH)_3$ 胶状沉淀难以沉降、过滤和洗涤，甚至导致生产过程由于液固分离困难而无法进行。

　　铁酸锌的溶解在工业上是容易办到的。于是为提高锌浸出率所作的努力都集中在改进除铁方法这个问题上。由于挪威、澳大利亚、西班牙、比利时和日本等多家电锌公司的研究开发，在 1966—1972 年期间先后有黄钾铁矾法、针铁矿法和赤铁矿法三种主要沉铁方法用于工业生产。这些新工艺的共同特点是先以高温高酸溶解浸出渣中的 $ZnO \cdot Fe_2O_3$，再以人造矿物方法使铁的沉降物呈结晶态，易于沉降、过滤和洗涤，从而实现了含铁高的浸出液中的锌铁分离，除铁后的硫酸锌溶液返回锌焙砂浸出系统以回收锌(见图 6-7)。

### 6.3.3.1　黄钾铁矾沉铁法

在自然界中，有些矿物具有相似的组成、相同的结构和相同的结晶形态，这就是地球化学上所称的类质同晶。所谓矾就是一系列类质同晶矿物的总称，而黄钾铁矾则是矾中的一种。矾的名称来源于人们熟知的明矾 $KAl(SO_4)_2 \cdot 12H_2O$，它是由钾和铝的硫酸盐所组成的复盐。如果按照颜色的组成来命名，则明矾也可称白钾铝矾。在自然界中，一价金属离子(如 $K^+$、$Na^+$、$Ag^+$、$NH_4^+$ 等)和三价金属离子($Al^{3+}$、$Fe^{3+}$、$Cr^{3+}$ 等)的硫酸盐最容易一起形成矾。

黄钾铁矾类的铁矾与明矾的组成相似，其化学通式为 $AFe_3(SO_4)_2(OH)_6$。A 可以是 $K^+$，$Na^+$、$NH_4^+$ 等一价金属离子。在湿法炼锌生产上，考虑试剂的经济成本，常以纯碱或液氨作沉铁试剂，以提供形成铁矾所需的一价金属离子。因此，黄钾铁矾法沉铁过程的反应式可表示如下：

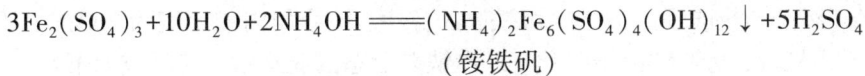

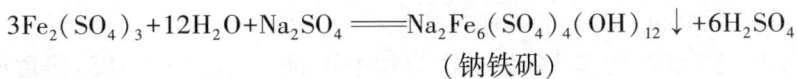

$$3Fe_2(SO_4)_3 + 10H_2O + 2NH_4OH = (NH_4)_2Fe_6(SO_4)_4(OH)_{12} \downarrow + 5H_2SO_4$$
$$(铵铁矾)$$

$$3Fe_2(SO_4)_3 + 12H_2O + Na_2SO_4 = Na_2Fe_6(SO_4)_4(OH)_{12} \downarrow + 6H_2SO_4$$
$$(钠铁矾)$$

这类铁矾复盐呈黄色或淡黄色斜方结晶，稳定而溶解度低，易于沉降、过滤和洗涤，所以除铁效果好。在铁矾形成过程中不断地有硫酸生成，因此在沉铁时须不断加入适当的中和剂(氧化锌粉或锌焙砂)，保持溶液的一定酸度(pH=1.5 左右)，并控制 90 ℃ 以上的温度，以促进反应的进行。该法可使溶液中的铁含量从 20~30 g/L 降至 1 g/L 以下，然后送往中性浸出工序进一步沉铁。

### 6.3.3.2　针铁矿沉铁法

针铁矿沉铁法又称空气氧化除铁法。它是在高温(90 ℃ 左右)和低酸浓度的硫酸盐溶液中，通入分散空气使溶液中 $Fe^{2+}$ 离子氧化成 $Fe^{3+}$ 离子，并形成与天然针铁矿(如纤铁矿 γ-FeOOH)在晶形与化学成分上相似的化合物沉淀，能使溶液中铁的浓度从 20~30 g/L 降至 1~2 g/L，从而达到从热酸浸出液中除去铁的目的，其反应式可表示如下：

$$2FeSO_4 + 1/2O_2 + 2ZnO + H_2O = 2FeOOH + 2ZnSO_4$$

该反应形成的针铁矿为 α-FeOOH，系棕色针状结晶。针铁矿法的重要条件是沉铁过程溶液中 $Fe^{3+}$ 浓度应小于 1 g/L，而溶液 pH 控制在 3~3.5。

在热酸浸出液中，两种价态的铁离子并存，且浓度都很高，而其中的 $Fe^{3+}$ 离子水解沉淀的 pH 为 2 左右，只要控制 $Fe^{3+}$ 浓度很小，或者在沉铁前把溶液中的高铁离子还原成低铁离子，就可以不用担心形成胶体 $Fe(OH)_3$ 的析出问题。

在生产上，针铁矿法的操作分为两个阶段进行，首先把来自热酸浸出液中的高铁离子还原成低价态，然后再把这种主要含 $Fe^{2+}$ 离子的酸性 $ZnSO_4$ 溶液送到沉铁槽进行中和及氧化沉铁。

在湿法冶金中,把 $Fe^{3+}$ 离子还原成 $Fe^{2+}$ 离子可供选择的还原剂很多,例如金属元素(如锌、铁等)和氢气,也可以是 $S^{2-}$ 离子、二氧化硫和亚硫酸等。从理论上来看,凡是还原电极电位值低于 $Fe^{3+} \rightarrow Fe^{2+}$ 的还原电位值的都可作为高价铁的还原剂。在生产实践中,还应当考虑还原剂被氧化后,不应给生产过程带来任何不利的影响,不会带入新的杂质,且还原剂价格低廉,操作简便,完全无害。

针铁矿法选用纯度较高的硫化锌精矿作还原剂,发生的还原反应如下:

$$Fe_2(SO_4)_3 + ZnS === 2FeSO_4 + ZnSO_4 + S$$

从上述反应可见,三价铁离子的还原是通过将 $S^{2-}$ 离子氧化成单质硫而完成的,没有后者的氧化就没有前者的还原。还原反应的温度和酸度条件与热酸浸出条件相近,因此针铁矿法处理锌浸出渣的基本过程是:热酸浸出,用硫化锌精矿还原三价铁,空气氧化沉铁,得到含铁小于 1 g/L 的 $ZnSO_4$ 溶液,再送往锌焙砂浸出系统。

### 6.3.3.3 赤铁矿沉铁法

赤铁矿是钢铁工业广泛应用的炼铁原料。人们研究发现,在高温(150~180 ℃)条件下,当硫酸浓度不高时,溶液中的 $Fe^{3+}$ 便会发生加水分解反应,得到 $Fe_2O_3$ 沉淀。

日本饭岛电锌厂于 1972 年最先采用赤铁矿法从硫酸浸出液中除铁。该工艺首先是将浸出渣在浸出高压釜中通 $SO_2$(也可用 ZnS 精矿)进行还原浸出,使高价铁离子还原成低价,然后将这种含 $Fe^{2+}$ 离子的热酸浸出液送往沉铁高压釜中,该容器内的温度为 200 ℃,压力为 $2 \times 10^6$ Pa,同时通入氧气,将亚铁离子氧化,以赤铁矿形态沉淀除铁,其反应如下:

$$2FeSO_4 + 1/2O_2 + 2H_2O === Fe_2O_3 + 2H_2SO_4$$

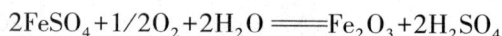

从化学式所表示的化学成分可知,赤铁矿沉淀物中铁的含量(约 60%Fe)比黄钾铁矾法和针铁矿法铁渣中铁的含量都高,因此该法的铁渣量少,锌回收率高,但需要昂贵的高压釜设备。

上述三种沉铁方法产出的铁渣含铁量都在 30%以上,其中赤铁矿法渣含铁可达 60%,但由于它们含硫和含可溶性重金属离子都比较高,要作为弃渣或作为炼铁原料尚存在许多问题,有待进一步研究解决,以实现综合利用和减少污染。否则,这种大量的湿法冶金渣的堆存与排放会成为制约湿法炼锌进一步发展的重要因素。

## 6.3.4 浸出槽和浸出矿浆的液固分离设备

### 6.3.4.1 浸出槽

湿法炼锌浸出槽有空气搅拌和机械搅拌两种。机械搅拌功率消耗较少,搅拌强烈,但搅拌器须耐磨防腐;空气搅拌结构简单,易于防腐,无转动件,维修简便,管理费用低,但搅拌效率低,能耗较大且溶液蒸发量大,热损耗大。目前工厂多采用机械搅拌。两种搅拌浸出槽分别如图 6-9、图 6-10 所示。

浸出槽槽体多采用钢筋混凝土捣制,也可用钢板或木板制作。衬里有铅板、聚氯乙烯板、氯丁橡胶、耐酸瓷砖、环氧树脂等。国内目前多采用钢筋混凝土捣制槽体,内衬环氧树脂或耐酸瓷砖。

当多槽连续浸出时,由配制好的稀硫酸混合液(氧化液)与焙砂组成的矿浆连续不断地输入中性浸出的第一个槽内进行浸出,为了保证所有的焙砂颗粒都具有充分的浸出时间,通常采用3~4个浸出槽串联起来进行操作。这时,溶液和矿粒的运动方向可以是同向并流,也可以是反向逆流。图 6-11 所示的浸出流程就是一例。这种循环方式就单个浸出槽来说是液-固同向并流，而从中性浸出-酸性浸出整体来看，应当说是逆流连续浸出，即中性浸出矿浆经浓缩后排出的底流(浓泥)送至酸性浸出，而酸性浸出矿浆经浓缩后的上清液返回中性浸出。对于配制在同一水平面的几个串联连续作业的浸出槽，除搅拌装置外，还须设置扬升装置。扬升装置常用空气提升管(见图 6-9)。

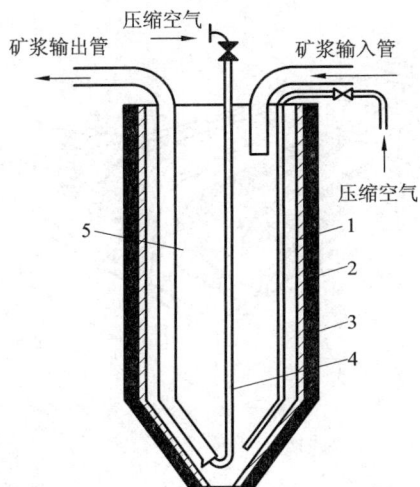

1—搅拌用风管；2—混凝土槽体；3—防护衬里；
4—扬升器用风管；5—扬升器。

图 6-9　空气搅拌浸出槽

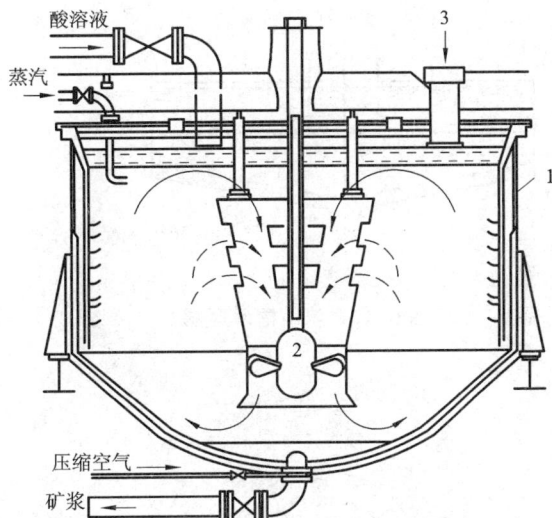

1—槽体；2—搅拌桨；3—焙砂加入孔。

图 6-10　机械搅拌浸出槽

### 6.3.4.2　浓缩和过滤设备

锌焙砂浸出矿浆须经液固分离。由于浸出矿浆液固比较大[(10~15):1]，通常先经浓缩槽(又称浓密机)分出大部分溶液，浓缩底流则用过滤机过滤。

(1)浓缩槽。浓缩槽具有处理量大、操作简单和消耗动力少的优点，但占地面积大，且只能用于液固初步分离。

浓缩槽是矿浆中固体颗粒借助重力而自然沉降以达到液固初步分离的湿法冶金设备，如图 6-12 所示。在槽内锥底面上安装有靠机械传动而缓慢转动的耙臂，浓缩底流(浓泥)被耙臂上的耙齿刮到中心位置，通过电动阀门开启从锥底排出。在上部液面处的槽内壁，设有周边溢流堰，上清液从溢流堰流出。

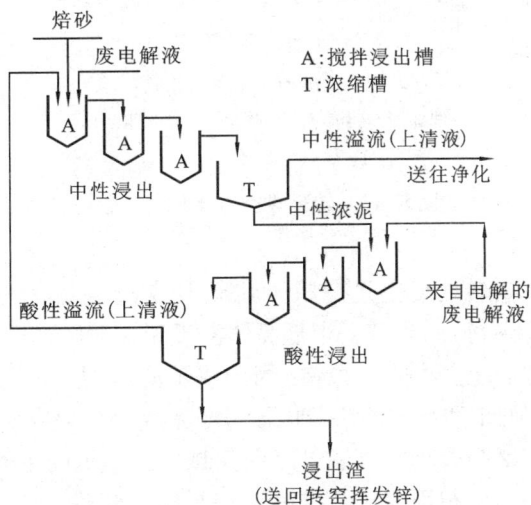

图 6-11　两段连续浸出设备连接示意图

湿法炼锌厂中性浸出矿浆大都采用浓缩槽进行液固分离，被分离出来的上清液送至净化工序，底流进行酸性浸出或热酸再浸出，再浸出后的浓缩底流送洗涤过滤。

（2）过滤机。湿法炼锌厂浸出渣的过滤设备有框式（莫尔）过滤机、圆盘真空过滤机、自动压滤机、带式真空过滤机和转鼓真空过滤机等类型。近年来推广应用的带式真空过滤机和转鼓真空过滤机的过滤效果好，滤渣含溶液少，洗涤充分，渣含水溶性锌低，常用作浸出矿浆浓缩底流的二次过滤。

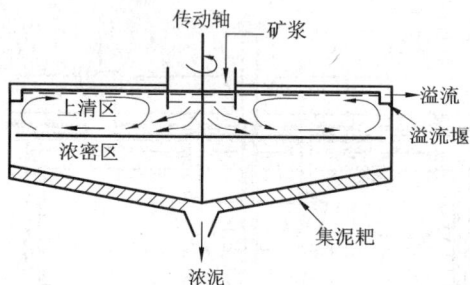

图6-12　浓缩槽示意图

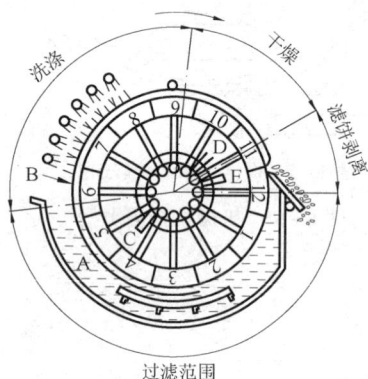

（a）带式真空过滤机结构

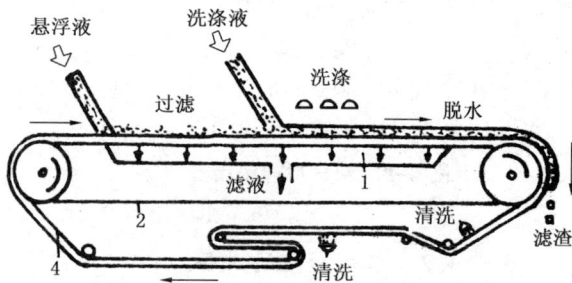

A—矿浆；B—滤饼；C—滤液排出管；
D—洗涤液排出管；E—加压空气导入管
1~12—小滤室

图6-13　转鼓真空过滤机

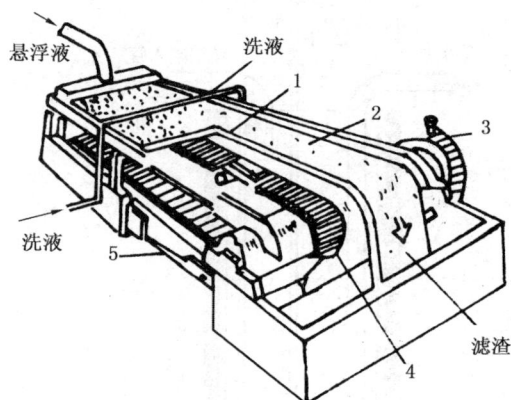

（b）工作原理

1—真空箱；2—排水带；3—驱动装置；
4—滤布；5—滴水盘。

图6-14　带式真空过滤机的工作原理

①转鼓真空过滤机。转鼓真空过滤机的主体是一个外敷滤布、内设多室的回转圆筒（图6-13）。当其下半部筒体浸没于矿浆贮槽时，接通真空，从圆筒内侧抽吸，使固体物料附于滤布上，并抽走滤液；当形成了滤饼层、筒体部分慢慢转出贮槽液面后，先后经过喷水淋洗、抽干和剥离滤饼等区段，即完成一个圆周期的过滤作业。

②带式真空过滤机。带式真空过滤机的主体是沿着一条输送带式的滤布而设置的真空抽吸箱。滤布用合成纤维编织布制作，水平安装，采用滚筒驱动。带式过滤机分为供给矿浆、过滤、洗涤、脱水和卸渣几个区段，整个操作过程几乎完全自动化。带式真空过滤机的工作原理如图6-14所示。

## 6.4　硫酸锌溶液净化

### 6.4.1　溶液净化的任务和方法

溶液净化是将中性硫酸锌浸出液中的有害杂质除去，达到符合锌电解沉积要求的纯度。锌电解沉积用的中性浸出液是用酸性浸出液浸出锌焙砂得到的。一般酸性浸出液的铁、砷、锑、铜、镉和钴等含量都超过锌电解沉积所允许的浓度，但其中的铁、砷、锑等已在中性浸出过程中除至基本合格，故净化阶段的主要任务是除去铜、镉、钴。

净化过程按净化原理分为加锌粉置换法和加特殊试剂净化法两类。净化后要求获得的净化液杂质含量实例如表 6-3 所示。

表 6-3　硫酸锌溶液净化后的溶液成分实例　　　　　　　　　　g/L

| 工厂 | Zn | Cu | Cd | Ni | Co | As | Sb | Fe |
|---|---|---|---|---|---|---|---|---|
| 1 | 170 | 0.0001 | 0.0005 | — | 0.0002 | 0.00001 | | 0.015 |
| 2 | 144 | 0.0001 | 0.0003 | 0.0002 | 0.0004 | 微 | 微 | 0.0002 |
| 3 | 170 | 0.0002 | 0.00028 | 0.00005 | 0.0002 | 微 | — | 0.025 |

#### 6.4.1.1　加锌粉置换法

在工业生产上，置换沉淀法是硫酸锌溶液净化的主要方法。通常采用不会给溶液带入新的杂质的金属锌粉作置换剂。但是，用锌粉作置换剂只能除去铜、镉，只有另外再添加活化剂，才能同时除去钴、镍。

置换沉淀的原理是在金属盐水溶液中用活泼金属（电位较负）将较惰性的金属（电位较正）还原成金属而沉淀。在硫酸锌浸出液的金属离子成分中，$Zn^{2+}$ 的标准电极电位（-0.76 V）较待净化除去的杂质离子 $Cu^{2+}$（+0.34 V）、$Cd^{2+}$（-0.40 V）和 $Co^{2+}$（-0.27 V）更负，因而可用金属锌粉将杂质从溶液中置换出来，发生如下反应：

$$Zn+Cu^{2+}\!=\!=\!=\!Zn^{2+}+Cu\downarrow$$
$$Zn+Cd^{2+}\!=\!=\!=\!Zn^{2+}+Cd\downarrow$$
$$Zn+Co^{2+}\!=\!=\!=\!Zn^{2+}+Co\downarrow$$

被置换的铜、镉和钴等以海绵态沉淀物进入净化渣而除去。

从电位序看，钴比镉更易于用锌粉置换除去，然而实际情况并非如此。人们早就发现，用相当于理论量的锌粉可以容易地沉淀铜，而用几倍于理论量的锌粉也可以置换镉，但是用大量甚至为理论量几百倍的锌粉却难于除去钴。置换除钴遇到的困难比除镉更复杂，不采取特殊措施很难除钴。究其原因，目前尚无定论解释。

在生产上，加锌粉除钴所采用的不同于除铜、镉的措施是在加锌粉的同时添加活化剂和控制较高的操作温度。按照添加活化剂种类的不同，锌粉置换除钴分为砷盐法和逆锑法。

（1）砷盐净化法　用砷盐（常以砒霜 $As_2O_3$ 加入）作锌粉活化剂，先在较高温度（85~90 ℃）

下除去铜、钴及部分镉,然后在不加热(冷却降温)情况下(60~65 ℃)加锌粉除去残余的镉,即所谓先高温后低温净化法。

(2)逆锑净化法 先在较低温度(60~65 ℃)下添加锌粉除去铜、镉,然后在较高温度(85~90 ℃)下加锌粉和锑盐活化剂(以 $Sb_2O_3$ 或锑粉加入)除钴,即所谓先低温后高温净化法。

沉钴时,除了添加砷或锑的化合物,还需补加硫酸铜,使置换出来的钴能与锑、砷、铜和锌等生成金属间化合物沉淀,从而有效地除去钴,难于用锌粉置换除去的镍也可被除去。锑盐法投入工业生产的年代较晚,但它克服了砷盐法操作中产生 $AsH_3$ 剧毒气体的危害,为目前工业上使用最多的除钴方法。由于该法温度控制程序与砷盐法相反,故称逆锑净化法。

### 6.4.1.2 加特殊试剂净化法

在砷盐法和锑盐法除钴应用于工业生产之前,湿法炼锌工厂广泛采用第一段用锌粉置换除铜、镉,第二段用特殊试剂(有机试剂)除钴的两段净液流程。根据添加的试剂不同,加特殊试剂净化法分为黄药除钴和 β-萘酚除钴两种方法。

(1)黄药除钴法 在有硫酸铜存在的条件下,加黄酸钾或黄酸钠使溶液中的硫酸钴形成难溶的黄酸钴沉淀除去,可用如下反应式表示:

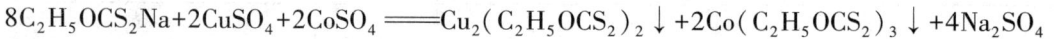

$$8C_2H_5OCS_2Na+2CuSO_4+2CoSO_4 \Longrightarrow Cu_2(C_2H_5OCS_2)_2\downarrow +2Co(C_2H_5OCS_2)_3\downarrow +4Na_2SO_4$$

从上式可知,钴是以 $Co^{3+}$ 与黄药作用而产生黄酸钴沉淀的。在这里,硫酸铜起了使 $Co^{2+}$ 氧化为 $Co^{3+}$ 的作用。

黄药也能与其他金属如铜、镉起作用,所以为了减少黄药的消耗,应该在预先加锌粉除去铜、镉杂质后,再加黄药除钴。该法净化后液含钴较高(1~2 mg/L),仍达不到锌电解沉积的深度净化要求,且黄药会分解或蒸发产生臭味,恶化劳动条件,钴渣也难处理,因此用黄药除钴的工厂越来越少。

(2)β-萘酚除钴法 待净化液中的钴和 β-萘酚反应生成 α 亚硝基-β 萘酚钴沉淀而被除去:

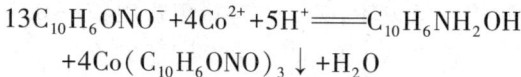

$$13C_{10}H_6ONO^-+4Co^{2+}+5H^+ \Longrightarrow C_{10}H_6NH_2OH$$
$$+4Co(C_{10}H_6ONO)_3\downarrow +H_2O$$

除钴时,先向净化液中加入碱性 β-萘酚,然后加入 NaOH 和 $HNO_2$(亚硝酸),再加锌电解槽的废电解液使溶液中硫酸浓度达 0.5 g/L 左右,搅拌 1 h,过滤分离出钴渣。该法虽然能获得质量较高的净液,但试剂昂贵,还需用活性炭来吸附残余试剂,以消除试剂对锌电解沉积的不良影响,故采用此法的工厂也很少。

## 6.4.2 溶液净化设备

溶液净化可采用流态化置换槽和机械搅拌槽等搅拌设备。机械搅拌净液槽的结构大体与机械搅拌浸出槽相同(见图6-10)。新建的工厂多采用流态化置换

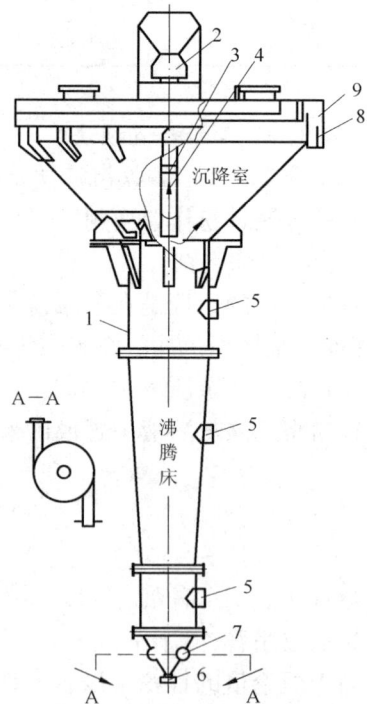

1—槽体;2—加锌粉圆盘;3—搅拌机;
4—下料圆筒;5—窥视孔;6—放渣口;
7—进液口;8—出液口;9—溢流沟。

**图 6-15 沸腾净液除铜镉槽**

槽，这种置换沉淀的装置又称沸腾净液槽，如图 6-15 所示。

　　沸腾净液的原理是利用上升的溶液与悬浮其中而下沉的锌粉颗粒呈现的流态化状态，来强化在固-液之间进行的置换反应过程。沸腾槽由钢板焊接，内衬防腐层，锥底部内衬橡胶。溶液从切线方向由锥底进入，锌粉由加料机从顶部加入，呈分散状与上升溶液接触，置换反应产生的沉淀物定期从锥底放渣口排出，净化后液从槽子顶部溢流沟流走。

　　锌焙砂中性浸出液经过净化除杂质后得到比较纯净的硫酸锌溶液，其中锌的浓度很高，一般为 140~170 g/L，而有害杂质成分含量很低，如铜、镉、镍、钴、砷、锑、锗等杂质含量都在 1 mg/L 以下，甚至其中有些杂质元素的含量比这个数值还低 1~2 个数量级（见表 6-3）。在工厂，这种纯净的接近中性的 $ZnSO_4$ 溶液，被称为"新液"，与冷却后的废电解液按一定的比例混合后送到电解槽电解沉积金属锌。

# 6.5　锌的电解沉积

## 6.5.1　锌电解提取的电极过程

　　湿法冶金生产锌的完成阶段是用电解法从硫酸锌水溶液中沉积出锌。电解沉积锌的过程如图 6-16 所示。

　　将净化后的中性硫酸锌溶液与按一定比例配入的废电解液连续不断地送入电解槽内。槽内电解液中主要存在三类离子，即待沉积的锌离子、氢离子和硫酸根离子。当阳极和阴极与直流电源接通后，电流流入阳极，然后通过溶液由阴极流回到直流电源中。实际的电子流动方向与电流方向相反，即电子自外电源流入阴极，随后转变为溶液中的离子输送电荷，接着又转变为阳极的电子导电，最后将电子送回直流电源中。因此在阴极金属与电解液界面上，在由电子导电向离子导电转变时，存在着电子消失的过程。外电源输送给阴极的电子，将与溶液中 $Zn^{2+}$ 离子相结合形成金属锌，称为阴极反应。在阳极（不溶阳极）

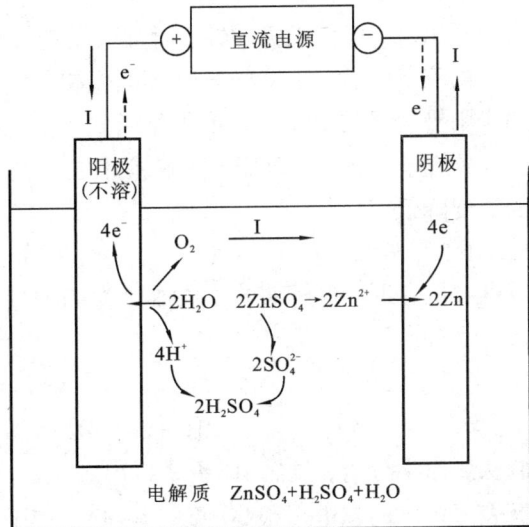

图 6-16　从硫酸锌溶液电积锌

金属与电解液界面上，由离子导电向电子导电转变的同时，界面上形成产生电子的过程，由于水分解而析出氧的反应为阳极反应。

　　锌电解沉积时的电化学体系为：

　　阳极：采用不溶性阳极，Pb-Ag 合金（含 0.5%~1% Ag）；

　　阴极：纯铝；

电解液：含 $H_2SO_4$ 的 $ZnSO_4$ 溶液。

这一体系在电解时发生以下总反应：

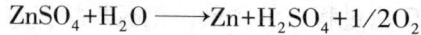

$$ZnSO_4 + H_2O \longrightarrow Zn + H_2SO_4 + 1/2O_2$$

从上可见，电解沉积的特点是：①不经冶炼粗金属的火法冶金过程，可以从矿物原料浸出后的净化液中直接获得纯金属；②由于使用了不溶性阳极，在电解获纯金属的同时，溶剂也得到再生，可以返回作浸出剂使用。

#### 6.5.1.1 阳极过程

由于采用不溶性阳极，阳极过程主要为析氧反应：

$$2H_2O \rightarrow 4H^+ + O_2 + 4e^- \qquad \varphi^\ominus = 1.23 \text{ V}$$

应注意的是，析氧反应实际并不一定在铅表面进行，因为铅电极插入含有硫酸的电解液后，其表面形成 $PbSO_4$ 薄膜，并进一步转化为 $PbO_2$，所以 $O_2$ 可能在 $PbO_2$ 表面析出。阳极材料不同时，$O_2$ 析出的超电压不同，阳极电位也随之变化。如在 Pb-Ag 阳极表面析 $O_2$ 的电极电位就比铅电极的低。所以研制电催化活性高的阳极材料对于降低阳极电位及槽压，从而降低能耗均具有重要意义。

在锌电解提取的正常生产条件下，阳极析 $O_2$ 的电流效率高达95%，除了析 $O_2$ 还可能发生以下的阳极副反应：

$$2Cl^- \longrightarrow Cl_2 + 2e^-$$

$$Mn^{2+} + 2H_2O \longrightarrow MnO_2(\text{固}) + 4H^+ + 2e^-$$

$$MnO_2 + 2H_2O \longrightarrow MnO_4^- + 4H^+ + 3e^-$$

氯的析出，不仅使阳极腐蚀，而且造成空气污染，因此应限制电解液中 $Cl^-$ 的含量。$Mn^{2+}$ 氧化形成的 $MnO_2$ 不溶于硫酸溶液，以固体状态进入阳极泥。

如果阳极表面的 $PbO_2$ 存在孔隙或发生脱落，铅阳极基体与 $H_2SO_4$ 接触后再度生成的 $PbSO_4$ 可微溶于电解液，可能使电解液中 $Pb^{2+}$ 质量浓度达到 $5 \sim 10$ mg/L，如在阴极析出，将使锌的纯度降低。

#### 6.5.1.2 阴极过程

锌电解沉积时，电解液的主要成分为 $ZnSO_4$ 和 $H_2SO_4$，其阴极过程可能是锌和氢气的析出，其反应为：

$$Zn^{2+} + 2e^- \rightarrow Zn \qquad \varphi^\ominus = -0.76 \text{ V}$$

$$2H^+ + 2e^- \rightarrow H_2 \qquad \varphi^\ominus = 0 \text{ V}$$

倘从热力学分析，显然 $H_2$ 更易析出。然而考虑到动力学因素，由于电极极化结果氢在锌电极表面析出的超电压很高(见表6-4)，使 $H^+$ 在阴极的析出电位非常显著地向更负值的方向变化，为锌电积创造了条件，从而使得 $Zn^{2+}$ 的放电优先于 $H^+$。实践表明阴极过程主要是锌的析出，电流效率达到90%以上。锌电解提取电极过程的一大特点是所沉积的金属本身具有抑制氢析出的动力学特点，不需采用特殊措施，即可获得高的电流效率。

氢的超电压与阴极材料、电流密度、电解液温度以及阴极表面结构等因素有关。表6-4列出了25 ℃时不同流密度下，氢在金属铝和锌上的超电压。锌和铝都属于析 $H_2$ 超电压高的一类电极材料。

表6-4 25℃时氢的超电压                   V

| 电流密度/(A·m$^{-2}$) | 30 | 100 | 500 | 1000 | 2000 |
|---|---|---|---|---|---|
| 铝 | 0.745 | 0.826 | 0.968 | 1.066 | 1.176 |
| 锌 | 0.726 | 0.746 | 0.926 | 1.064 | 1.161 |

但是在生产实践中,氢的超电压仍然是直接影响电解过程电流效率的因素,因此,总是力求增大氢的超电压以提高电流效率。

### 6.5.2 锌电解主要设备及工艺控制

(1)电解槽。锌电解槽结构、极板配置及电路连接方式与铜电解精炼槽大体相同。

电解槽一般为预制钢筋混凝土的长方形槽体,长2~4.5 m,宽0.8~1.2 m,深1~2.5 m,其内有阴极与阳极悬挂于导电板上,还有电解液导入与导出装置。

电解槽的防腐内衬材料有塑料和环氧树脂等。用整体环氧树脂制造的电解槽已推广应用,其优点是槽体轻且绝缘性能好,如有破损也容易修补。

(2)阳极。大多数工厂用含银1%的铅银合金做阳极,与纯铅相比,电极的机械强度、导电率、耐蚀性均有所提高。可以用压延和铸造两种工艺制造。压延板强度大,寿命长,对阴极锌污染少;铸造板制造方便,较轻,寿命较短。阳极寿命是1.5~2年。

(3)阴极。锌电解的阴极是采用压延铝板制造的,为可多次使用的始极片,其优点是析氢超电压高,而且锌沉积层容易剥离,并具有一定的耐蚀性。为了防止阴阳极短路及析出锌包住阴极周边造成剥锌困难,阴极的两边缘黏压有聚乙烯塑料条套。为了减少阴极边缘形成的树枝状结晶,通常阴极的长和宽较阳极大30~40 mm。阴极尺寸一般长1000~1200 mm,宽650~900 m,厚4 mm。

除电解槽及阴阳极之外,电解车间还有直流供电、电解液冷却和剥锌机剥锌等作业。

锌电解车间的正常操作主要是出装槽与剥锌。国外现代化电锌厂大多实现机械化剥锌并采用电子计算机自动控制,其共同特点是,对硫酸锌溶液进行深度净化,尽量减少杂质成分对阴极沉积过程的影响,并且采用了较低的电流密度(300~400 A/m$^2$),延长剥锌周期,增大阴极面积等措施。

锌电解液的主要组成是$H_2SO_4$和$ZnSO_4$,一般含量为$Zn^{2+}$60~70 g/L,$H_2SO_4$150~200 g/L。随着电解的进行,电解液中锌含量不断下降,而$H_2SO_4$浓度不断增加,将有利于氢的析出,而导致锌析出的电流效率下降。保持电解液组成恒定,是保证生产稳定和技术经济指标先进的重要条件。在生产上,此项生产目标的控制是通过电解液循环来实现的。新的电解液不断从中性浸出液净化工序供给,其含锌量为140~170 g/L;电解废液从电解槽端部溢流堰排出,一般含量为$Zn^{2+}$40~60 g/L;$H_2SO_4$150~200 g/L。排出的电解废液一部分送至浸出工序使用,另一部分与新液按一定比例混合后再加入电解槽。一般工厂的新液和废液比例为1:(5~10)。

锌电解时,由于电解液等的电阻而产生焦耳热,使电解液温度升高。随着电解液的温度升高,在阴极上析氢的超电压降低,由此析出锌的电流效率下降,故必须采取降温措施对电解液进行冷却,使其温度控制在35~40℃。近年来湿法炼锌厂大都采用空气冷却塔在电解槽外集中冷却锌电解液。按通风方式，空气冷却塔分为自然通风和机械强制通风两类。

电解过程中产生的阳极泥，系由电解液中的 $Mn^{2+}$ 在阳极氧化时所形成的二氧化锰与铅的化合物所组成，阳极泥含有约 $70\%MnO_2$、$10\%\sim14\%Pb$ 以及约 $2\%Zn$。阳极泥可作为中性浸出时铁的氧化剂。阳极泥必须定期地从阳极表面清洗除去，收集起来送至浸出车间配制氧化液。

为了改善阴极沉泥物的电结晶结构，使其更为均匀、细小致密，锌电积时在电解液中要加入一些添加剂，如各种胶、水玻璃、甲酚、$\beta$-萘酚等。

### 6.5.3 锌电解沉积的技术经济指标

#### 6.5.3.1 电流效率

在实际电解生产中，电极上析出物质的数量往往与按法拉第定律计算的数值不一致。例如，通过电解槽的电量为 1 法拉第（$1\ F=96500\ C=26.8\ A\cdot h$），但在阴极上析出锌量却小于 1 克当量（$65.38\times1/2=32.69\ g$）。因此，电流效率就是实际电积的金属量和理论上按法拉第定理计算应得到的金属量的百分比。这一概念及其计算公式与铜电解精炼相同。下面举例说明。

某锌厂电解车间按每 240 个电解槽串联组成一个供电系统（即一个回路），已知整流器供给的电流为 18000 A，电积锌周期为 24 h，每昼夜析出锌的实际产量为 115 t，其电流效率为多少？

解

已知　　　　电锌产量　　　　　　$G=115\times10^6\ g$

　　　　　　电流强度　　　　　　$I=18\times10^3\ A$

　　　　　　锌的电化学当量　　　$q=1.22\ g/(A\cdot h)$

　　　　　　电解槽数　　　　　　$N=240$

　　　　　　电解通电时间　　　　$\tau=24\ h$

按照电流效率的计算公式：

$$\eta=\frac{G}{qI\tau N}\times100\%$$

电流效率为

$$\eta=\frac{115\times10^6}{1.22\times18\times10^3\times24\times240}\times100\%=90.9\%$$

湿法炼锌厂锌电解的电流效率一般为 $85\%\sim93\%$。这个数值比铜电解精炼普遍低几个百分点。造成电流效率下降的原因有阴阳极之间短路、电解槽漏电、氢和电解液中杂质析出及沉积锌的化学溶解等，因此影响上述电化学副反应的因素，如电解液组成、电解温度、电流密度、沉积物的结构及表面状态等因素的变化都会影响电流效率。

#### 6.5.3.2 槽电压和电能消耗

槽电压是影响电解过程电能消耗的一项重要技术指标，但电解沉积的槽电压比电解精炼高得多，一般约为其 10 倍。其原因主要是在槽电压的组成部分中，分解电压是其中数值最大的一项。所谓分解电压，就是电解液在电极上分解生成电解产物所需施加的最小电压。电解精炼的理论分解电压为零。例如铜电解精炼，在阳极上发生铜溶解反应，在阴极上发生铜析出反应，从整个电解系统看，两个电极反应互为逆反应，相互抵消，分解电压为零。但是，锌电解沉积的情况就不同了，在阴极上析出负电性的金属锌，而在阳极上是氢氧根离子放电析出氧，且氧的析出超电压很大，因此硫酸锌水溶液电积过程的分解电压很大。根据实验测定的结果，其数值为 2.5 V 左右。另外，与一般电解过程一样，外电流要克服电解液电阻、极板电阻、阳极泥电阻、接触点及导体电阻等所造成的电压降，因此锌电解的实际槽电压一般为 3.3~3.5 V。表 6-5 为槽电压分配。

显然，槽电压的高低取决于多种因素，包括电解液组成、电解温度、电流密度、电极间的距离和电极材料等。而降低槽电压的途径则在于减少电解液的比电阻，减少接触点电阻，缩短极间距离和研制采用电催化活性高的新型阳极材料。

电能消耗是指生产 1 t 电锌所消耗的直流电能，其计算方法也与铜电解精炼相同。

**表 6-5　锌电积电解槽电压分配**

| 项　　目 | 电压降/V | 分配率/% |
|---|---|---|
| 硫酸锌分解电压 | 2.4~2.6 | 75~80 |
| 溶液的欧姆压降 | 0.4~0.6 | 13~17 |
| 阳极板电压降 | 0.02~0.03 | 0.7~0.8 |
| 阴极板电压降 | 0.01~0.02 | 0.3~0.5 |
| 接触点电压降 | 0.03~0.05 | 1~1.4 |
| 阳极泥电压降 | 0.15~0.20 | 5~6 |
| 合　　计 | 3.3~3.5 | |

例如，在上面计算题中，该锌厂电解车间电流效率为 90.9%，又知电解槽槽电压为 3.4 V，那么 1 t 电锌的电能消耗为：

$$W = \frac{U \times 10^3}{q\eta} = \frac{3.4 \times 10^3}{1.22 \times 0.909} = 3066 \text{ kW} \cdot \text{h}$$

目前，一般电锌厂每析出 1 t 电锌消耗直流电能为 2900~3300 kW·h。应当进一步研究采用提高电流效率和降低槽电压的各种工艺措施以降低电能消耗，减少湿法炼锌的生产成本。

湿法炼锌厂锌电积主要技术操作条件和技术经济指标实例如表 6-6 所示。

**表 6-6　锌电解主要技术条件和技术经济指标实例**

| 工　　厂 | 1 | 2 | 3 | 4 | 5 |
|---|---|---|---|---|---|
| 新液含锌/(g·L⁻¹) | 172 | 130 | 170 | 160 | 160 |
| 废液成分/($H_2SO_4$, g·L⁻¹) | 180 | 180~200 | | 160 | 170~180 |
| (Zn, g·L⁻¹) | 60 | | 60~70 | 45~50 | 55~60 |
| 槽内温度/℃ | 40~50 | 35~43 | 35 | | 35 |
| 槽电压/V | 3.3~3.6 | 3.3~3.6 | 3.15 | 3.3~3.45 | 3.45 |
| 阴极电流密度/(A·m⁻²) | 490 | 370~430 | 645 | 375~415 | 400~450 |
| 同极中心距/mm | 73~75 | 75 | 74 | 90 | 70~75 |
| 电流效率/% | 88~90 | 90 | 85~87 | 90 | 92 |
| 直流电耗/(kW·h·t⁻¹ 析出锌) | 3300 | 3126 | 3190 | 3100~3250 | 2997 |

## 6.6 鼓风炉炼锌

### 6.6.1 概述

鼓风炉炼锌是 20 世纪火法冶金中的一项重大技术进步。在 20 世纪初，火法冶炼锌的唯一方法还是平罐蒸馏，后来发展了竖罐蒸馏。蒸馏法炼锌采用间接加热，燃料的热利用率低，设备的产量受传热的限制而很小；同时蒸馏法炼锌受温度限制，不能将原料中的脉石以液态炉渣形态除去，不利于处理贫矿及复杂矿。因此，人们试图用高炉炼铁和鼓风炉炼铅的办法来生产锌。但是，鼓风炉炼锌试验一个接一个地遭遇到挫折。

20 世纪 30 年代，冶金工作者对火法炼锌的问题进行了热力学研究，结果发现，要想在鼓风炉炉缸内形成液态锌，就必须采用高温高压手段，但所需的高压鼓风炉是难于实现的；于是人们认为应该集中突破含 $CO_2$ 高、锌蒸气浓度低的炉气中锌冷凝的问题，走从炉气中获得金属的道路。

1939 年，英国帝国熔炼公司阿旺茅斯炼锌厂开始鼓风炉试验，经过多年的探索，用铅雨冷凝器代替一般的冷凝设备获得成功，克服了从含 $CO_2$ 高、含锌低的炉气中冷凝锌的技术难关。第一座炼锌鼓风炉在 1950 年投入生产，使化学还原反应和焦炭燃料热交换在同一设备内进行，为提高火法炼锌生产效率和降低燃料消耗创造了条件。

鼓风炉炼锌简称 ISP（Imperial Smelting Process）法，在 60 年代曾一度有很大的发展。ISP 法的最大优点是在一座炉内同时生产锌和铅，从而不需要用费用高昂的泡沫浮选法来分选那些由于细颗粒浸染所形成的 ZnS 和 PbS 复合矿。ISP 法炼锌的原料可以是各种等级的锌精矿、铅精矿或锌铅混合精矿，还能处理各种含锌氧化物料。

ISP 法采用烧结焙烧–鼓风炉还原熔炼的火法流程生产金属锌，但日趋严峻的环保要求和能源危机的制约，限制了 ISP 法炼锌的发展。目前世界上仍有 12 个国家的 14 座鼓风炉在运转，生产了占世界产量 14% 的锌。

ISP 法炼锌主要由烧结焙烧、烧结块还原熔炼、锌蒸气冷凝和粗锌精炼四个过程组成，其设备连接如图 6-17 所示。

### 6.6.2 铅锌硫化精矿的烧结焙烧

烧结焙烧是使矿物原料中的金属硫化物焙烧脱硫并烧结成坚实多孔的块状物，以适应于鼓风炉还原熔炼。因此它是焙烧的一种方法，属熔炼前炉料的准备作业。

硫化精矿之所以要焙烧，是因为 ZnS 和 PbS 不能被碳还原成金属；之所以要结成块，是因为粉状炉料容易被鼓风吹跑，或者把炉子堵死。实践证明，炼锌鼓风炉装入 25～100 mm 的块状料较适宜，其中硫的含量在 1% 以下，且坚实多孔，透气性好，才能适合于在鼓风炉内被碳质还原剂还原。

为了得到化学组成和物理性能良好的烧结块，烧结炉料的组成是很重要的。炉料包括：①ZnS 和 PbS 的混合精矿，其中铅锌总含量为 55%～65%，Pb：Zn = 0.5：1 左右，S 15%～30%；②石英砂和石灰石熔剂；③返粉，即烧结机产物中筛下部分。

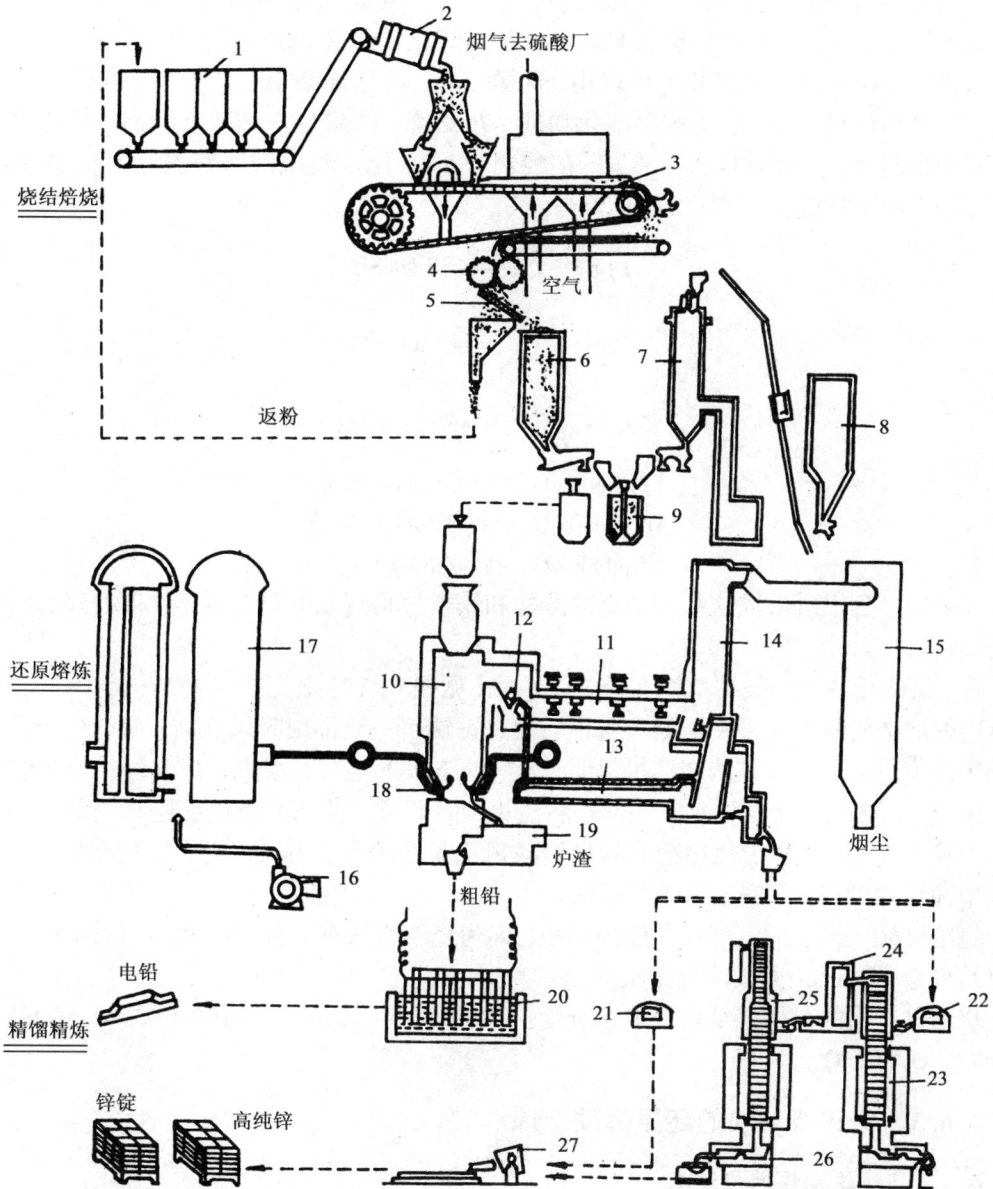

1—铅锌硫化精矿、熔剂及返粉料仓；2—圆筒混合机；3—鼓风烧结机；4—破碎机；5—筛子；
6—热烧结块贮仓；7—焦炭预热炉；8—焦炭贮仓；9—加料钟；10—密闭鼓风炉；11—铅雨冷凝器；
12—铅液泵池；13—铅锌分离槽；14—冷凝废气净化系统，15—低热值煤气罐；16—鼓风机；
17—热风炉；18—鼓风炉风口；19—电热前床；20—粗铅电解精炼；21—粗锌浇铸炉；22—粗锌装入炉；
23—铅塔；24—冷凝器；25—镉塔；26—保温炉；27—精锌铸锭机。

**图 6-17　ISP 锌铅冶炼厂主要设备连接图**

烧结配料时添加大量返粉，是用这种已经脱硫的烧结粉状产物去稀释精矿中的硫。烧结焙烧一般是不需要另加燃料的，硫化物氧化能够放出烧结过程所需的热量。如果不加返粉，或量太少，都会由于精矿中的硫含量高，硫化物氧化放出热量过多，使得局部温度过高，导致炉料中易熔物生成量过多并过早熔化，这样一来，虽然烧结得好，但一些硫化物未来得及氧化就被黏结包裹起来，影响这些硫化物进一步焙烧，结果使烧结块残硫高。在生产上，加入返粉和熔剂后，混合炉料的含硫量一般控制为 6%~7%；烧结产物残硫为 0.5% 左右。其过程主要发生如下反应：

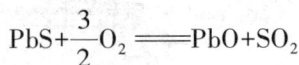

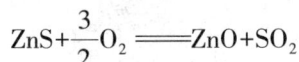

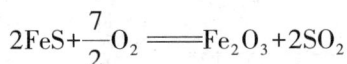

$$PbS+\frac{3}{2}O_2 = PbO+SO_2$$

$$ZnS+\frac{3}{2}O_2 = ZnO+SO_2$$

$$2FeS+\frac{7}{2}O_2 = Fe_2O_3+2SO_2$$

$$2PbO+SiO_2 = 2PbO \cdot SiO_2$$

$$3PbO+Fe_2O_3 = 3PbO \cdot Fe_2O_3$$

$$ZnO+Fe_2O_3 = ZnO \cdot Fe_2O_3$$

在烧结过程中所形成这些低熔点硅酸盐和铁酸盐是有效的黏结剂，可将细碎的物料黏结成烧结块。

锌、铅硫化精矿的烧结焙烧在带式烧结机（见图 6-17）上完成。烧结机与钢铁企业烧结厂所用的烧结机基本上是一样的。所不同的是钢铁厂一般都用吸风烧结，而有色金属冶炼厂大都用鼓风烧结。前者是从烧结机料面点火，向下吸入空气，焙烧反应和烧结层由料面向下移动进行；后者则从烧结机小车底部炉料点火，向上鼓入空气，焙烧反应和烧结层由料层底部向上移动进行，这样硫化物精矿料层因鼓风而呈疏松状，透气性好，焙烧反应速度快，且炉气中 $SO_2$ 浓度高，有利于烟气制硫酸。

烧结机鼓风箱上的宽度和长度的乘积，即为烧结机的有效面积。我国韶关冶炼厂所采用的烧结机为 110 mm² 的鼓风烧结机。

烧结机产出的合格烧结块一般成分为：~40%Zn，~20%Pb，~10%Fe，~0.5%S 以及 7%~10%（$SiO_2+CaO$）。

### 6.6.3 铅锌烧结块的还原挥发熔炼

#### 6.6.3.1 鼓风炉熔炼过程

鼓风炉炼锌的原料主要是烧结块和焦炭，为了有助于维持鼓风炉的高温炉顶操作，所加的烧结块应趁热入炉，而焦炭要预热到 800 ℃（见图 6-17）。烧结块和焦炭在炉内高温下进行 ZnO 和 PbO 的还原反应。铅沸点高（1754 ℃），熔点低（327 ℃），还原出来便成液体铅。还原出来的锌（沸点 908 ℃）呈蒸气与炉气混在一起，从炉子上部进入冷凝器中冷凝成液体金属锌。液体铅则沉积在炉子的底部（炉缸），炉渣也聚集到炉子底部。粗铅与炉渣一起从炉缸排出，经前床沉淀分离产出粗铅与炉渣。炉料中大部分的贵金属和铜、铋等有价金属富集于粗铅中，可在粗铅电解精炼时回收。

#### 6.6.3.2 炉内发生的主要反应

鼓风炉炼锌与高炉炼铁和鼓风炉炼铅有某些相似之处。炉内发生的主要反应归结如下：

$$C+O_2 \rightleftharpoons CO_2 + 28750 \text{ kJ/kg 碳}$$
$$CO_2+C \rightleftharpoons 2CO - 5860 \text{ kJ/kg 碳}$$
$$ZnO+CO \rightleftharpoons Zn(\text{气}) + CO_2 - 1690 \text{ kJ/kg 锌}$$
$$PbO+CO \rightleftharpoons Pb(\text{液}) + CO_2 + 150 \text{ kJ/kg 铅}$$
$$3Fe_2O_3+CO \rightleftharpoons 2Fe_3O_4 + CO_2$$
$$Fe_3O_4+CO \rightleftharpoons 3FeO + CO_2$$

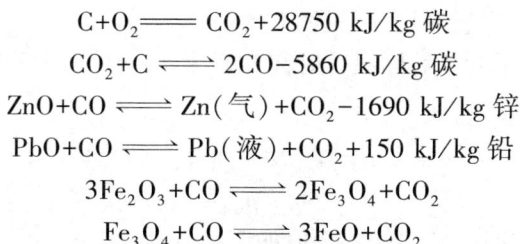

为使熔炼顺利进行，必须严格控制技术条件，使炉内总的反应向冶炼要求的方向进行，即使炉料中的 ZnO 和 PbO 尽量还原成金属，而 $Fe_2O_3$ 和 $Fe_3O_4$ 只还原到 FeO 进入炉渣中，为此就要使炉内在一定温度下形成合理的还原气氛。金属氧化物还原曲线如图 6-18 所示。

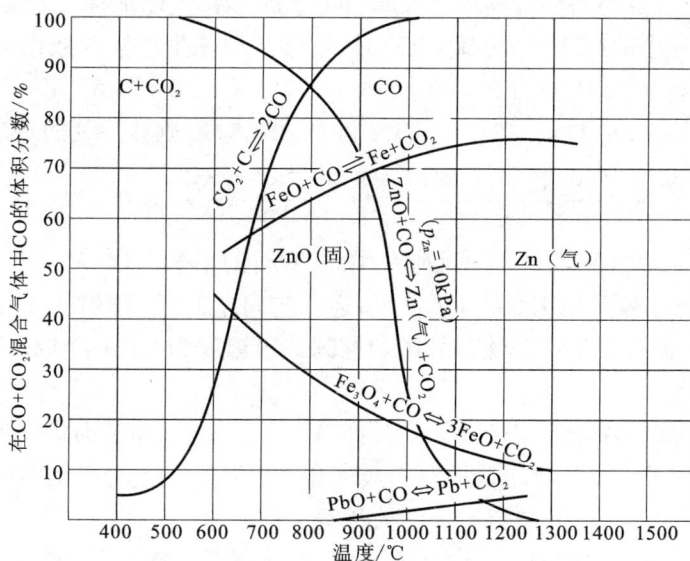

图 6-18　金属氧化物的还原曲线图

### 6.6.3.3　铁氧化物的还原程度

鼓风炉炼锌要求保证焦点区有足够高的温度，以提高氧化锌的还原程度，降低渣含锌。一般锌鼓风炉焦点区温度为 1250～1300 ℃。从图 6-18 可见，欲使氧化锌还原反应充分进行，炉气呈还原气氛，即炉气中 $CO/CO_2$ 之值以大为宜，但不要使 FeO 还原成金属铁，避免炉缸积铁。

根据 $FeO+CO \rightleftharpoons Fe+CO_2$ 反应的平衡常数 $K_p$ 及其与温度的关系式：

$$K_p = \frac{p_{CO_2}}{p_{CO}} \qquad \lg K_p = \frac{969}{T} - 1.14$$

可求出当反应温度为 1100 ℃时 $CO/CO_2 = 2.72$；1300 ℃时 $CO/CO_2 = 3.34$。从图 6-18 可见，鼓风炉炼锌炉气中 $CO/CO_2$ 之值控制在 1.5～2.5，烧结块中铁的高级氧化物虽被还原成低级氧化物，但氧化亚铁不会被还原成金属铁。

### 6.6.3.4　锌蒸气再氧化的平衡温度

氧化锌的还原反应 $ZnO(\text{固}) + CO(\text{气}) \rightleftharpoons Zn(\text{气}) + CO_2(\text{气})$ 是一个强吸热反应，当温度低于该反应平衡温度时，可逆反应急剧向左进行 $[Zn(\text{气}) + CO_2(\text{气}) \longrightarrow ZnO(\text{固}) + CO$

(气)]，使锌蒸气再氧化，生成氧化锌(见图 6-18)。

吸热反应的特点是其平衡常数随温度升高而增大。ZnO 还原反应的平衡常数及其与温度的关系式为：

$$K_p = \frac{p_{Zn} \cdot p_{CO_2}}{p_{CO}}$$

根据计算，该反应在某些温度下的 $K_p$ 值如下：

| 温度/℃ | 907 | 1000 | 1100 | 1200 |
|---|---|---|---|---|
| $K_p$ | $7.371×10^{-3}$ | $2.981×10^{-2}$ | $1.082×10^{-1}$ | $3.308×10^{-1}$ |

炼锌鼓风炉还原反应和炉料熔化所需的热量，主要来自焦炭燃料和下部风口鼓热风的显热。鼓风中的 $N_2$ 气以及燃料燃烧和还原反应所生成的 $CO_2$ 气体都将大大地稀释炉气中的 Zn (气)浓度，致使炉气中的锌蒸气浓度低、$CO_2$ 浓度高。根据生产实践数据，出炉气体的成分大致是：Zn 5%~7%，$CO_2$ 10%~12%，CO 18%~22%，$N_2$ 65%~70%。

实际炉气成分为 Zn 6.47%，$CO_2$ 10.94%，CO 20.58%，则该炉气的平衡值为：

$$K = \frac{\%Zn(气) \cdot \%CO_2}{\%CO} = \frac{0.0647×0.1094}{0.2058} = 0.03439$$

可见这个平衡值相当于 ZnO 还原反应在 1000 ℃时的平衡常数($K_{p(1000℃)} = 0.02981$)。这就意味着，如果炉气温度降到 1000 ℃以下，可逆反应向左进行，即炉气中的锌与 $CO_2$ 发生反应生成 ZnO 和 CO，所以在生产上炼锌鼓风炉控制炉顶温度为 1030~1060 ℃，以避免锌蒸气被氧化。

从上可见，鼓风炉炼锌的特点是还原所得的锌蒸气浓度很低，而炉气中 $CO_2$ 浓度很高，因此，鼓风炉炼锌的关键是从含有低浓度锌蒸气和大量 $CO_2$ 的混合气体中把锌冷凝下来。

#### 6.6.3.5 从鼓风炉炉气中获得金属锌的措施

基于对鼓风炉炼锌的理论研究及实践，生产上从锌低、高浓度 $CO_2$ 的炉气中获得金属锌，采取了如下技术措施：

(1)采用高温密封炉顶，确保炉顶含锌炉气温度不低于 1000 ℃。保持始终高于低浓度锌蒸气的氧化平衡温度以上的高温炉顶操作，以避免锌蒸气在通往冷凝器的过程中被炉气中所存在的大量 $CO_2$ 所氧化。所以当炉顶炉气离开炉内料面时的温度低于 1000 ℃时，便从炉顶吸入空气，使炉顶炉气中部分 CO 燃烧以提高炉顶温度，同时将入炉焦炭预热到 800 ℃。炉顶鼓风量大约为风口区鼓风量的 10%。此外，还采用了炼铁高炉式的双钟密封加料方式。

(2)采用铅雨冷凝器，将炉气中的锌快速冷凝。采用含锌饱和的低温铅液与炉气逆流喷洒洗涤的办法，利用热交换后随着铅液温度升高铅中原有含锌量即变为不饱和的特点，有效地吸取炉气中低浓度的锌蒸气，使之变为液态金属锌。典型例子如下：

　　　低温铅液：440 ℃，含锌 2.02%(饱和)；

　　　高温炉气含锌：6%，由 1000 ℃冷至 450 ℃；

　　　高温铅液：560 ℃，此时铅中含锌饱和度应该是 4.6%。

然而满足热平衡所需的铅量仅使铅中含锌提高 0.24%，因此铅液离开冷凝器时含锌仅 2.26%，并未达到饱和。为此在设法保证铅液的循环速度高于锌产出速度 100/0.24 = 420 倍的情况下，才能使未被氧化的低浓度锌蒸气冷凝，并被吸收于液态铅中。然后再使铅锌分离，便能得到液态的金属锌。铅雨冷凝器锌回收系统如图 6-19 所示。

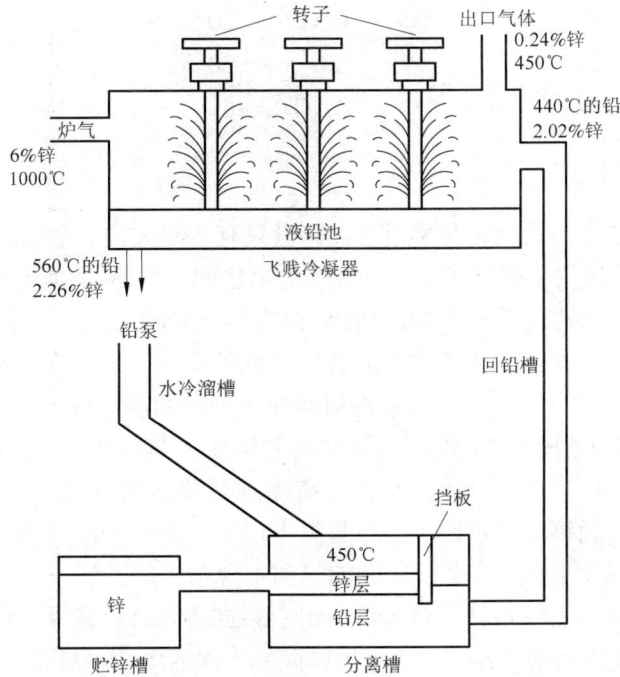

**图 6-19　铅雨冷凝器锌回收系统示意图**

6.6.3.6　锌鼓风炉熔炼的主要技术条件与技术经济指标

| | |
|---|---|
| 加入烧结块粒度/mm | 500~100 |
| 加入烧结块温度/℃ | 300~400 |
| 加入焦炭粒度/mm | 50~100 |
| 焦炭预热温度/℃ | 800~850 |
| 风口热风温度/℃ | 900~950 |
| 炉顶温度/℃ | 1030~1060 |
| 液铅离开冷凝器温度/℃ | 560 |
| 液铅进入冷凝器温度/℃ | 440 |
| 出炉气体成分/% | |
| $Zn$(气) | 5~7 |
| $CO_2$ | 12~14 |
| $CO$ | 18~20 |
| $N_2$ | 67 |
| 锌冷凝效率/% | 90~92 |
| 标准炉(横截面积 17.2 m²)日产锌量/(t·d⁻¹) | 200~250 |
| 产物典型化学成分/% | |
| 粗锌　Zn　98　　炉渣　Zn　6 | |

|   |   |   |   |   |   |
|---|---|---|---|---|---|
|  |  | Pb | 1.2 | Pb | 1 |
| 粗铅 |  | Pb | 98 | FeO | 32 |
|  |  | Zn | 0.1 | CaO | 20 |
| 低热值煤气 |  | CO | 22 | $SiO_2$ | 20 |
| (冷凝废气) |  | $CO_2$ | 12 | $Al_2O_3$ | 6 |

### 6.6.4 粗锌的精炼

鼓风炉和其它火法生产的锌都是粗锌,含锌量只有98%左右,常见的杂质元素是铅、镉、铜、铁。这种粗锌可直接用于镀锌工业,但市场上销售的一般是品位为99.99%的精锌,因此必须对粗锌进行精炼。火法炼锌厂采用的精炼方法都是精馏精炼。

精锌精馏的原理是根据锌和所含的杂质各有不同的沸点:锌的沸点为907℃,镉767℃,铅1754℃,铜2360℃,铁2735℃。如果将粗锌加热到锌的沸点以上而低于铅的沸点,即作业温度为1150~1200℃(指燃烧室温度),那么锌和镉便成蒸气挥发,而铅、铜、铁等沸点高的金属仍溶解在残留的锌液内,因此铅和其它高沸点金属就被分离出去了。按同样的做法,再将含镉的锌熔体加热到镉的沸点以上,锌的沸点以下,即作业温度为800℃左右,则镉成蒸气挥发出去而锌仍绝大部分留下来,这样就得到不含杂质的纯锌。

火法炼锌厂采用的精馏设备称为精馏塔(如图6-20所示),第一个塔主要是除铅和其它沸点高的金属杂质,故称铅塔;另一个塔主要是除镉,称镉塔。一般是二个铅塔配一个镉塔。精馏塔如同竖罐蒸馏炉一样,为了防止锌蒸气的氧化,也做成密闭的,采用间接加热。塔内装有很多层塔盘。塔盘是用导热性能好的碳化硅材料做成的。生产时,液态粗锌从铅塔上部加入,沿塔盘逐层往下流动,与此同时锌、镉蒸气挥发并向上升,经塔外冷凝器冷凝后,再流入镉塔上部塔盘,同样逐层往下流动,此时镉成蒸气状态上升,并进入镉塔外冷凝器冷凝,锌则流至下层塔盘放出,即为除镉后的精锌,含锌量可达99.99%。

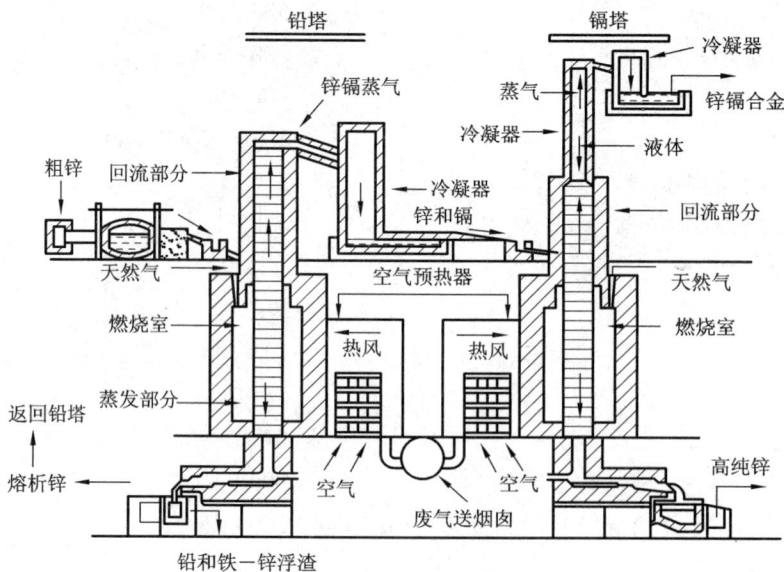

图6-20 锌精馏车间设备连接图

## 复习思考题

1. 锌有哪些用途？其主要用途与金属锌的基本性质有何关系？

2. 我国铅锌资源有何特点？炼锌应当考虑锌精矿原料的哪些特点？

3. 画出火法和湿法两种炼锌方法的原则流程图，并简述它们目前工业应用的大致情况。

4. 锌精矿焙烧可能发生哪些主要化学反应？写出它们的反应式。

5. 湿法炼锌工厂的锌精矿焙烧为什么采用氧化焙烧和部分硫酸化焙烧？为此，应当怎样控制焙烧条件？

6. 沸腾焙烧炉的沸腾层是指什么？这种焙烧炉有何优点？

7. 湿法炼锌传统流程与热酸浸出流程有何异同？

8. 锌焙砂浸过程发生哪些主要反应？热酸浸出主要发生什么反应？分别写出它们的化学反应式。

9. 为什么要控制锌焙砂中性浸出终点的溶液 pH 为 5~5.4？为什么中性浸出过程要加二氧化锰？

10. 热酸浸出溶液不经沉铁过程能直接返回至中性浸出吗？为什么？

11. 从热酸浸出液中除铁有哪些方法？其基本原理是什么？

12. 湿法炼锌常用的浸出槽和液固分离设备有哪些？

13. 锌焙砂浸出液中的铁、砷、锑、铜、镉、钴等杂质是采用哪些方法除去的？

14. 从硫酸锌溶液中除去钴有哪些方法？用这些方法除钴分别要添加哪些试剂？

15. 砷盐净化法和逆锑净化法两种工艺有何相同和不同之处？

16. 沸腾净液槽的工作原理是什么？

17. 锌电解沉积的阳极过程和阴极过程发生哪些主要电化学反应？

18. 锌和氢的标准电极电位各是多少？为什么锌电解时锌会优先于氢在阴极上析出？

19. 分别写出硫酸锌溶液电解沉积过程和粗铜电解精炼过程的总反应式，并说明这两种电解的阳极过程有何不同？

20. 锌电解沉积的槽电压一般是多少？为什么比粗铜电解精炼的槽电压要高得多？

21. 某锌电解车间有电解槽 110 个，电流强度为 24000 A，电积周期为 48 h，两昼夜产出析出锌为 136 t，其电流效率为多少？该车间电解槽的槽电压为 3.5 V，1 t 电锌消耗多少度直流电能？

22. 鼓风炉炼锌有何优缺点？

23. 鼓风炉炼锌的烧结炉料(原料)由哪些组成？烧结焙烧的目的是什么？主要发生哪些反应？

24. 鼓风炉炼锌还原过程发生哪些主要反应？要不生成金属铁应当如何控制炉内的还原气氛($CO/CO_2$)？

25. 鼓风炉炼锌的成功关键在于采取了哪两方面的重要措施？为什么？

26. 简述铅雨冷凝器的工作原理。

27. 简述锌精馏除杂质的基本原理。

# 第7章　铝冶金

## 7.1　概述

### 7.1.1　铝冶金发展简史

在有色金属中，铝是一个被发现较晚的金属，到 19 世纪下半叶才被制取出来。1825 年丹麦奥斯特（H・C・Oersted）用钾汞齐还原无水氯化铝第一次得到几毫克的铝。1845 年德国武勒（F・Wöhler）用氯化铝气体通过熔融金属钾的表面，得到了细小的铝珠。1854 年法国戴维尔（S・C・Deville）用钠代替钾还原 $NaAlCl_4$ 制得金属铝。这就是化学法制取铝的历史。

电解法制铝起源于 1854 年，德国本生（Bunsen）和法国戴维尔分别电解氯化铝-氯化钠络盐，得到金属铝。

1886 年美国的霍尔（Hall）和法国的埃鲁（Heroule）分别申请了冰晶石-氧化铝熔盐电解法制铝的专利。100 多年以来，该法成为唯一的工业炼铝方法，被称为霍尔-埃鲁法。

霍尔-埃鲁法问世以后，世界铝工业得以迅速发展。1888 年到 1895 年，世界总共生产了 14 t 左右的金属铝。1940 年世界原铝产量达到 81 万 t，1973 年达 1247 万 t，1996 年已经超达到 2045 万 t，此外还有 680 万 t 的再生铝。

### 7.1.2　铝的性质和用途

铝是一种银白色的金属，其主要物理化学性质参数见表 7-1。

铝的化学性非常活泼，与氧的亲和力很强。在空气中，铝的表面生成一层厚度为 $0.005 \sim 0.02$ μm 的微密的薄膜，成为天然的保护层，使铝不再氧化而具有良好的抗腐蚀能力。

铝可熔于盐酸、硫酸和碱溶液，但对于冷硝酸和有机酸在化学上稳定，与热硝酸则发生强烈反应。

铝与卤素、硫、碳都能发生反应，生成相应的卤化物（如 $AlCl_3$、$AlF_3$）、硫化物（$Al_2S_3$）、碳化物（$Al_4C_3$）。

表 7-1　铝的主要物理化学性质

| 性　质 | 数　值 |
| --- | --- |
| 原子序数 | 13 |
| 原子量 | 26.98154 |
| 晶体结构 | 面心立方 |
| 密度/($g \cdot cm^{-3}$)（25 ℃） | 2.698 |
| 熔点/℃ | 660.37 |
| 沸点/℃ | 2494 |
| 比热/($J \cdot g^{-1} \cdot ℃^{-1}$) | $0.215 \times 4.17$ |
| 导热率/($J \cdot cm^{-1} \cdot ℃^{-1} \cdot S^{-1}$) | $0.566 \times 4.17$ |
| 电阻率/$10^{-3} \Omega \cdot m$（25 ℃） | 2.7 |
| 反射率/% | $85 \sim 90$ |

铝的密度小，仅为铁的三分之一。铝是电和热的良导体。

铝合金有很强的机械强度。铝和铝合金具有良好的加工性能，能加工成铝线、铝板、铝管、铝箔以及各种形状的铝材和机器的零部件。

由于铝和铝合金具有许多的优良性质，所以它的用途非常广泛，被称为万能金属。

在航空方面，铝是飞机、导弹、火箭、人造卫星、宇宙飞船、潜艇、军舰不可缺少的结构材料，所以铝是一种重要的国防战略物资。

在交通运输方面，汽车、火车车厢的内外装饰，格子窗、散热器、发动机部件乃至车身都用铝材制造，以减少其本身的重量，增加运载能力。船舶的建造也要大量铝材。

在房屋建筑方面，铝材用来制造门、窗、板壁、隔墙、落水管以及屋檐槽。

在电气方面，铝用作电缆、电线。许多部门用铝来代替铜。

此外，化工管道、贮罐、食品包装、冷库设施、日常生活用品也广泛使用铝。

铝还用作冶金生产中的还原剂、脱氧剂。

此外，非冶金 $Al_2O_3$ 的用途也很广泛，诸如耐火材料，砂轮磨料，陶瓷，制纸，牙膏，药品，化工催化剂、阻燃剂等等。

### 7.1.3 现代炼铝方法

铝由于与氧的亲和力很强，因而不能用碳还原其氧化物的方法制取。又由于铝的极小的负电性，不能用电解铝盐的水溶液的办法制取铝(阴极上析出的将是氢气而不是铝)。现代工业炼铝的唯一方法是冰晶石-氧化铝熔盐电解。铝的生产流程如图 7-1 所示。

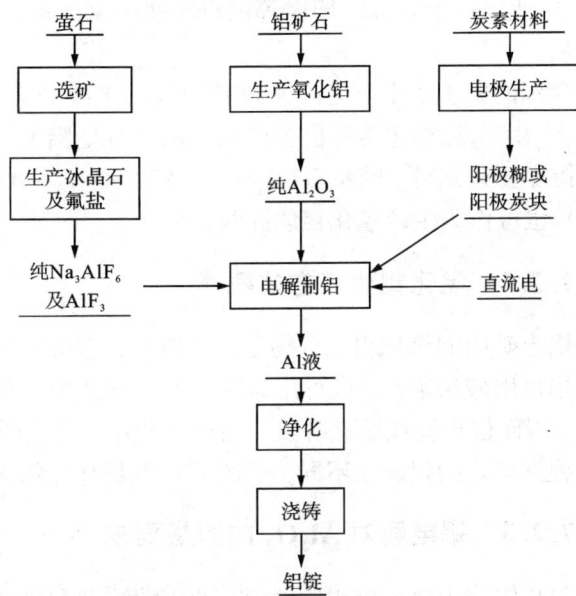

图 7-1　铝生产工艺流程

## 7.2　氧化铝生产的矿物原料和方法

### 7.2.1　提取氧化铝的矿物

铝在地壳中含量约为 8.1%，仅次于氧和硅，而居各种金属元素之首。由于铝的化学性质极为活泼，在自然界中没有游离的金属铝，而均以化合物形态存在。在已经发现的 250 多种含铝矿物中，以铝的硅酸盐最多，其次是氧化铝的水合物。提取氧化铝的主要原料是以氧化铝水合物为主要矿物成分的铝土矿。目前，世界上 95% 以上的 $Al_2O_3$ 是用铝土矿生产的。

铝土矿是一种以氧化铝的水合物($Al_2O_3 \cdot nH_2O$)为主要成分的矿石。$Al_2O_3$ 的含量为 40%～70%。根据氧化铝所含结晶水数量及矿物结构不同又分为三水铝石铝土矿($Al_2O_3 \cdot$

$3H_2O$），一水软铝石铝土矿（$\gamma\text{-}Al_2O_3 \cdot H_2O$）和一水硬铝石铝土矿（$\alpha\text{-}Al_2O_3 \cdot H_2O$）。除氧化铝之外，铝土矿中常含有 $SiO_2$、$Fe_2O_3$、$TiO_2$、碳酸盐及其它微量元素。

铝土矿中的 $SiO_2$ 主要以高岭石（$Al_2O_3 \cdot 2SiO_2 \cdot 2H_2O$）形式存在，其次为石英（结晶 $SiO_2$）、蛋白石（$SiO_2 \cdot nH_2O$）。$SiO_2$ 是铝土矿中最有害的杂质，它在氧化铝生产过程中引起 $Al_2O_3$ 和碱的损失。$SiO_2$ 在铝土矿中的含量波动范围很大，其含量从百分之几到百分之十几，甚至达百分之几十。$SiO_2$ 的含量与 $Al_2O_3$ 的含量一样，是评价铝土矿质量的重要指标。铝土矿中的 $Al_2O_3$ 与 $SiO_2$ 的质量之比称为铝土矿的铝硅比（A/S）。矿石的铝硅比不同，生产上所采用的工艺也不同。

铁矿物在铝土矿中的含量波动范围也很大，可在百分之几到百分之几十的范围内波动。在氧化铝生产过程中，$Fe_2O_3$ 进入渣中使渣呈红色，故称为赤泥。

全世界已查明铝土矿的工业储量约 250 亿 t。储量最丰富和产量最多的国家有澳大利亚、几内亚、巴西、牙买加、印度等国。这些国家的铝土矿主要是铝硅比和铁均高的三水铝石型铝土矿。

我国的铝土矿主要是一水硬铝石型，主要分布在山西、河南、贵州、广西及山东等省。在广西、广东和福建沿海也有少量三水铝石型铝土矿。

除铝土矿之外，明矾石［$K_2SO_4 \cdot Al_2(SO_4)_3 \cdot 4Al(OH)_3$］和霞石［$(Na，K)_2O \cdot Al_2O_3 \cdot 2H_2O$］也可作为生产氧化铝的原料。

### 7.2.2 氧化铝生产方法概述

铝土矿中的氧化铝水合物是两性物质，它既可溶于酸，又可溶于碱。因此，从理论上说氧化铝可用酸法生产，也可用碱法生产。酸法由于对设备的腐蚀性大以及酸的再生循环使用困难，因而仅停留在试验阶段。目前，世界上几乎所有氧化铝都是用碱法生产的。

根据矿石的铝硅比不同，生产工艺主要有拜尔法、碱石灰烧结法以及各种联合法等。

### 7.2.3 铝电解对 $Al_2O_3$ 的质量要求

氧化铝作为电解炼铝的原料，其化学纯度和物理性能都有严格的要求。

（1）氧化铝的纯度。$Al_2O_3$ 中的杂质是影响原铝质量的主要因素。氧化铝中如含有比铝更正电性的元素（如 $Fe_2O_3$、$SiO_2$、$TiO_2$ 等），在电解过程中这些元素会与铝同时在阴极上放电析出进入铝液中而使原铝质量不纯，品级下降。氧化铝如含有 $Na_2O$、$CaO$ 等比铝更负电性的元素，则在电解过程中这些元素与冰晶石、氟化铝等发生反应，从而破坏电解质的正常成分，影响电解作业正常进行或增加冰晶石与氟化铝的消耗。

我国现行氧化铝的质量标准见表 7-2。表中三级以下的 $Al_2O_3$ 不能用作炼铝原料。

（2）氧化铝的物理性质。氧化铝的物理性质主要指 $\alpha\text{-}Al_2O_3$ 含量、容重、真密度、粒度、比表面积、安息角及磨损系数等。电解作业要求 $Al_2O_3$ 溶解速度快，流动性好，粉尘少，保温性好，吸氟力强。这些均与上述物理性质有关。氧化铝的物理特性按砂状、中间状、粉状列于表 7-3 中。

我国过去主要生产中间状氧化铝。现在世界各国广泛采用中间下料大型预焙阳极铝电解槽和烟气干法净化生产，为改善工厂环境，要求使用流动性好，溶解快，吸氟力强的砂状氧化铝。

表 7-2　我国氧化铝质量标准

| 等级 | 化学成分/% | | | | |
|---|---|---|---|---|---|
| | $Al_2O_3$，不低于 | 杂质，不高于 | | | |
| | | $SiO_2$ | $Fe_2O_3$ | $Na_2O$ | 灼减 |
| 一级 | 98.6 | 0.02 | 0.03 | 0.50 | 0.8 |
| 二级 | 98.5 | 0.04 | 0.04 | 0.55 | 0.8 |
| 三级 | 98.4 | 0.06 | 0.04 | 0.6 | 0.8 |
| 四级 | 98.3 | 0.08 | 0.05 | 0.6 | 0.8 |
| 五级 | 98.2 | 0.10 | 0.05 | 0.6 | 1.0 |

表 7-3　工业 $Al_2O_3$ 的分类及特性

| 物理性质 | 砂状 | 中间状 | 面粉状 |
|---|---|---|---|
| $-44\ \mu m$ 粒子/% | <10 | 12~20 | >40 |
| 比表面积/($m^2 \cdot g^{-1}$) | 50~60 | >35 | 2~10 |
| $\alpha\text{-}Al_2O_3$/% | 10~20 | 40~50 | 60~70 |
| 堆积密度/($g \cdot cm^{-3}$) | 0.95~1.05 | >0.85 | <0.76 |
| 真密度/($g \cdot cm^{-3}$) | <3.70 | <3.70 | >3.70 |
| 安息角/(°) | <30 | 35~40 | >42 |
| 灼减/% | 0.9~1.2 | 0.5 | 0.3 |

## 7.3　铝酸钠溶液

碱法是目前工业生产氧化铝的唯一方法。所有的碱法都是通过不同的途径使矿石中的氧化铝及其水合物溶解得到铝酸钠溶液，而与 $SiO_2$、$Fe_2O_3$、$TiO_2$ 等杂质分离，然后再从净化后的铝酸钠溶液中分解结晶析出氢氧化铝。因此，研究铝酸钠溶液的性质是非常重要的。

铝酸钠溶液是离子溶液，通常用 $NaAl(OH)_4(aq)$ 来表示。

### 7.3.1　铝酸钠溶液的特性参数

（1）铝酸钠溶液的苛性比值。铝酸钠溶液的苛性比值（又称苛性化系数）是指铝酸钠溶液中所含苛性氧化钠（$Na_2O_{苛}$）与氧化铝的摩尔数之比，通常用符号 $\alpha_K$ 表示。

$$苛性比值\ \alpha_K = \frac{Na_2O_{苛}\ 摩尔数}{Al_2O_3\ 摩尔数} = \frac{Na_2O_{苛}\ 的质量}{Al_2O_3\ 的质量} \times \frac{102}{62} = 1.645 \times \frac{Na_2O_{苛}\ 的质量}{Al_2O_3\ 的质量}$$

上式中，62 和 102 分别是 $Na_2O$ 与 $Al_2O_3$ 的摩尔质量。

苛性比值表示铝酸钠溶液中氧化铝的饱和程度，是一个非常重要的特性参数。

（2）铝酸钠溶液的硅量指数。铝酸钠溶液的硅量指数是指铝酸钠溶液中所含氧化铝的重

量与 $SiO_2$ 的重量之比值,用(A/S)来表示。

硅量指数越高,表示溶液中含 $SiO_2$ 少,纯度高,反之 $SiO_2$ 多,纯度低。所以它是表示溶液纯度的一个重要参数。

(3)氧化铝在氢氧化钠溶液中的溶解度。氧化铝在氢氧化钠溶液中的溶解度主要与氢氧化钠浓度及温度有关。为此必须研究 $Na_2O$-$Al_2O_3$-$H_2O$ 三元系等温曲线,如图7-2所示。

图中左边曲线(实线)表示氧化铝在氢氧化钠溶液中的溶解度。当温度一定时随碱浓度增大,氧化铝的溶解度也增大。曲线下方是未饱和区,具有溶解氧化铝的能力,而上方是过饱和区,具有分解析出氢氧化铝的能力。

当碱浓度一定时,随着温度升高,氧化铝溶解度增大,曲线位置上移。

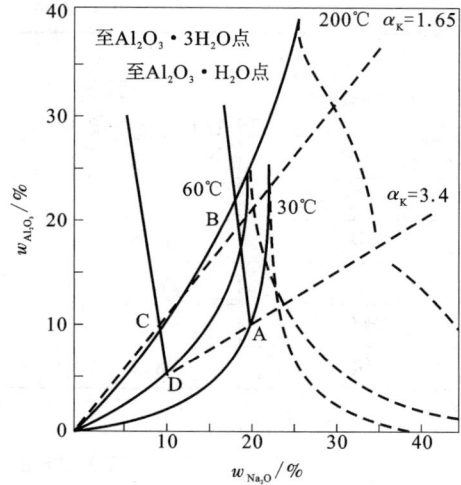

图7-2　$Na_2O$-$Al_2O_3$-$H_2O$ 系
等温线及拜尔法循环图

### 7.3.2　铝酸钠溶液的稳定性

铝酸钠溶液稳定性是指过饱和的铝酸钠溶液从制成到开始分解析出氢氧化铝所需时间的长短。溶液制成后立即开始分解或经短时间就显著发生分解,则此溶液不稳定,而制成后经过长时间放置也不分解,则溶液是稳定的。

铝酸钠溶液的稳定性对生产有着非常重要的意义。例如,拜尔法溶出后铝酸钠溶液在其分离洗涤过程中就必须稳定,否则会造成氧化铝的损失;而在分解时则希望降低其稳定性以利于提高分解速度和分解率。

影响工业铝酸钠溶液稳定性的因素主要有:

①溶液的苛性比值:提高溶液苛性比值,使溶液的过饱和程度减小、稳定性增加。

②温度:提高温度,稳定性增加。

③溶液浓度:铝酸钠溶液的浓度($Al_2O_3$)与其稳定性的关系是比较复杂的。一般在高浓度和低浓度时稳定性好,中等浓度时稳定性差。

④溶液中的杂质:如 $Na_2CO_3$、$Na_2SO_4$、$Na_2SiO_3$ 以及有机物等杂质,使溶液黏度增大而稳定性提高。

⑤加入结晶核心如 $Al(OH)_3$ 微粒,则使稳定性显著降低。

⑥搅拌作用:搅拌会使溶液稳定性下降。

## 7.4　拜尔法生产氧化铝

拜尔法是奥地利人拜尔(Karl Josef Bayer)在1889—1892年发明并命名的。拜尔法处理铝硅比高的铝土矿,特别是三水铝石型矿,具有流程简单、能耗低、产品质量好等优点,因而得到广泛使用。拜尔法问世一百多年来,技术上已有许多的改进和发展。目前世界上大部分氧化铝是用该法生产的。

### 7.4.1　拜尔法的基本原理

拜尔法的基本原理是基于拜尔发表的两项专利发明：

（1）铝酸钠溶液在低温下添加 $Al(OH)_3$ 作晶种，不断地搅拌，溶液中的 $Al_2O_3$ 就以 $Al(OH)_3 \cdot 3H_2O$ 析出，同时获得 $Na_2O : Al_2O_3$ 摩尔比高的母液。

（2）所得分解母液经过浓缩在高温条件下溶出铝土矿，使 $Al_2O_3$ 溶解得到铝酸钠溶液。

交替使用上述两个过程，即构成拜尔法循环，每循环一次即可得到一批 $Al_2O_3$ 产品。

拜尔法的实质就是如下反应在不同条件下的交替进行：

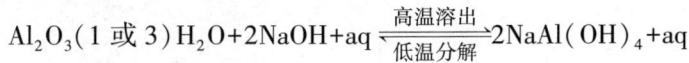

$$Al_2O_3(1 \text{ 或 } 3)H_2O + 2NaOH + aq \xrightleftharpoons[\text{低温分解}]{\text{高温溶出}} 2NaAl(OH)_4 + aq$$

### 7.4.2　拜尔法的基本工艺流程

拜尔法的基本工艺流程如图 7-3 和图 7-4 所示。流程中包括矿石破碎、料浆磨制、高温溶出、稀释分离洗涤、晶种分解、氢氧化铝煅烧、母液蒸发及一水苏打苛化等作业过程。

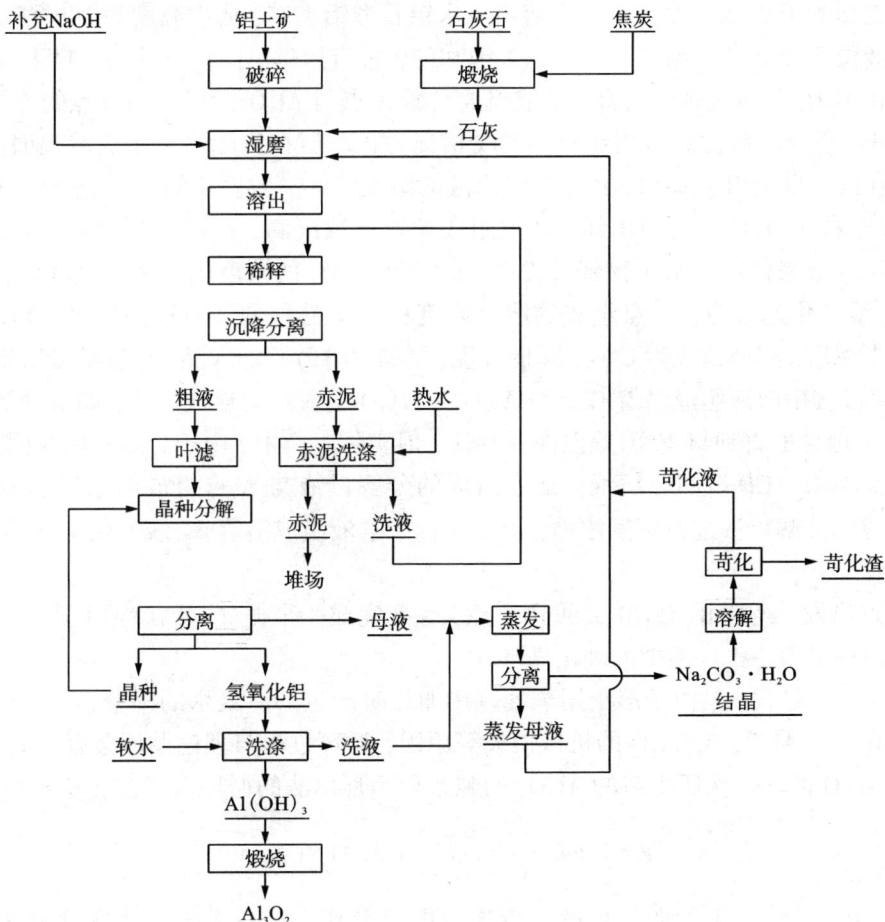

图 7-3　拜尔法基本工艺流程

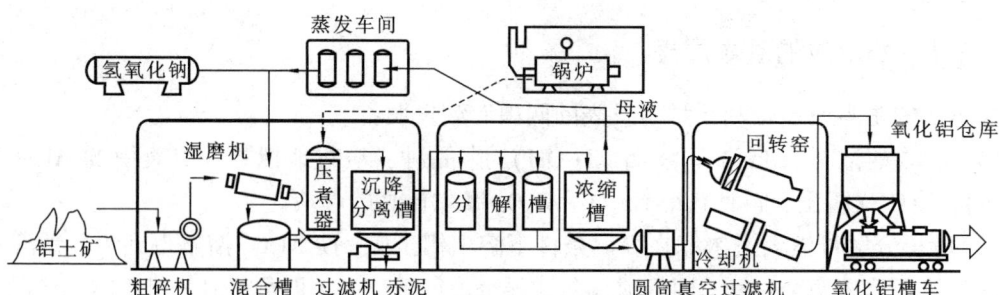

图 7-4　拜尔法工艺设备流程图

### 7.4.3　拜尔法在 $Na_2O-Al_2O_3-H_2O$ 系中的理论循环

将拜尔法流程中的溶出、稀稀、分解及母液蒸发四个作业过程及某些技术参数的变化描述在 $Na_2O-Al_2O_3-H_2O$ 系状态图中(见图 7-2),就构成了拜尔法在 $Na_2O-Al_2O_3-H_2O$ 系中的理论循环。

用组成相当于 A 点的循环母液来溶出一水铝石型铝土矿,溶出温度为 200 ℃。A 点组成的循环母液位于 200 ℃ 等温线下方,是未饱和的,具有溶解 $Al_2O_3$ 的能力。随着 $Al_2O_3$ 的溶解,溶液中 $Al_2O_3$ 的浓度逐渐升高,溶液组成沿着 A 点与 $Al_2O_3 \cdot H_2O$ 组成点的连线变化,直到饱和为止,理论上应达到与 200 ℃ 等温线相交为止。但在实际生产中受溶出时间的限制,溶出过程在此之前的 B 点结束,B 点为溶出液的组成点。一般该点的 $\alpha_K$ 比平衡液的 $\alpha_K$ 要高 0.15~0.2 左右。AB 线称为溶出线。B 点组成的溶液浓度高,不利于晶种分解和分离赤泥,因此用赤泥洗液来稀释。由于稀释过程中 $Na_2O$ 和 $Al_2O_3$ 的浓度同时按比例降低,故其组成沿着等 $\alpha_K$ 线变化到 C 点。C 点组成的溶液浓度相当于晶种分解原液的浓度。BC 线叫稀释线。分离赤泥后,溶液组成为 C 点,降低温度(例如 60 ℃)并加入晶种,使其分解析出氢氧化铝,在分解过程中溶液组成沿着 C 点与 $Al_2O_3 \cdot 3H_2O$ 组成点的连线变化,如果分解最终温度为 30 ℃,则理论上直到与 30 ℃ 等温曲线相交,但实际生产中,由于分解时间等因素的限制,分解到 D 点结束。CD 线叫分解线。D 点组成的分解母液与 A 点组成的循环母液 $\alpha_K$ 相等,对 D 点组成的分解母液进行蒸发浓缩,蒸发过程中溶液组成沿等 $\alpha_K$ 线变化到 A 点结束。DA 线叫蒸发线。

从 A 点出发,经过 B、C、D 又回到 A 点,生产完成一个循环。因此把上述过程称之为拜尔法去 $Na_2O-Al_2O_3-H_2O$ 系中的理论循环。

在实际循环过程中,由于溶出用蒸气直接加热时产生的冷凝水的稀释作用,加晶种时带入种分母液以及 $Al_2O_3$ 与 $Na_2O$ 的机械损失等原因,循环过程与理论循环会有一定差别。

每吨 $Na_2O$ 循环一次所生产的 $Al_2O_3$ 的吨数称为拜尔法的循环效率,用 $E$ 表示。

$$E = 1.645 \frac{\alpha_母 - \alpha_溶}{\alpha_母 \cdot \alpha_溶} \text{ t } Al_2O_3/\text{t } Na_2O$$

式中　$\alpha_母$、$\alpha_溶$ 分别为循环母液和溶出液的苛性比值。可见拜尔法循环效率只与 $\alpha_母$、$\alpha_溶$ 有关。

### 7.4.4　铝土矿的高温溶出

铝土矿经过破碎后，在球磨机中配入循环碱液进行细磨成为具有一定粒度的原矿浆，然后送入压煮器组中进行高温溶出。

溶出过程中，循环碱液中的 NaOH 与矿石中的 $Al_2O_3$、$SiO_2$ 等发生一系列的化学反应。

氧化铝的水化物与 NaOH 的反应：

$$Al_2O_3 \cdot 3H_2O + 2NaOH + aq === 2NaAl(OH)_4 + aq$$

$$Al_2O_3 \cdot H_2O + 2NaOH + aq === 2NaAl(OH)_4 + aq$$

对于含硅矿物溶出时的行为，如前所述，铝土矿中的硅矿物主要有无定形的蛋白石、石英以及高岭石类的铝硅酸盐，它们在高温条件下也与 NaOH 发生反应，生成 $Na_2SiO_3$：

$$SiO_2 \cdot nH_2O + 2NaOH + aq === Na_2SiO_3 + aq$$

$$SiO_2 + 2NaOH + aq === Na_2SiO_3 + aq$$

$$Al_2O_3 \cdot 2SiO_2 \cdot H_2O + 6NaOH + aq === 2Na_2SiO_3 + 2NaAl(OH)_4 + aq$$

溶出生成的 $Na_2SiO_3$ 进入溶液，并与 $NaAl(OH)_4$ 反应生成不溶性的固体铝硅酸钠进入渣中，其反应如下：

$$1.7Na_2SiO_3 + 2NaAl(OH)_4 + aq === Na_2O \cdot Al_2O_3 \cdot 1.7SiO_2 \cdot 2H_2O \downarrow + 3.4NaOH + aq$$

从上述反应可知，矿石中的 $SiO_2$ 最终是以 $Na_2O \cdot Al_2O_3 \cdot 1.7SiO_2 \cdot 2H_2O$ 的形式进入赤泥，所以会造成 $Al_2O_3$ 和 $Na_2O$ 的化学损失。假设铝土矿中 $Al_2O_3$ 含量为 A，$SiO_2$ 含量为 S 则溶出时 $Al_2O_3$ 的理论溶出率为

$$\eta_{Al_2O_3} = \frac{A-S}{A} \times 100\% = \left[1 - \frac{1}{A/S}\right] \times 100\%$$

而每溶出 1 t $Al_2O_3$ 所造成的 $Na_2O$ 的化学损失为：

$$Na_2O_{损失} = \frac{0.608S}{A-S} \times 1000 = \frac{608}{A/S - 1} (kg\ Na_2O/t\ Al_2O_3)$$

由此可见，矿石（A/S）越高，溶出率越高，碱损失越小，越有利于拜尔法生产。因此，拜尔法只宜处理矿石铝硅比大于 7.0 的矿石。

二氧化钛：它与配入的石灰反应生成不溶性的钛酸钙。

$$TiO_2 + 2Ca(OH)_2 === 2CaO \cdot TiO_2 \cdot 2H_2O \downarrow$$

铁矿物：$Fe_2O_3$ 在溶出时不与 NaOH 反应。

碳酸盐：铝土矿中的碳酸盐主要是 $CaCO_3$ 和 $MgCO_3$，它们与 NaOH 反应：

$$CaCO_3 + 2NaOH === Na_2CO_3 + Ca(OH)_2$$

$$MgCO_3 + 2NaOH === Na_2CO_3 + Mg(OH)_2$$

结果使 NaOH 浓度降低，对氧化铝生产不利。

从上述反应可知，铝土矿溶出的结果使矿石中的 $Al_2O_3$ 进入溶液，而硅、铁、钛等杂质则残留在赤泥渣中。

应该指出，不同类型的铝土矿的溶出条件是不同的。一水硬铝石型与三水铝石型矿的溶出参数列于表 7-4。

冶金工程概论

表 7-4　两种不同铝土矿的溶出条件

| 溶出条件 | 一水硬铝石型 | 三水铝石型 |
|---|---|---|
| 矿石细磨 | 过 170 目筛 | 过 100 目筛 |
| 溶出温度/℃ | 240~280 | 105~145 |
| 溶出时间/h | 1.5 | 1.0 |
| 循环母液 $Na_2O_{苛}$ 浓度/$(g \cdot L^{-1})$ | 220~250 | 120~150 |

可见三水铝石型铝土矿最易溶出。

铝土矿的溶出工艺主要有压煮器溶出和管道化溶出两种。

(1)蒸汽直接加热压煮器溶出。传统的蒸汽直接加热压煮器溶出所用的压煮器系统如图7-5所示。

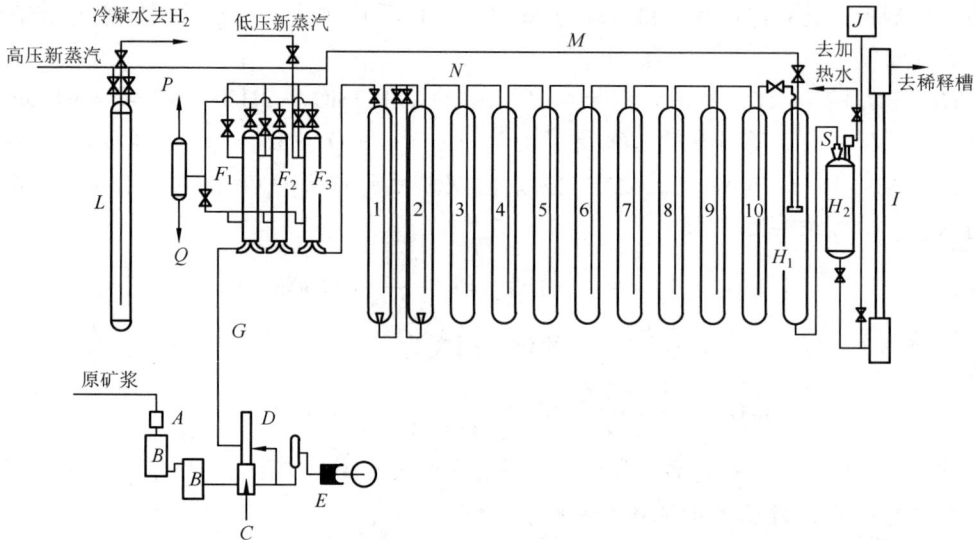

$A$—原矿浆分料箱；$B$—原矿浆槽；$C$—泵进口空气室；$D$—泵出口空气室；$E$—油压泥浆泵
$F_1$、$F_2$、$F_3$—双层预热器；$H_1$、$H_2$—自蒸发器；$I$—溶出矿浆缓冲器；$J$—赤泥洗涤高位槽；$K$—冷凝水自蒸发器；
$P$、$Q$—去加热赤泥洗液；$L$—高压蒸汽缓冲器；$N$—不凝性气体排出管；$G$—原矿浆管道；$M$—乏汽管道；$S$—减压阀
1，2—加热溶出器；3~10—反应溶出器。

7-5　蒸汽直接加热高压溶出器系统流程

制备好的原矿浆经预热器预热，进入压煮器后用高温新蒸汽直接加热到溶出温度，在压煮器组中保温溶出；溶出后经自蒸发器降温，所产生二次蒸汽用于预热器预热矿浆；降温后的料浆送去稀释。

压煮器是一种强度较大的薄壁钢制容器，能耐 250 ℃矿浆所产生的压力，其结构如图 7-6 所示。这种压煮器的特点是结构简单。但是蒸汽直接加热产生冷凝水，会降低碱的有效浓度，而影响溶出效果，并且增加母液的蒸发量。因此现代拜尔法工厂多采用间接加热的机械搅拌的压煮器。

142

　　（2）管道化溶出。这是 70 年代发展起来的一种强化溶出过程的溶出装置，溶出温度可达 260~300 ℃，溶出时间大大缩短，溶出母液碱浓度可以降低，并得到苛性比值低的溶出液。图 7-7 所示为套管式管道化溶出器示意图。

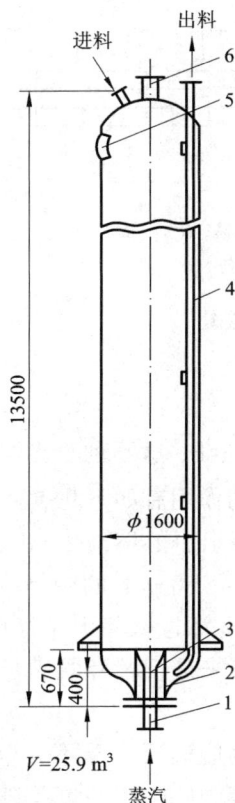

1—蒸汽管；2—套筒；3—蒸汽喷嘴头 $\phi350$ mm；
4—出料管 $\phi194$ mm×12 mm；5—人孔；
6—不凝性气体排出管 $\phi57$ mm×3.5 mm。

**图 7-6　用蒸气直接加热的压煮器**

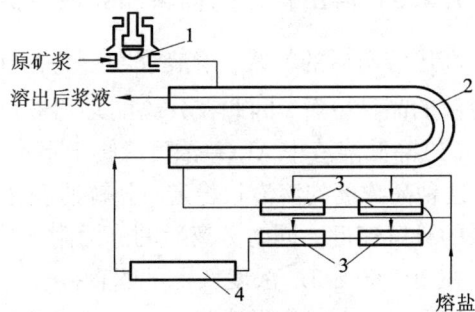

1—隔膜泵；2—套管热交换预热段；
3—熔盐加热段；4—保温段。

**图 7-7　套管式管道化溶出器示意图**

　　原矿浆用隔膜泵送入管道内，与溶出高温料浆进行热交换以预热矿浆，然后在熔盐加热段用高温熔盐间接加热到溶出所需的温度，并在保温段保温溶出。溶出后的高温料浆与原矿浆进行热交换以回收热量同时达到降温的目的。管道总长度为 1150 m 左右。

　　图 7-8 是自蒸发器式管道化溶出装置。目前国外新建氧化铝厂和老厂改建多采用这种溶出装置。原矿浆用隔膜泵送进管道内，用溶出后的高温料浆在多级自蒸发器产生的二次蒸汽在套管内间接加热来预热矿浆，最后进入高温段由熔盐(或高温蒸汽)作为加热介质，间接加热到溶出温度。这种溶出装置管道总长达 2588 m。

$P$—隔膜泵；$B_1 \sim B_8$—自蒸发蒸汽预热段；$E_1 \sim E_8$—自蒸发器；$K$—冷凝水槽；
$B_0$—矿浆与溶出后浆液热交换段；$S$—加热段。

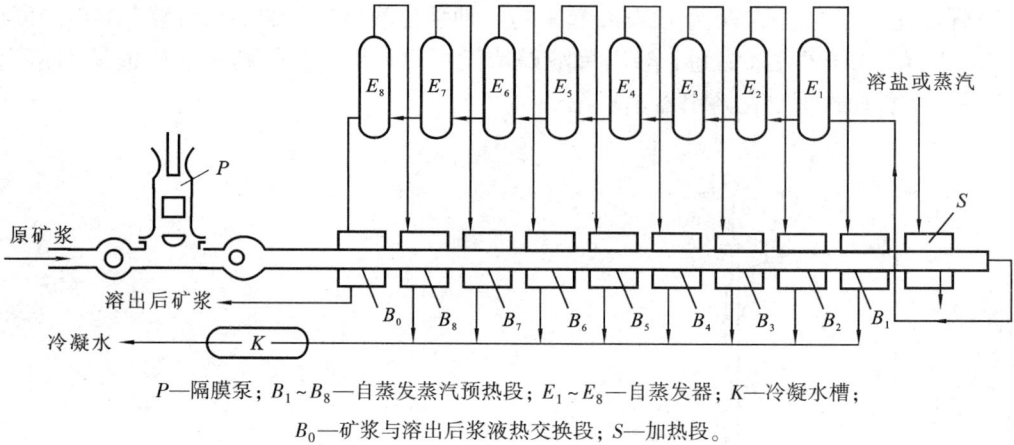

图 7-8  自蒸发器式管道化溶出器示意图

### 7.4.5  溶出料浆的稀释和赤泥分离洗涤

高压溶出后的料浆，溶液浓度很高，$Al_2O_3$ 的浓度达 250 g/L，这不利于赤泥分离和分离后溶液的晶种分解，因此在分离前必须进行稀释。稀释作业的作用有如下几点：

（1）降低溶液中 $Al_2O_3$ 浓度，便于下一工序晶种分解。溶出后的溶液中 $Al_2O_3$ 的浓度很高，这种高浓度的溶液很稳定，分解速度很慢，必须降到 130~150 g/L 的中等浓度，才能有较快的分解速度。同时分离后的赤泥附液中的有用成分经过洗涤进入赤泥洗液中，$Al_2O_3$ 的浓度在 30~50 g/L，浓度低也不能直接进行分解。用赤泥洗液来进行稀释既满足了晶种分解的浓度要求，又回收了洗液中的 $Al_2O_3$ 和 $Na_2O$。

（2）稀释使铝酸钠溶液进一步脱硅。在溶出时发生的自动脱硅反应是不完全的，当溶液中的 $SiO_2$ 达到平衡浓度脱硅反应便停止进行。而 $SiO_2$ 在溶液中的平衡浓度是随 $Al_2O_3$ 降低而降低。例如将 $Al_2O_3$ 浓度由 260 g/L 稀释到 140 g/L，$SiO_2$ 的平衡浓度由 1.6 g/L 下降到 0.4 g/L，硅量指数由 162.5 上升到 350，从而大大提高了溶液的纯度，可提高产品的质量。

（3）便于赤泥沉降分离作业。溶出料浆的赤泥分离是在沉降槽中进行的。料浆浓度大则黏度也高，进行分离作业非常困难。经过稀释降低黏度，有利于分离作业的进行。

稀释后的赤泥浆进入沉降槽沉降分离，溢流中含有少量的微粒赤泥浮游物，经控制过滤后送往晶种分解。分离沉降槽的底流即赤泥渣中还会有相当数量的溶液，需用热水进行多次逆向洗涤回收其中的 $Al_2O_3$ 和 $Na_2O$，赤泥洗液送往稀释，洗涤后的赤泥送往赤泥堆场。

### 7.4.6  铝酸钠溶液晶种分解

#### 7.4.6.1  铝酸钠溶液的晶种分解

铝酸钠溶液的分解过程不同于一般无机盐溶液的结晶过程。过饱和的铝酸钠溶液的分解速度非常缓慢，主要是晶核形成需要很长的诱导期。添加晶种使之成为现成的结晶核心，能克服铝酸钠溶液均相成核的困难。

铝酸钠溶液晶种分解用下式表示：

$$NaAl(OH)_4 + xAl(OH)_3 + aq \Longrightarrow (x+1)Al(OH)_3 + NaOH + aq$$
（晶种）

晶种加入量通常用晶种系数表示，即加入种子中的 $Al_2O_3$ 与溶液中所含 $Al_2O_3$ 的量比。晶种分解加入的种子量很大，其晶种系数达到 1.0~2.5。

#### 7.4.6.2　晶种分解的主要技术经济指标

衡量晶种分解作业的主要指标是分解率、产出率以及分解槽的单位产能。

(1)种分分解率。分解率是以分解出来的氢氧化铝中所含 $Al_2O_3$ 的量与分解原液中 $Al_2O_3$ 的总量的百分比值来表示，其计算按下式进行：

$$\eta = \left[\frac{A_原 - A_母 \cdot \dfrac{N_原}{N_母}}{A_原}\right] \times 100 = (1 - \frac{\alpha_原}{\alpha_母}) \times 100\%$$

式中

$A_原$，$A_母$；$N_原$，$N_母$；$\alpha_原$，$\alpha_母$——分别为分解原液和分解母液中的 $Al_2O_3$ 和 $Na_2O$ 浓度和苛性比值。

(2)产出率。从单位体积分解原液中分解出来的 $Al_2O_3$ 的量称为产出率。

$$Q = A_原 \cdot \eta$$

式中　$Q$——产出率，$kg/m^3$；

$A_原$——原液 $Al_2O_3$ 浓度，$kg/m^3$；

$\eta$——分解率，%。

显然，分解原液的 $Al_2O_3$ 浓度较高时可获得较高的产出率。

(3)分解槽单位产能。分解槽的单位产能是指单位时间内从分解槽单位体积中分解出来的 $Al_2O_3$ 量：

$$P = \frac{A_原 \cdot \eta}{\tau} = \frac{A_原 \cdot (\alpha_母 - \alpha_原)}{\tau \cdot \alpha_母}$$

式中　$P$——分解槽单位产能，$kg/(m^3 \cdot h)$；

$\tau$——分解时间，h。

可见，提高分解原液 $Al_2O_3$ 浓度和分解母液与分解原液苛性比差值有利于提高产能，而延长时间则产能反而下降。

#### 7.4.6.3　分解工艺及分解槽

(1)分解工艺。大型氧化铝厂晶种分解采用连续分解作业流程(见图 7-9)。铝酸钠溶液首先经热交换器降温，用泵送入连续分解槽的首槽(进料槽)，同时向进料槽加入 $Al(OH)_3$ 晶种，分解浆液利用具有一定梯度的流槽从前一个分解槽流向后一个分解槽。分解过程在一组分解槽中连续进行，最后一个为出料分解槽。分解产出的 $Al(OH)_3$ 从出料分解槽出料，进行过滤，一部分返回首槽作晶种，一部分作 $Al(OH)_3$ 产品，经过洗涤送去煅烧。

不同的厂家由于处理的原料不同，作业技术条件不同；各自对产品质量有不同要求，因而工艺技术条件也不相同，参见表 7-5。

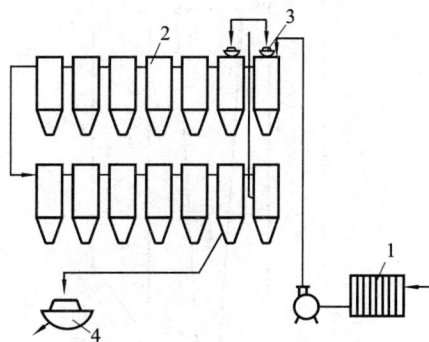

1—板式热交换器；2—种分槽；
3—种子过滤机；4—成品过滤机。

图 7-9　连续分解流程

表 7-5 国外各种类型氧化铝的分解条件

| | | 粉状 | | 中间状 | | 砂状 | | |
|---|---|---|---|---|---|---|---|---|
| | | 一般范围 | 欧洲 | 一般范围 | 日本 | 一般范围 | 美国宾加拉厂 | 日本横木漠厂 |
| 分解原液 | $Al_2O_3/(g \cdot L^{-1})$ | 106~156 | 118.5 | 119~131.5 | 124.5 | 78~115.5 | 114 | 125 |
| | $Na_2O_4/(g \cdot L^{-1})$ | 117~152 | 128.5 | 112.3~120 | 116.5 | 76~105 | 102 | 116.2 |
| | $\alpha_K$ | 1.7~1.6 | 1.785 | 1.55~1.50 | 1.54 | 1.60~1.50 | 1.48 | 1.54 |
| 分解母液 $\alpha_K$ | | | 4.0 | 2.76~2.53 | 2.69 | | 2.46 | 2.54 |
| 种子比(种子/产品) | | 0.5~2.0 | | 1.0~1.50 | 1.20 | 0.8~1.20 | 0.93~1.60 | 1.2~1.3 |
| 分解率/% | | | 55.3 | 43.5~42.2 | 42.8 | | 40 | 40 |
| 分解时间/h | | 72~120 | 96 | 32~40 | 37 | 36~38 | 27 | 35 |
| 初温/℃ | | 55~60 | 50~60 | 65~70 | 67 | 65~75 | 72~73 | 65~70 |
| 终温/℃ | | 40~50 | | 55~60 | 57 | 55~65 | 65 | 60 |
| 产品(>44 μm)/% | | | | 65~75 | 70 | 90 | | 94 |

（2）分解槽。晶种分解的主要设备是分解槽。目前分解槽有空气搅拌槽和机械搅拌槽两种形式。

空气搅拌槽结构见图 7-10。压缩空气从主风管进入，在中央循环管下部形成料浆与空气的混合物，因其密度小于管外料浆密度而上升，促使料浆循环而达到搅拌目的。

机械搅拌槽结构见图 7-11。螺旋桨叶具有特殊形状，槽壁上装设有挡板，可以造成很强烈的搅拌强度而动力消耗并不增加。

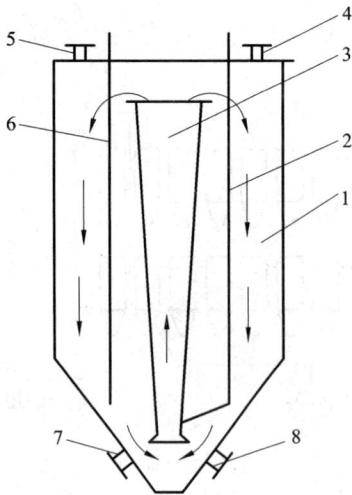

1—分解槽；2—主风管；3—中央循环管；
4—进料口；5—排气口；6—副风管；
7—入口；8—出料口。

图 7-10 空气搅拌分解槽

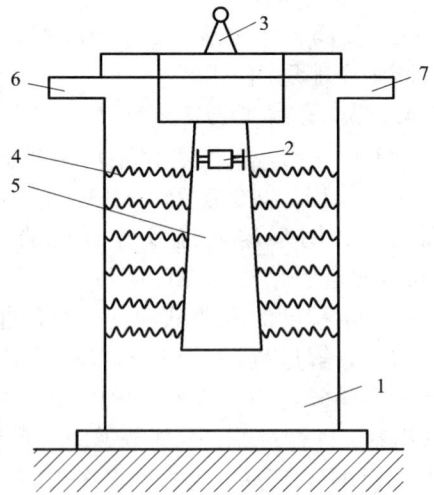

1—槽体；2—叶轮；3—传动装置；
4—盘旋冷凝管；5—中心循环管；
6—进料溜槽；7—出料溜槽。

图 7-11 机械搅拌分解槽

砂状氧化铝对粒度有严格要求。国外厂家都是以三水铝石型铝土矿为原料，获得的铝酸钠溶液浓度和苛性比值均低，过饱和程度高，晶种分解时有利于生产出粗颗粒的氢氧化铝。

以一水硬铝石型矿石为原料，在目前溶出条件下，分解原液浓度和苛性比值高，按照三水铝石为原料的分解作业条件难以生产出粗粒产品。为了满足铝电解对砂状氧化铝的要求，国内外均在研究从高浓度高苛性溶液中生产砂状氧化铝的分解工艺。图 7-12 为瑞士铝业公司提出的"新瑞铝"法工艺流程，其特点是分解过程分两段进行。第一段为附聚，第二段为晶粒长大。控制一定的工艺技术条件，可获得砂状氧化铝产品。我国在这方面的研究也取得了成功。

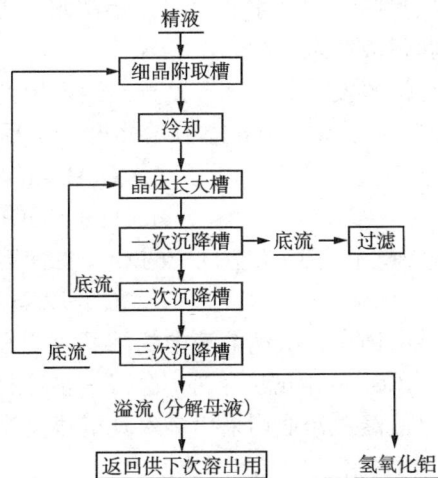

图 7-12 "新瑞铝"法晶种分解工艺流程图

### 7.4.7 氢氧化铝煅烧

氢氧化铝经洗涤过滤后，仍含有 10% 左右的附着水和 34.5% 的结晶水。氢氧化铝煅烧的任务是除去附着水和结晶水，并使 $Al_2O_3$ 发生晶型转变，获得符合电解要求的含有一定数量 $\alpha-Al_2O_3$ 的氧化铝。

在煅烧过程中，温度 100~200℃下脱去附着水；250~300℃下 $Al(OH)_3$ 脱去两个结晶水；500℃左右脱去最后一个结晶水转变成 $\gamma-Al_2O_3$。900~1200℃下 $\gamma-Al_2O_3$ 转变成 $\alpha-Al_2O_3$，因这一过程进行缓慢，因此可根据需要控制煅烧温度和时间来达到控制 $\alpha-Al_2O_3$ 的含量的目的。上述脱水和相变过程中，根据理论计算，煅烧 1 kg 的 $Al_2O_3$ 理论上只需要 $2.42\times10^6$ J 的热量。

传统的煅烧设备是回转窑。用回转窑煅烧氢氧化铝的实际热耗为 1 kg 氧化铝 $5.4\times10^6$ J。因此，热效率低是回转窑的致命缺点。

国外从 40 年代起开始研究将流态化技术应用于氢氧化铝煅烧，60 年代投入工业生产。鉴于流态化焙烧热耗低，仅 $(3.14~3.20)\times10^6$ J/kg $Al_2O_3$，而且具有投资少、维修费用低、产品质量好和自动化水平高等优点，因此国外厂家广泛使用。我国一些氧化铝厂于 80 年代开始引进此项技术，获得了很好的效果。图 7-13 为循环流态化焙烧炉的示意图。

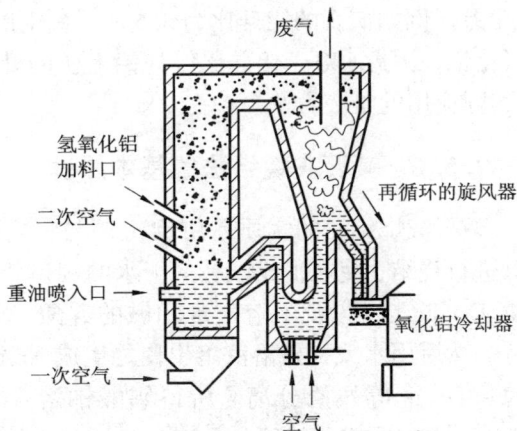

图 7-13 循环流态化焙烧炉

### 7.4.8 分解母液蒸发

母液蒸发的任务是维持生产系统中水量平衡和提供能满足铝土矿溶出所需碱浓度的循环母液。拜尔法生产氧化铝是一个闭路循环作业流程，母液中的碱是循环使用的。生产过程加

147

入了大量的赤泥洗水和氢氧化铝洗水，使循环碱的浓度远远低于溶出所需的浓度，因此必须将分解母液蒸发浓缩。

母液蒸发的另一任务是排出进入生产系统中的碳酸钠，维持系统中 $Na_2CO_3$ 的平衡。如前所述，矿石中的碳酸盐在溶出时发生反苛化反应：

$$CaCO_3 + 2NaOH \Longrightarrow Na_2CO_3 + Ca(OH)_2$$

$$MgCO_3 + 2NaOH \Longrightarrow Na_2CO_3 + Mg(OH)_2$$

此外，由于吸收空气中的 $CO_2$ 也使溶液中少量 NaOH 转化成 $Na_2CO_3$：

$$CO_2 + 2NaOH \Longrightarrow Na_2CO_3 + H_2O$$

碳酸钠在铝酸钠溶液中的溶解度是随全碱浓度的提高而降低的，因此随着母液蒸发浓缩，$Na_2CO_3$ 的溶解度下降，会以一水苏打（$Na_2CO_3 \cdot H_2O$）的形式结晶析出。

母液蒸发作业均采用多效真空蒸发设备。

### 7.4.9 苏打苛化

母液蒸发析出的 $Na_2CO_3 \cdot H_2O$，必须转变成 NaOH 才能返回生产系统。

拜尔法采用石灰苛化法，先将 $Na_2CO_3 \cdot H_2O$ 溶解，然后加入石灰乳，在一定温度下发生下述苛化反应：

$$Na_2CO_3 + Ca(OH)_2 \Longrightarrow 2NaOH + CaCO_3 \downarrow$$

工业生产上苛化温度为 95 ℃以上，时间需 2 h 左右。为保证高的苛化率，苛化作业需加入过量的石灰。

# 7.5 碱石灰烧结法生产氧化铝

拜尔法生产氧化铝具有许多优点，但是随着矿石铝硅比的降低，拜尔法的经济效果就明显变差。例如矿石的铝硅比为 3.5 时，氧化铝的理论溶出率只有 71.4%，而碱耗达到 250 kg/t 氧化铝。因此，对于铝硅比低的铝土矿的处理就必须采用其它方法。目前，碱石灰烧结法是实际应用的唯一方法。

### 7.5.1 碱石灰烧结法的基本原理

碱石灰烧结法的实质是将铝土矿与一定量的苏打、石灰（或石灰石）配成炉料（俗称生料）进行烧结，使之生成以易溶于水的固体铝酸钠（$Na_2O \cdot Al_2O_3$）和易于水解的固体铁酸钠（$Na_2O \cdot Fe_2O_3$）以及不溶于水和碱的硅酸二钙（$2CaO \cdot SiO_2$）为主要成分的熟料（又称烧结块）。然后用水或稀碱溶液溶出使之生成 $NaAl(OH)_4$ 和 NaOH，从而与不溶性的 $2CaO \cdot SiO_2$ 和 $Fe(OH)_3$ 等残渣分离。所得铝酸钠溶液用 $CO_2$ 进行碳酸化分解，得到 $Al(OH)_3$ 和以 $Na_2CO_3$ 为主要成分的碳分母液。$Al(OH)_3$ 煅烧得 $Al_2O_3$，而母液返回流程与下一批矿石进行配料烧结。过程中碳酸碱是循环使用的，每循环一次得到一批氧化铝产品。

### 7.5.2 碱石灰烧结法的基本流程

碱石灰烧结法基本工艺流程和设备配置见图 7-14 和图 7-15。

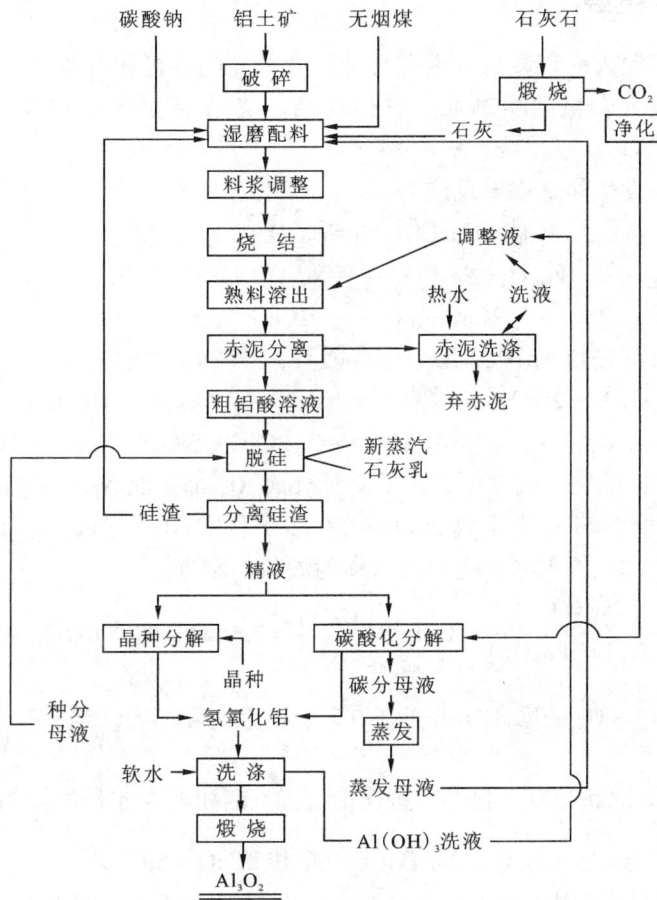

图 7-14　碱石灰烧结法基本工艺流程

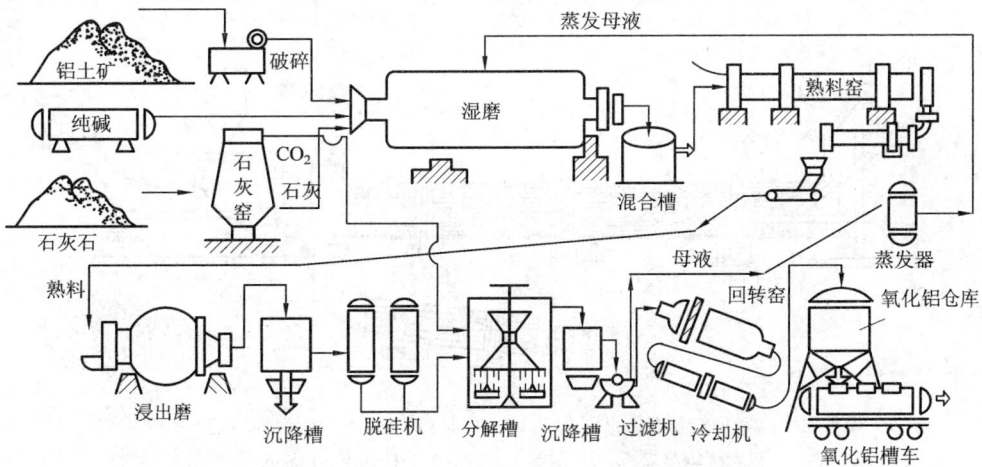

图 7-15　碱石灰烧结法工艺流程设备配置

### 7.5.3 炉料的烧结

破碎后的铝土矿配入一定数量的碳分母液以及补充的苏打和石灰(或石灰石)以后，经细磨、料浆成分调整成为合格的生料浆，进行烧结。烧结温度在 1250 ℃ 左右，视炉料成分而定。

烧结过程中炉料发生如下主要反应：

$$Al_2O_3 + Na_2CO_3 \Longrightarrow Na_2O \cdot Al_2O_3 + CO_2$$
$$Fe_2O_3 + Na_2CO_3 \Longrightarrow Na_2O \cdot Fe_2O_3 + CO_2$$
$$2CaO + SiO_2 \Longrightarrow 2CaO \cdot SiO_2$$

矿石中的高岭石首先与 $Na_2CO_3$ 反应生成霞石，再被 CaO 分解：

$$Al_2O_3 \cdot 2SiO_2 + Na_2CO_3 \Longrightarrow Na_2O \cdot Al_2O_3 \cdot 2SiO_2 + CO_2$$
$$Na_2O \cdot Al_2O_3 \cdot 2SiO_2 + 4CaO \Longrightarrow 2(2CaO \cdot SiO_2) + Na_2O \cdot Al_2O_3$$

应该指出，在正常的烧结温度下，为了使所有 $Al_2O_3$ 都生成 $Na_2O \cdot Al_2O_3$，所有 $Fe_2O_3$ 都生成 $Na_2O \cdot Fe_2O_3$，所有 $SiO_2$ 都生成 $2CaO \cdot SiO_2$，炉料中 $Al_2O_3$、$Fe_2O_3$、$SiO_2$、$Na_2CO_3$、CaO之间一定要满足一定的比例关系，这种关系称为炉料的配方。

当生料浆中 $\dfrac{[Na_2O]}{[Al_2O_3]+[Fe_2O_3]} = 1.0$ 和 $\dfrac{[CaO]}{[SiO_2]} = 2.0$ 时，即 $Na_2O$ 与 $Al_2O_3$ 及 $Fe_2O_3$ 的摩尔比等于 1.0，CaO 与 $SiO_2$ 的摩尔比等于 2.0 时，称为饱和配方。当 $\dfrac{[Na_2O]}{[Al_2O_3]+[Fe_2O_3]} < 1.0$，$\dfrac{[CaO]}{[SiO_2]} < 2.0$ 时称为不饱和配方。显然，从理论上说，饱和配方才是最好的配方，它能保证烧结熟料中主要成分是 $Na_2O \cdot Al_2O_3$、$Na_2O \cdot Fe_2O_3$ 和 $2CaO \cdot SiO_2$。

炉料烧结是在回转窑中进行的(见图 7-16)。我国氧化铝厂使用的回转窑的规格有 $\phi 4.3$ m $\times 72$ m、$\phi 4$ m$\times 100$(m)、$\phi 3.0$ m$\times 51$(m) 等。烧结回转窑多用煤粉作燃料，窑前有煤粉系统，生料浆由窑后用 1~2 级泥浆泵通过喷嘴喷入窑内，在与窑气充分接触进行热交换的过程中，

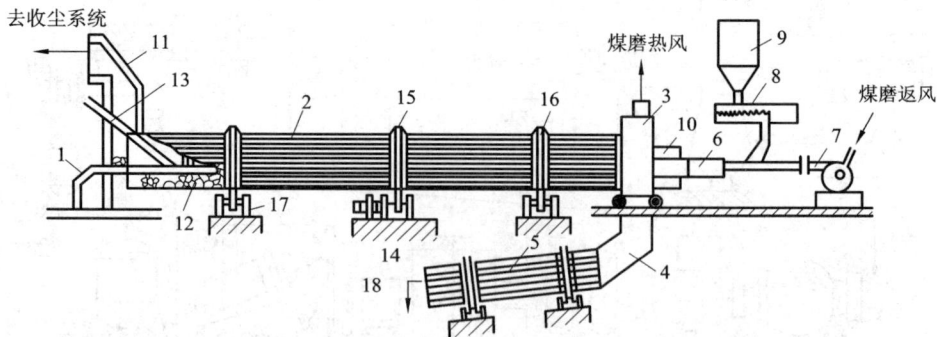

1—燃料喷枪；2—回转窑筒体；3—窑头罩；4—熟料流槽；5—单筒冷却机；6—喷煤管；
7—鼓风机；8—双管螺旋给煤机；9—煤粉仓；10—窑头操作室；11—窑尾罩；12—刮料器；
13—返灰管；14—马达；15—大齿轮；16—领圈；17—托轮；18—裙式输送机。

**图 7-16　回转窑系统结构图**

水分迅速蒸发，干料落到窑衬上随窑体转动向高温带移动并完成烧结反应，得到由铝酸钠、铁酸钠、二钙硅酸为主要成分的多孔的块状熟料。熟料从下料口排出进入圆筒冷却机冷却。窑尾有多级收尘系统捕集窑灰并返回窑内。废气排空。

### 7.5.4　熟料溶出

熟料溶出的目的是使熟料中的 $Na_2O \cdot Al_2O_3$ 尽可能完全溶解，$NaO \cdot FeO_3$ 则尽可能完全水解，使有用成分 $Al_2O_3$ 和 $Na_2O$ 获得高的溶出率，而其它成分则尽可能少或不分解。

熟料溶出是用生产过程中产生的赤泥洗液和氢氧化铝洗液配制的低碱溶液（工业上称为调整液）来进行溶出的。国内的氧化铝厂采用湿磨溶出，溶出作业是在球磨机中进行的。

溶出过程中的主要反应为：

（1）固体铝酸钠发生溶解：

$$Na_2O \cdot Al_2O_3 + 4H_2O === 2NaAl(OH)_4$$

此反应进行速度很快。

（2）固体铁酸钠水解。固体铁酸钠不溶于水，但在水中会发生水解反应，生成 NaOH 进入溶液，而含水氧化铁进入渣中成为赤泥的主要组分之一。

$$Na_2O \cdot Fe_2O_3 + 2H_2O === Fe_2O_3 \cdot H_2O + 2NaOH$$

（3）二钙硅酸。$2CaO \cdot SiO_2$ 有三种不同的同质异晶体，即 $\alpha\text{-}2CaO \cdot SiO$、$\beta\text{-}2CaO \cdot SiO_2$ 和 $\gamma\text{-}2CaO \cdot SiO_2$，其中以 $\gamma\text{-}2CaO \cdot SiO_2$ 最稳定。在熟料烧结时形成的是 $\beta\text{-}2CaO \cdot SiO_2$，它在水中几乎不溶解，但会被 NaOH 和 $Na_2CO_3$ 分解：

$$2CaO \cdot SiO_2 + Na_2CO_3 + aq === Na_2SiO_3 + 2CaCO_3 + aq$$

$$2CaO \cdot SiO_2 + 2NaOH + aq === Na_2SiO_3 + 2Ca(OH)_2 + aq$$

使 $SiO_2$ 进入溶液且继续与 $NaAl(OH)_4$ 发生反应：

$$Na_2SiO_3 + 2NaAl(OH)_4 + aq === Na_2O \cdot Al_2O_3 \cdot SiO_2 \cdot 2H_2O \downarrow + 2NaOH + aq$$

$$2NaAl(OH)_4 + 3Ca(OH)_2 + xNa_2SiO_3 + aq$$

$$=== 3CaO \cdot Al_2O_3 \cdot xSiO_2 \cdot yH_2O \downarrow + 2(1+x)NaOH + aq$$

溶出过程中这些二钙硅酸与碱及铝酸钠之间的反应称之为二次反应，其结果是使已经进入溶液的 $Al_2O_3$ 和 $Na_2O$ 又生成不溶性的铝硅酸盐进入渣中，从而造成 $Al_2O_3$ 与 $Na_2O$ 的化学损失。由此造成的 $Al_2O_3$ 及 $Na_2O$ 的损失称为二次反应损失。当溶出条件控制不当时，二次反应损失可达非常严重的程度。

我国烧结法成功地研究出低温（80~85 ℃）、低苛性比值（$\alpha_K = 1.25$）、高碳酸钠浓度（25~30 g/L），并使已经溶出的铝酸钠溶液与尚未分解的 $2CaO \cdot SiO_2$ 能快速分离的二段湿磨溶出工艺流程，有效地抑制了二次反应的大量发生，使 $Al_2O_3$ 和 $Na_2O$ 的溶出率分别达到 90% 和 95% 以上。

二段湿磨溶出的特点是物料在一段磨中停

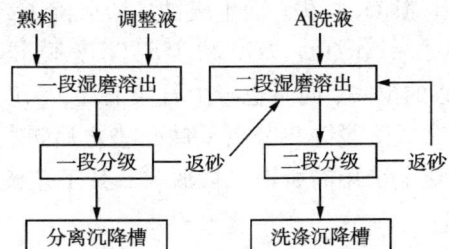

图 7-17　二段湿磨溶出工艺流程

留的时间只有几分钟，一段分级出来的溢流赤泥粒子少，颗粒较粗（未过磨）易沉降，这样使赤泥能快速与溶液分开，减少 $2CaO \cdot SiO_2$ 与溶液的接触时间，减少二次反应发生。在二段溶出磨中则铝酸钠溶液浓度很低，也显著减少了二次反应。图 7-17 所示为二段湿磨溶出工艺流程。

### 7.5.5 铝酸钠溶液脱硅

熟料溶出分离过程中，尽管采用了各种技术措施来防止二次反应的大量发生，但 $2CaO \cdot SiO_2$ 部分被分解，$Na_2O \cdot SiO_3$ 进入铝酸钠溶液是不可避免的。因此在分离后的铝酸钠溶液中 $SiO_2$ 的浓度仍达到 $3 \sim 5$ g/L，当 $Al_2O_3$ 的浓度为 $110 \sim 120$ g/L，其硅量指数只有 $20 \sim 30$。从如此高 $SiO_2$ 的铝酸钠溶液中分解出的 $Al(OH)_3$ 是很不纯的，生产的 $Al_2O_3$ 所含 $SiO_2$ 会大大超过国家规定的指标，所以必须在送分解之前将其除去，这一作业过程称为脱硅。生产中将脱硅之前的溶液称为粗液；脱硅之后，硅量指数达到 400 以上的溶液，称为精液。合格的精液送去碳酸化分解，脱硅分为常规脱硅法和深度脱硅法。

#### 7.5.5.1 常规法脱硅

常规的脱硅方法是把粗液加热到 $150 \sim 170$ ℃，搅拌 $2 \sim 4$ h，溶液中的 $SiO_2$ 与 $NaAl(OH)_4$ 发生自动脱硅反应，生成水合铝硅酸钠(称为钠硅渣)，它在铝酸钠溶液中溶解度很小，故沉淀下来，使溶液的硅量指数达到 $300 \sim 400$，其反应为：

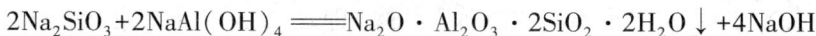

$$2Na_2SiO_3 + 2NaAl(OH)_4 \Longrightarrow Na_2O \cdot Al_2O_3 \cdot 2SiO_2 \cdot 2H_2O \downarrow + 4NaOH$$

为了提高脱硅效果，可在粗液中添加少量拜尔法赤泥作晶种。常规脱硅是在压煮器中进行的。

#### 7.5.5.2 深度脱硅

深度脱硅，又称为加石灰脱硅。它可使溶液的硅量指数达到 1000 以上。深度脱硅的具体操作是往溶液中加入一定数量的石灰，使 $SiO_2$ 生成水化石榴石。水化石榴石在铝酸钠溶液中的溶解度比含水铝硅酸钠更小，因而能达到深度脱硅。深度脱硅是在 $90 \sim 100$ ℃温度下及搅拌槽中进行的，其反应为：

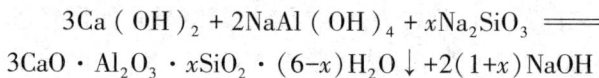

$$3Ca(OH)_2 + 2NaAl(OH)_4 + xNa_2SiO_3 \Longrightarrow 3CaO \cdot Al_2O_3 \cdot xSiO_2 \cdot (6-x)H_2O \downarrow + 2(1+x)NaOH$$

在深度脱硅条件下，水化石榴石中 $SiO_2$ 的饱和系数 $x$ 为 $0.1 \sim 0.2$。由此可见，1 g $SiO_2$ 约造成 11.3 g $Al_2O_3$ 损失，而生成钠硅渣脱除 1 g $SiO_2$ 只损失 1 g $Al_2O_3$。为了减少因深度脱硅而造成 $Al_2O_3$ 的损失，同时也减少石灰消耗，深度脱硅应该在常规法脱硅并分离了钠硅渣之后进行，这就是工业上采用的所谓二段脱硅，其工艺流程见图 7-18。

### 7.5.6 铝酸钠溶液碳酸化分解

在烧结法工厂中，铝酸钠溶液只有很少部分

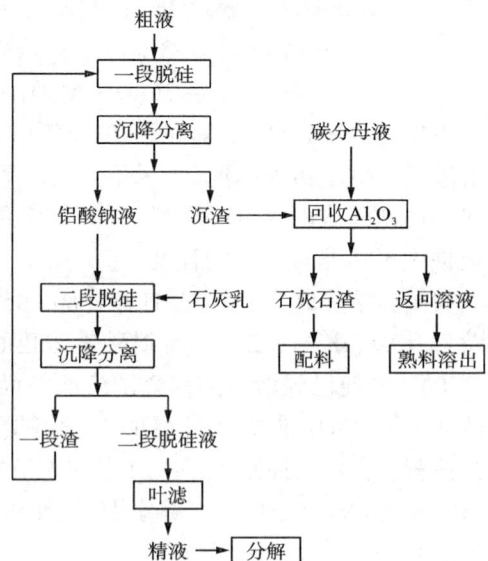

图 7-18 二段脱硅流程

用晶种分解产生 NaOH 含量高的种分母液,以满足生产工艺的要求,大部分铝酸钠溶液用 $CO_2$ 分解,即所谓碳酸化分解(简称碳分),析出 $Al(OH)_3$。分解后得到以 $Na_2CO_3$ 为主要成分的碳分母液,返回配料。碳分用的 $CO_2$ 气体由石灰炉提供。

碳分的原理是 $CO_2$ 作用于溶液中的 NaOH,使溶液的苛性比值降低,稳定性下降,引起溶液分解,析出 $Al(OH)_3$:

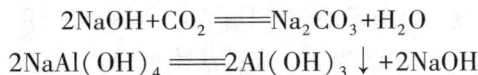

$$2NaOH+CO_2 \Longrightarrow Na_2CO_3+H_2O$$

$$2NaAl(OH)_4 \Longrightarrow 2Al(OH)_3\downarrow +2NaOH$$

由于分解时生成的 NaOH 不断被 $CO_2$ 中和,因此碳酸化分解速度很快,故有很高的分解率。

碳分过程中 $SiO_2$ 的行为具有重要的意义,因为它关系到产品氢氧化铝中 $SiO_2$ 含量。从碳酸化分解曲线(见图 7-19)可以看出,在碳分初期,随着 $Al(OH)_3$ 的析出,$SiO_2$ 与 $Al_2O_3$ 浓度有相同的下降规律;到了中期,氢氧化铝大量析出,$Al_2O_3$ 浓度急剧下降,而 $SiO_2$ 浓度几乎不变;到分解后期则 $SiO_2$ 浓度急剧下降。这一现象的产生是由于分解初期析出的氢氧化铝具有很大的分散度,能吸附 $SiO_2$。这种吸附随氢氧化铝结晶长大而减弱以致消失,因此中期 $SiO_2$ 浓度几乎不变。到了分解末期,$Al_2O_3$ 浓度已很低,$SiO_2$ 浓度达到介稳状态,继续通入 $CO_2$ 使 $Al(OH)_3$ 继续析出,$SiO_2$ 也就会大量析出。碳分就是要根据 $SiO_2$ 的行为来控制分解率以保证产品的质量。当然,铝酸钠溶液硅量指数越大,在保证质量的同时分解率也可控制得越高。碳分的设备是带有机械搅拌链条的搅拌槽,如图 7-20 所示。

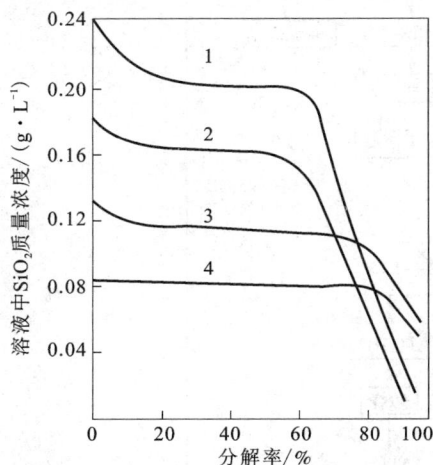

溶液 A/S:1—350;2—470;3—600;4—970。

图 7-19　碳分过程中 $SiO_2$ 析出变化曲线

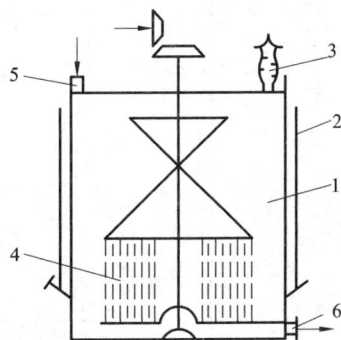

1—槽体;2—$CO_2$ 气体入管;
3—气液分离器;4—链持式搅拌器;
5—进料管;6—出料管。

图 7-20　图简形碳分槽

碳分目前还采用间断作业。每个作业周期分为进料、通入 $CO_2$ 分解、出料、清槽四个过程。碳分分解速度快,2~3 h 即可完成。碳分的分解率根据原液的硅量指数控制,硅量指数越高,控制分解率也越高。

## 7.6 联合法生产氧化铝

拜尔法和碱石灰烧结法是氧化铝生产的两个主要方法,各有优缺点。在某些情况下,采用拜尔法和烧结法的联合生产流程,可以兼得两种方法的优点,取得较单一的拜尔法或烧结法更好的经济效果,同时又使铝土矿资源得到更充分合理的利用。联合法有串联、并联及混联三种流程。联合法原则上以拜尔法为主,烧结法生产只占总生产的 10%~30%。

### 7.6.1 并联法流程

并联法(见图 7-21)由两个平行的生产系统组成。主体部分是用拜尔法处理铝硅比高的铝土矿,辅助部分是用烧结法处理铝硅低的硅铝土矿,烧结法部分的铝酸钠溶液并入拜尔法系统进行晶种分解,补偿拜尔法系统的苛性碱损失。并联法的另一优点是充分合理地利用铝土矿资源。

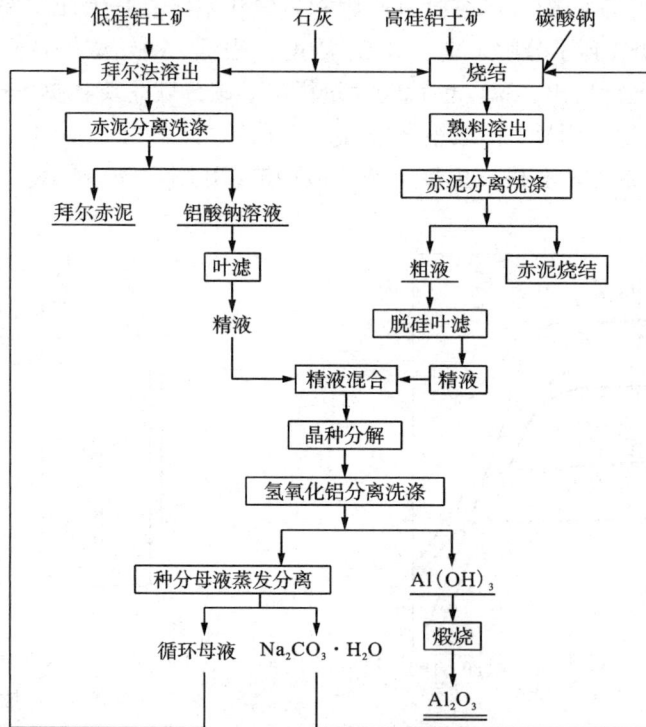

图 7-21 并联联合法工艺流程

### 7.6.2 串联法工艺流程

串联法流程(图 7-22)的实质在于全部铝土矿首先用拜尔法处理,而含有大量氧化铝和苛性钠的拜尔法赤泥再用烧结法处理,所得铝酸钠溶液同样并入拜尔法系统进行晶种分解,而从蒸发母液中析出的一水苏打则送烧结法系统配料。采用串联法将使 $Al_2O_3$ 的总回收率较高。

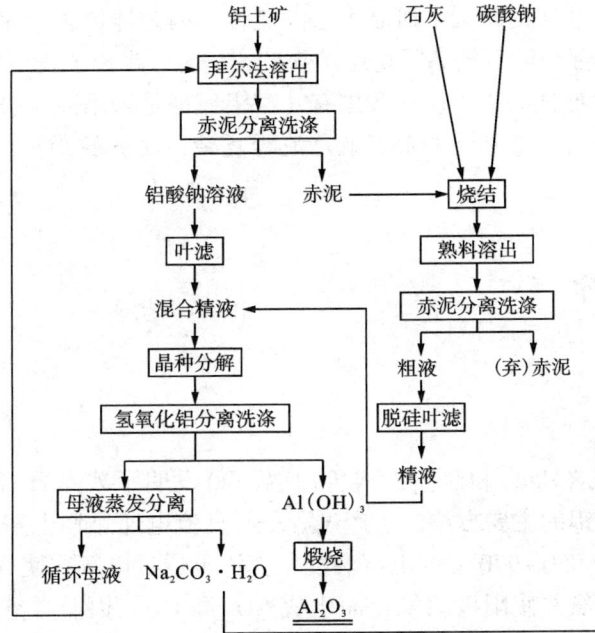

图 7-22　串联联合法工艺流程

串联法最宜处理中等品位的矿石。

## 7.6.3　混联联合法工艺流程

混联法(图 7-23)是兼有串联与并联的一种联合方法。在拜尔法赤泥中添加一部分铝硅比低的矿石作为烧结法的原料进行烧结。烧结法系统的铝酸钠溶液大部分并入拜尔法系统进行种分,以补偿拜尔法的碱耗,少部分进行碳分。

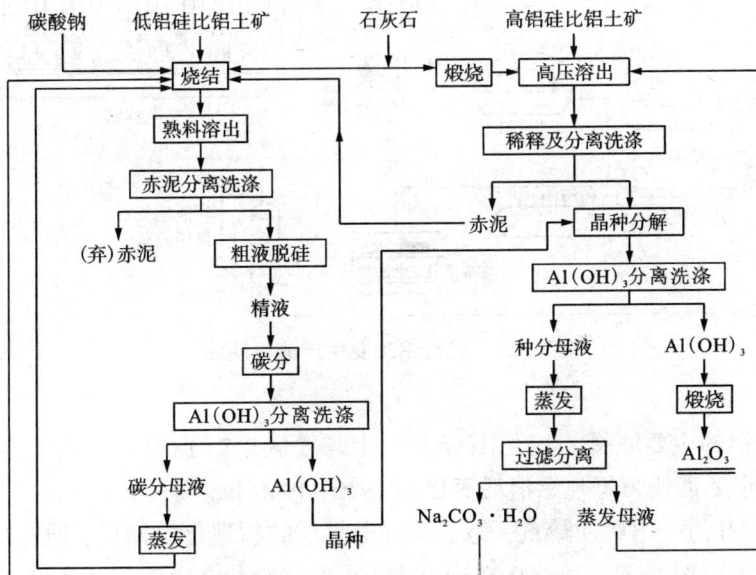

图 7-23　混联联合法工艺流程

混联实质上是在串联法的基础上研制出来的流程。因为拜尔法赤泥铝硅比较低，烧结作业技术较难控制，加入部分矿石提高了烧结炉料的铝硅比，改善了烧结作业。

混联法最适合高硅低铁的铝土矿。我国有几家铝厂都是采用混联法流程。

所有联合法流程都有一个共同的缺点就是流程复杂，设备多，两个系统互相制约，技术管理难度大。

## 7.7 铝电解生产

### 7.7.1 概述

自 1886 年美国霍尔（Hall）和法国人埃鲁（Héroult）发明了冰晶石-氧化铝熔盐电解炼铝以来，该法就成为生产铝的主要方法。生产过程是，直流电通过铝电解槽，依靠电流的焦耳热使电解质熔化并维持 950~970 ℃的电解温度。直流电通过电解质使 $Al_2O_3$ 分解，在阴极上析出铝，在阳极上析出氧并使阳极碳氧化而生成 $CO_2$ 和 $CO$。铝液真空抽出，经澄清净化浇铸成锭。阳极气体中常含有少量的有害的氟化物气体和粉尘，经过净化，废气排放到大气，回收的氟化物返回电解槽。图 7-24 所示为铝电解生产工艺流程图。

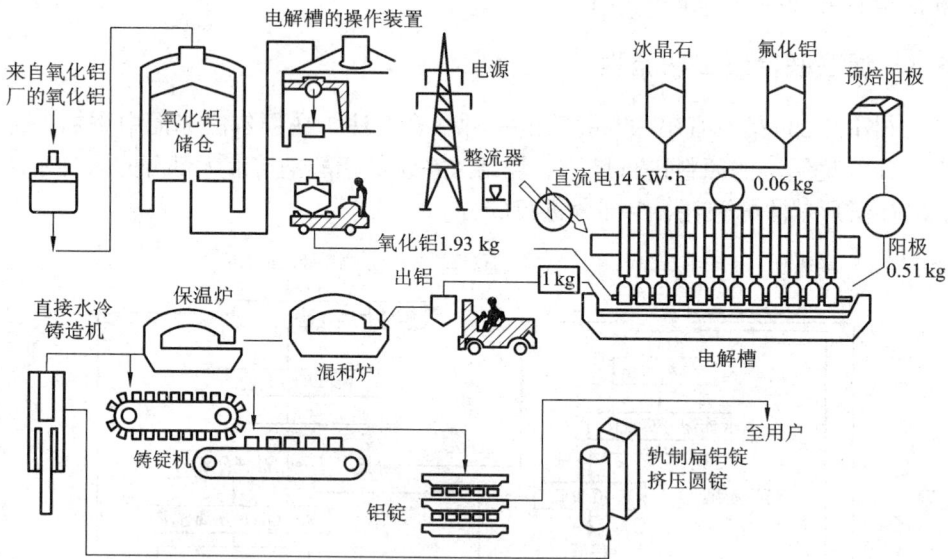

图 7-24　现代铝工业生产流程简图

氧化铝是炼铝的主要原料、生产 1 t 铝理论上需要氧化铝 1889 kg，由于生产与运输过程中的机械损失，实际消耗为每吨铝消耗氧化铝 1920~1940 kg。

冰晶石（$Na_3AlF_6$）是电解质熔剂，为了改善电解质的物理化学性质，通常加入少量 $AlF_3$、$CaF_2$、$MgF_2$ 及 $LiF$ 等添加剂。虽然从理论上来说，这些氟盐在电解过程中并不消耗，但实际生产中因挥发和机械损失每吨铝需消耗氟化盐 30~40 kg。

铝电解槽采用消耗性碳阳极，即阳极上析出的氧与碳反应生成 $CO_2$ 和 $CO$。每吨铝消耗阳极碳 $400\sim450$ kg。

电解生产的另一消耗是直流电，现代铝工业每生产 1 t 铝的直流电耗为 $13000\sim15000$ kW·h。

我国铝矿资源和电力资源非常丰富，还有丰富的用来制造阳极碳的石油焦。萤石($CaF_2$)的储量也很多，可供生产冰晶石等氟盐，所以我国发展铝工业的前景是非常好的。

### 7.7.2　铝电解槽及电解系列

#### 7.2.2.1　铝电解槽

铝电解槽是电解炼铝的主要设备。一百多年来，电解槽的槽型历经由小型预焙阳极→侧部导电自焙阳极→上部导电自焙阳极→大型预焙阳极的发展过程。目前，用于电解炼铝的电解槽有两大类四种槽型。

(1)自焙阳极电解槽。自焙阳极电解槽，又分为侧插槽和上插槽，前者是我国中、小型铝厂的主要槽型，后者我国仅有一家铝厂采用。

侧插阳极棒自焙阳极铝电解槽结构如图 7-25 所示。侧插槽的槽壳是一个钢制的长方形外壳，内部衬有保温砖和耐火砖，炉膛由炭块砌成。底部炭块构成槽底阴极，其中插有导电阴极钢棒。侧插槽的阳极是由碳素材料制成，由阳极框架支承悬挂在槽中并通过传动机构(阳阳极提升机构)使阳极升降，以调节两极之间的距离。在阳极框架内衬有 $1\sim2$ mm 厚的铝箔箱，阳极糊(经 1300 ℃ 左右高温煅烧的沥青焦、石油焦等作为骨料和黏结剂形成的块状碳素材料)加在铝箔箱内，在通电的情况下，借助自身的电阻热和电解质传给的热量，将其软化成糊状，最后烧结成形——阳极锥体。阳极导电钢棒在烧结前与水平成 $15°\sim20°$ 角度从阳极侧面钉入，共四排，其中上面两排不导电，留作备用，下面两排用软母线与阳极导电母线连接导电。随着电解作业的进行，铝箔箱与阳极碳不断消耗，阳极糊则不断补充，并被烧结，以保持电解过程的连续进行，故又称为连续自焙阳极。

图 7-26 是在侧插槽的基础上发展起来的上插槽，它的阳极导电钢棒是从上垂直插入阳极。在阳极框套四周装有铸铁集气罩，且延伸到面壳上的氧化铝料层内将面壳上的空间密封起来，阳极气体汇集在集气罩内，并经燃烧器燃烧，送净化处理。上插槽更有利于机械化作业和加大电解槽容量。

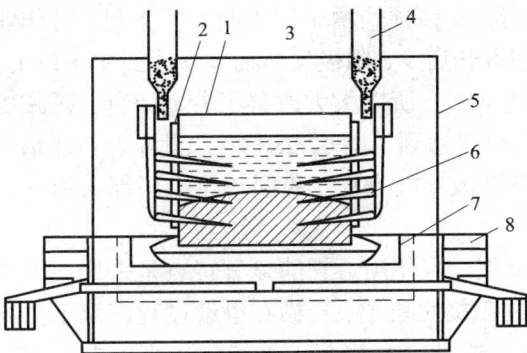

1—铝箱；2—阳极框架；3—阳极锥体(炭阳极)；
4—$Al_2O_3$ 料斗；5—槽罩；6—阳极棒；7—阴极棒；8—槽钢壳。

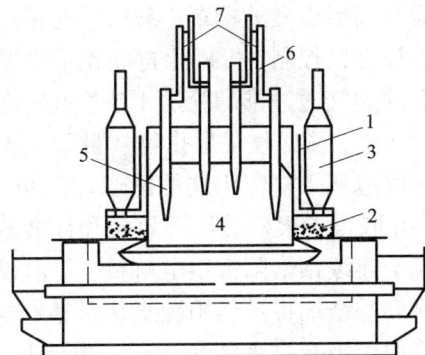

**图 7-25　侧部导电自焙阳极电解槽**

1—阳极框套；2—集气罩；3—燃烧器；4—炭阳极料斗；
5—阳极棒；6—铝合金导杆；7—阳极母线大梁。

**图 7-26　上部导电自焙阳极电解槽**

　　自焙槽的最大缺点是生产过程中除了散发含氟烟气之外，还散发出大量的沥青烟，且捕集率低(特别是侧插槽)，所以对环境污染比较严重。此外，这类电解槽阳极电阻大，因此电能消耗较高。但这类电解槽，特别是侧插槽结构简单，投资省，阳极连续使用，所以中小铝厂广为使用。

　　(2)预焙阳极铝电解槽。预焙阳极电解槽也有两种，即不连续预焙阳极电解槽(图7-27)和连续预焙阳极电解槽(图7-28)。

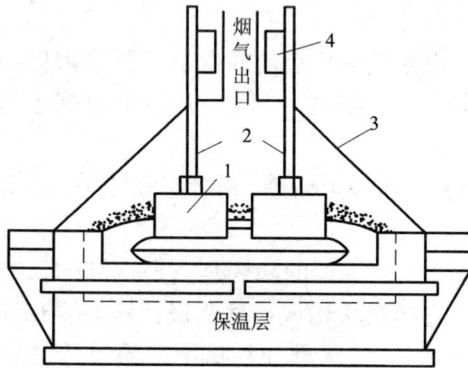

1—预焙阳极；2—铝导杆；3—槽罩；4—阳极母线大梁。

图7-27　现代不连续预焙槽结构示意图

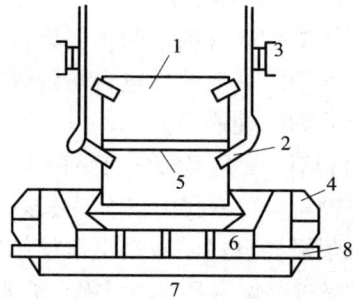

1—阳极炭块；2—阳极棒；3—阳极母线；4—槽壳；
5—炭块接缝；6—阴极炭块；7—保温层；8—阴极棒。

图7-28　连续预焙电解槽

　　随着电力与电极工业的发展以及先进高效率的半导体整流设备的推广应用，为了适应现代文明生产，保护环境，减少烟害，同时加大电解槽容量，扩大生产规模等要求，自20世纪50年代以来，出现了现代化的大型不连续预焙阳极铝电解槽。

　　预焙阳极是由预先成形焙烧好的阳极炭块组所组成。阳极炭块组数由电解槽的电流强度(俗称电解槽容量)和炭块尺寸所决定。阳极炭块组分布在阳极大母线两侧。电流自阳极大母线通过铝导杆导入阳极炭块。随着电解过程的进行，阳极炭块不断消耗，消耗到一定程度就必须更换，所以这种阳极是不连续作业的。更换下来的阳极叫残极，返回阳极制造厂回收处理。因为阳极是预先焙烧的，故电解生产过程中没有沥青烟气散发出来。另外这种电解槽上部设有用铝板做的槽罩，密封情况很好。现代化的大型预焙槽采用中间打壳下料，且作业完全由计算机控制，机械化自动化水平非常高，槽罩开启少，阳极气体捕集率达到95%以上，捕集后的烟气通过排烟管送干法净化，净化效果达99%，所以大大改善了劳动条件，既减少了环境污染，又回收了氟化物。目前，这种槽子的容量达到了160~280 kA。世界上新建铝厂和旧厂改造几乎都使用这种槽型。自90年代初引进该项技术后，我国新建铝厂都采用这种槽型，并取得了很好的经济效益和社会效益。

　　至于连续预焙阳极铝电解槽，目前仅在德国个别厂家使用。它的显著特点是采用一种特制的炭糊黏结剂将预焙阳极炭块黏结在快要耗完的阳极炭块上，炭糊在电解过程高温下焦结而将新旧阳极炭块黏结在一起。电流从侧部导入。这种电解槽与不连续预焙阳极电解槽相比，无须更换阳极，阳极连续使用，不产生残极。缺点是其接缝处电阻大，故生产的电耗高。

　　以上两类四种槽型，目前都有使用。世界上约50%的铝是用预焙阳极电解槽生产的。

7.7.2.2　铝电解系列

在铝电解生产中，将若干台同类型的电解槽串联在一个直流电路回路中构成一个电解生产系列。系列中电解槽的台数取决于电流强度和铝的总产量，也就决定了系列的额定直流电压。如一个年产 8 万 t 铝锭的系列，电流强度为 160 kA，则系列额定电压为 1100 V，系列中可配置生产电解槽 200 台。

系列中的铝电解槽设置在一个或多个厂房内，既可横向排列，也可纵向排列，既可排成单行，亦可排成双行。大型预焙阳极电解系列多为横向单排配置。

图 7-29 是电流强度为 130 kA，系列额定电压为 1100 V，总电解槽为 240 台，在厂房内为横向双排配置的铝电解系列。

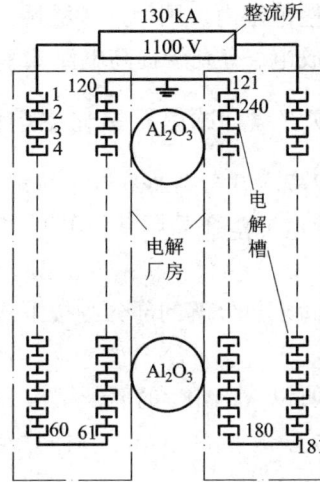

图 7-29　电解槽系列的配置

### 7.7.3　铝电解质及常用添加剂

铝电解质的主要成分是冰晶石($Na_3AlF_6$)和氧化铝。$Na_3AlF_6$ 是熔剂，$Al_2O_3$ 是电解过程消耗的原料。为了改善电解质的某些物理化学性质，如降低电解质的熔点、改善电解质的表面性质、提高导电率等，通常加入少量添加剂，最常用的添加剂有氟化铝($AlF_3$)、氟化钙($CaF_2$)、氟化镁($MgF_2$)以及氟化锂($LiF$)。

现代工业铝电解质的大致组成为：$Na_3AlF_6$ 80%～89%，$AlF_3$ 5%～7%，$CaF_2$ 2%，$MgF_2$ 3%～5%，$LiF$ 3%～5%，$Al_2O_3$ 3%～7%。

铝电解质的物理化学性质，包括熔度、密度、电导率、挥发性、$Al_2O_3$ 溶解度、黏度等。添加剂及电解质组成对这些性质的影响列于表 7-6 中。

表 7-6　电解质性质与添加剂的关系

| 电解质性质 | NaF | $AlF_3$ | $CaF_2$ | $MgF_2$ | LiF | $Al_2O_3$ |
|---|---|---|---|---|---|---|
| 熔度 | — | — | — | — | — | — |
| $Al_2O_3$ 溶解度 | + | — | — | — | — | / |
| 密度 | — | — | + | + | — | — |
| 黏度 | — | — | / | / | / | + |
| 挥发性 | — | + | / | / | / | — |
| 导电度 | + | — | — | — | + | — |

注："+"表示上升，"–"表示下降。

工业铝电解质常用电解质中所含氟化钠与氟化铝的分子比来表示电解质的酸碱性。冰晶石中氟化钠(NaF)与氟化铝($AlF_3$)的分子比为 3：1 时是中性的，称为中性电解质；当向冰晶石中加入 NaF 则分子比大于 3.0，称为碱性电解质；向冰晶石熔体加入 $AlF_3$，使分子比小于 3.0，称为酸性电解质。现代工业电解质中都加入一定数量的 $AlF_3$，使分子比控制在 2.6～2.8

的酸性范围内。因为这种酸性电解质熔点低,铝在电解质中的溶解度小,还可防止 $Na^+$ 在阴极上放电,有利于提高电流效率。

### 7.7.4 冰晶石氧化铝熔体的离子结构

#### 7.7.4.1 冰晶石熔体的离子结构

$Na_3AlF_6$ 在其熔点(1010 ℃)附近部分发生热分解:

$$Na_3AlF_6 \Longrightarrow 2NaF+NaAlF_4 \Longrightarrow 3Na^++2F^-+AlF_4^-$$

尚未热分解的部分则按下式解离:

$$Na_3AlF_6 \Longrightarrow 3Na^++AlF_6^{3-}$$

所以 $Na_3AlF_6$ 的离子结构为 $Na^+$、$F^-$、$AlF_4^-$、$AlF_6^{3-}$。

#### 7.7.4.2 $Na_3AlF_6$-$Al_2O_3$ 熔体的离子结构

$Al_2O_3$ 加入冰晶石熔体后,普遍认为将按下述反应生成铝氧氟络合离子:

$$4AlF_6^{3-}+Al_2O_3 \Longrightarrow 3AlOF_5^{4-}+3AlF_3$$

$$2AlF_6^{3-}+Al_2O_3 \Longrightarrow 3AlOF_3^{2-}+AlF_3$$

在低 $Al_2O_3$ 浓度时可能按下式生成桥式离子:

$$6F^-+4AlF_6^{3-}+Al_2O_3 \Longrightarrow 3Al_2OF_{10}^{6-}$$

$$2F^-+4AlF_4^-+Al_2O_3 \Longrightarrow 3Al_2OF_6^{2-}$$

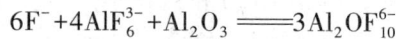

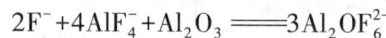

在高 $Al_2O_3$ 浓度时可能按下式反应生成铝氧络合离子:

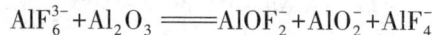

$$2F^{2-}+Al_2O_3 \Longrightarrow AlOF_2^-+AlO_2^-$$

$$AlF_6^{3-}+Al_2O_3 \Longrightarrow AlOF_2^-+AlO_2^-+AlF_4^-$$

在熔体中,$Al^{3+}$ 和 $O^{2-}$ 都是以络合离子的形式存在的。

### 7.7.5 铝电解槽的两极反应

从上节知道,$Na_3AlF_6$-$Al_2O_3$ 熔体的离子结构中阳离子有单质的 $Na^+$ 和络合的 $Al^{3+}$。在电解温度为950~970 ℃的条件下,钠的析出电位比铝的析出电位负250 mV 左右。因此,正常电解条件下在阴极上放电的是络合的 $Al^{3+}$。

$$Al_{(络合)}^{3+}+3e^- \Longrightarrow Al$$

钠与铝的析出电位并不是一成不变的,当电解质分子比增大,$Na^+$ 的活度增加;当 $Al_2O_3$ 浓度低时,$Al^{3+}$ 的活度减小,相应 $Na^+$ 的活度也增大;电解温度升高和阴极电流密度增大等条件都会使 $Al^{3+}$ 和 $Na^+$ 的电位差减小。当其差值等于或接近于零时,则 $Na^+$ 就会在阴极上放电析出:

$$Na^++e^- \Longrightarrow Na$$

这一放电反应被视为阴极副反应之一,它会导致电流效率降低。

在阳极炭上是铝氧氟络合离子中的 $O^{2-}$ 放电,发生电化学反应。

$$2O_{(络)}^{2-}-4e^-+C \Longrightarrow CO_2$$

$CO_2$ 被视为第一阳极反应产物。

铝电解的结果只消耗了 $Al_2O_3$ 和碳,因此电解过程总反应式为:

$$Al_2O_3+1.5C \Longrightarrow 2Al+1.5CO_2 \uparrow$$

但是工业铝电解槽上的阳极气体中总含有 20%~30%的 CO。这是 $CO_2$ 与碳(碳渣或直接为阳极炭)发生布多尔反应以及溶解在电解质中的铝与 $CO_2$ 反应的结果:

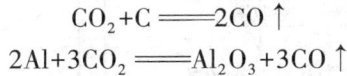

$$CO_2+C \Longrightarrow 2CO\uparrow$$

$$2Al+3CO_2 \Longrightarrow Al_2O_3+3CO\uparrow$$

后一个反应是造成铝电解电流效率降低的主要原因,称之为二次反应损失。

在电解温度下,根据反应式 $Al_2O_3+1.5C \Longrightarrow 2Al+1.5CO_2$ 进行计算,$Al_2O_3$ 的理论分解电压为 1.19 V。而工业电解槽中测得的实际分解电压达 1.4~1.7 V,比理论值高 0.2~0.5 V。这主要是由于 $O^{2-}_{(络)}$ 在炭阳极上放电过程受到阻滞所产生的阳极超电压。阳极超电压受许多因素影响,因此不同电解槽在不同技术条件下其结果就不一样。

铝电解生产中,在阳极上还会发生一种特殊现象,就是阳极效应。电解槽发生阳极效应的最显著特征是电解槽的槽电压由正常时的 4~4.5 V 突然升高到 30 V 甚至更高,阳极周围发生电弧光火花并伴随发生电弧的噼啪声,电解质停止正常沸腾,实际电解过程停止。

阳极效应发生的基本原因是电解质中 $Al_2O_3$ 浓度降低到了某一极限值(一般在 2%以下)。$Al_2O_3$ 是表面活性物质,当 $Al_2O_3$ 浓度太低时,电解质与阳极炭的界面张力增大,电解质对阳极炭润湿不好,从而导致阳极气体不能从阳极表面上逸出,而在阳极底掌形成一层电阻很大的气膜,使电压迅速升高以致发生阳极效应。

阳极效应的发生可以判断电解槽的工作状况,采取调节电解槽温度,净化电解质,溶解槽底沉淀等措施。但阳极效应频频发生将造成系列电流不稳定,增加电耗,也增加劳动强度。所以生产上采用阳极效应系数即每台电解槽每 24 h 允许发生效应的次数来控制,一般效应系数不超过 1.0。

### 7.7.6　烟气净化

根据国家环保要求,冶金工厂从设计到生产在考虑生产工艺的同时也应考虑三废治理,确保环境卫生与安全。因此从电解槽排放出来的有害烟气必须治理。

铝电解槽中排放出来的有害物质包括气态污染物和固态污染物两种。

气态污染物:气态物质包括阳极过程产生的 $CO_2$、CO,阳极效应发生时放出的 $CF_4$,氟化盐水解产生的 HF 以及 $SiF_4$ 等,自焙槽则还有沥青烟。

固态污染物:固态物质主要是原料挥发和飞物产生的 $Al_2O_3$、C、$Na_3AlF_6$、$Na_5Al_3F_{14}$(亚冰晶石)等粉尘,最有害的是氟化物和吸附了 HF 的 $Al_2O_3$ 粉尘。

对于烟气的净化,铝电解槽有湿法与干法两种工艺。

湿法净化通常用 5%的碳酸钠溶液淋洗含氟烟(尘)气,使之生成 NaF 和 $NaHCO_3$,而后用 $NaAl(OH)_4$ 液合成 $Na_3AlF_6$ 返回电解槽中。

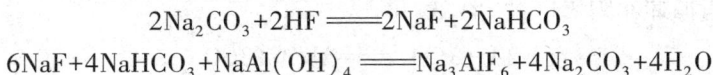

$$2Na_2CO_3+2HF \Longrightarrow 2NaF+2NaHCO_3$$

$$6NaF+4NaHCO_3+NaAl(OH)_4 \Longrightarrow Na_3AlF_6+4Na_2CO_3+4H_2O$$

其作业流程如图 7-30 所示。

干法净化是用活性 $Al_2O_3$ 吸附烟气中的氟化氢,并截留烟气中的粉尘。

$Al_2O_3$ 对 HF 的吸附为化学吸附,吸附后在一定温度下使 $Al_2O_3$ 转化成 $AlF_3$。

$$Al_2O_3+6HF \Longrightarrow 2AlF_3+3H_2O$$

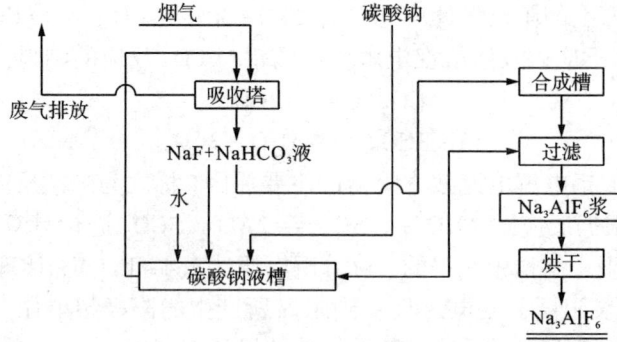

图 7-30　烟气湿法净化流程

这一过程进行速度很快，在 0.5~1.5 s 内即可完成。干法净化要求采用比表面积大、吸附力强的砂状氧化铝，其净化效率可达 99%。目前，我国大型预焙槽都使用干法净化，因为干法净化具有方法简单，净化效果好，载氟 $Al_2O_3$ 可直接返回电解槽并无二次污染源产业等优点。干法净化设备流程如图 7-31 所示。

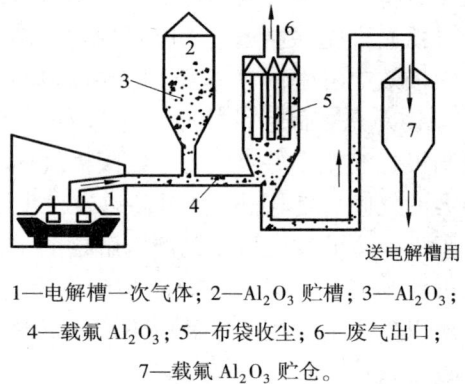

送电解槽用

1—电解槽一次气体；2—$Al_2O_3$ 贮槽；3—$Al_2O_3$；
4—载氟 $Al_2O_3$；5—布袋收尘；6—废气出口；
7—载氟 $Al_2O_3$ 贮仓。

图 7-31　工厂烟气干法净化

### 7.7.7　铝电解的主要经济技术指标

#### 7.7.7.1　电流效率

电流效率是铝电解一项重要的经济指标，它直接影响铝电解生产的经济效果。铝电解的电流效率用下面的公式计算：

$$\eta_i = \frac{Q}{0.3356 I \times \tau} \cdot 100\%$$

式中　$\eta_i$——电流效率，%；

0.3356——铝的电化当量，g/(A·h)；

$\tau$——电解时间，h

$I$——电流强度，A

$Q$——$\tau$ 时间内的实际产铝量，g。

目前，铝电解槽的电流效率一般在 88%~90%，世界上最先进的能达到 93%~95%。电流效率低的原因主要有以下几点：

(1)阴极铝的溶解与氧化是造成电流效率低的主要原因，即阴极上析出的铝会返溶到电解质中并随电解质循环在阳极区被 $CO_2$ 氧化：

$$2Al+3CO_2 === Al_2O_3+3CO$$

(2)其它离子在阴极上放电。如前所述，在某些极端情况下，$Na^+$ 在阴极上放电析出：

$$Na^+ + e^- === Na$$

析出的钠只有少量进入金属铝，大部分被碳吸收或氧化燃烧。

(3)离子的不完全放电。当电压太低或阴极电流密度太小时，$Al^{3+}$ 在阴极上放电不完全，生成一价铝离子。

$$Al^{3+}+2e^-\!=\!\!=\!\!=Al^+$$

生成的 $Al^+$ 随电解质循环到阳极区又氧化成三价的铝离子：

$$Al^+-2e^-\!=\!\!=\!\!=Al^{3+}$$

(4)电流空耗。当电解质中发生电子导电、漏电和短路时，造成电流空耗，不发生电化学反应。

影响电流效率的因素很多。一般来说，采用较低的电解温度和分子比较低的酸性电解质，保持适宜的 $Al_2O_3$ 浓度，维持规整的炉膛以保证较高的阴极电流密度，合理的母线配置和适当的两极间的距离，这些都有利于提高铝电解槽的电流效率。

#### 7.7.7.2　电能效率与电能消耗

电能效率与电能消耗是铝电解槽的又一项重要经济指标。

电能效率是指生产出一定数量的铝理论上所需的电能与实际消耗电能之比。

$$\eta_E=\frac{W_{理}}{W_{实}}\times100\%$$

铝电解的第一电解反应为

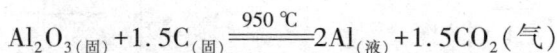

$$Al_2O_{3(固)}+1.5C_{(固)}\xrightarrow{950\ ℃}2Al_{(液)}+1.5CO_2(气)$$

把原料 $Al_2O_3$ 和碳从室温加热到电解温度 950 ℃，并完成上述反应，通过计算求得理论电耗为 6320 kW·h/t Al，如果实际电耗为 13500 kW·h/t Al，则其电能效率为：

$$\eta_E=\frac{6320}{13500}\times100\%=46.8\%$$

可见铝电解电能效率很低。

铝电解槽电能消耗用下式计算：

$$W=\frac{\overline{V_{槽}}}{0.3356\eta_i}\times1000=2980\frac{\overline{V_{槽}}}{\eta_i}\quad(kW·h/t\ Al)$$

式中　$\overline{V_{槽}}$——铝电解槽的平均槽电压，V。

其中　$\overline{V_{槽}}=V_{槽}+V_{效应分摊}+V_{槽外导线分摊}$

式中　$V_{槽}$——电解槽的工作电压，V；

　　　$V_{效应分摊}$——发生阳极效应时电压升高分摊的每台电解槽的电压增加；

　　　$V_{槽外导线分摊}$——电解槽外的连接母线产生的电压分摊值。

可见铝电解槽的电能消耗与电解槽的平均槽电压及电流效率有关。凡降低槽电压及提高电流效率的措施均能降低电能消耗。

#### 7.7.7.3　铝电解槽的电压平衡

从电能效率的计算式可以看出，它与铝电解槽的工作电压有着十分重要的关系。铝电解槽的工作电压，可用电压表直接测量，故又称表压，可用下式表示：

$$V_{槽}=\Delta V_{质}+\Delta V_{阳}+\Delta V_{阴}+\Delta V_{导}+E_{实}$$

式中　$\Delta V_{质}$——电解质电压降，V；

　　　$\Delta V_{阳}$——阳极电压降，V；

　　　$\Delta V_{阴}$——阴极电压降，V；

$\Delta V_{导}$——导电母线电压降，V；

$E_{实}$——$Al_2O_3$ 的实际分解电压，V。

图 7-32 为某铝电解槽的电压分配图。

从铝电解槽的电压组成可见，其中电解质电压降占槽电压的 39%。

$\Delta V_{质}$ 可用下式计算：

$$\Delta V_{质} = I \cdot R_{质} = I \frac{\rho L}{S_{平均}}$$

式中 $I$——电解槽的电流强度，A；

$R_{质}$——电解质的电阻，$\Omega$；

$\rho$——电解质的电阻率，$\Omega \cdot cm$；

$L$——电解槽的极距，cm；

$S_{平均}$——电解槽的平均截面积，$cm^2$。

可见，减小极距和降低电解质的电阻率亦或提高电解质的电导率就可降低电解质的电压降。

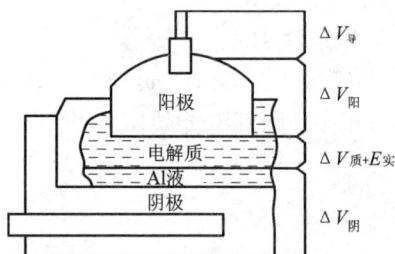

**图 7-32 铝电解槽电压分配图**

| 项 目 | V | % |
|---|---|---|
| $E_{实}$ | 1.65 | 38 |
| $\Delta V_{质}$ | 1.7 | 39 |
| $\Delta V_{阳}$ | 0.4 | 9.2 |
| $\Delta V_{阴}$ | 0.4 | 9.2 |
| $\Delta V_{导体}$ | 0.2 | 4.6 |
| 合 计 | 4.35 | 100 |

其次是氧化铝的分解电压为 1.65 V 而在 950 ℃ 时氧化铝的理论分解电压为 1.20 V。二者差值达 0.45 V，这主要来自阳极过电压，所以应力求减小阳极过电压。

工业实践中主要采用减小阳极电流密度（加大阳极断面尺寸），缩小的极间距离，添加 $CaF_2$、$MgF_2$、LiF 等添加剂来降低槽电压，以降低电耗。

铝电解的主要经济技术指标列于表 7-7 中。

**表 7-7 铝电解的主要经济技术指标**

| 项 目 | 指 标 | 项 目 | 指 标 |
|---|---|---|---|
| 电解温度/℃ | 950~970 | 电耗/($kW \cdot h \cdot t^{-1}$ Al) | 13500~15000 |
| 阳极电流密度/($A \cdot cm^{-2}$) | 0.7~0.76 | $Al_2O_3$/($kg \cdot t^{-1}$ Al) | 1920~1940 |
| 极距/cm | 4~4.5 | 水晶石/($kg \cdot t^{-1}$ Al) | 5~10 |
| 电流效率/% | 88~90 | $AlF_3$/($kg \cdot t^{-1}$ Al) | 15~20 |
| 原铝质量/%Al | 99.5~99.7 | 添加剂/($kg \cdot t^{-1}$ Al) | 5 |
| | | 阳极炭/($kg \cdot t^{-1}$ Al) | 400~450 |

## 复习思考题

1. 简述铝在国民经济中的作用。

2. 提取氧化铝的主要矿石有哪些？

3. 我国铝土矿的特点是什么？主要分布在哪些省区？

4. 何谓铝酸钠溶液的苛性比值？硅量指数？

5. 已知铝酸钠溶液的浓度为 $Al_2O_3$ 130 g/L，$Na_2O$/130 g/L，$Na_2O_{碳}$ 5 g/L，$SiO_2$ 0.4 g/L，求该溶液的苛性比值与硅量指数。

6. 简述浓度、苛性比值、温度、$SiO_2$ 等杂质对铝酸钠溶液稳定性的影响？

7. 简述拜尔法的基本原理。

8. 已知循环母液苛性比值为 3.40，溶出液苛性比值为 1.60，计算循环效率 $E$ 是多少？若 $\alpha_{母}$ 不变，$\alpha_{溶}$ 下降到 1.50，$E$ 提高多少？$\alpha_{母}$ 上升到 3.50，$\alpha_{溶}$ 为 1.60，$E$ 值提高多少？

9. 溶出料浆稀释的作用有哪些？

10. 为什么说拜尔法只宜处理铝硅比高的铝土矿？

11. 铝酸钠溶液分解时为什么加入大量晶种？

12. 铝酸钠晶种分解有什么特点？

13. 拜尔法有哪些优缺点？

14. 简述碱石灰烧结法基本原理。

15. 为什么碱石灰烧结法可以处理铝硅比低的铝土矿？

16. 什么是熟料溶出时的二次反应？工业上采用什么措施抑制二次反应？

17. 烧结法为什么必须设脱硅工序？脱硅方法有哪两种？

18. 铝酸钠溶液碳酸化分解过程中 $SiO_2$ 的行为如何？

19. 现代工业铝电解槽有哪几种结构类型？各有什么特点？

20. 工业铝电解质的基本组成怎样？常用哪些添加剂？其作用是什么？

21. 什么是铝电解槽的阳极效应？发生阳极效应的原因是什么？

22. 铝电解槽电流效率低的原因是什么？

23. 什么是铝电解质的分子比？什么叫酸性电解质？

24. 已知某电解槽的 $\Delta V_{阳}$ 为 0.4 V，$\Delta V_{阴}$ 为 0.5 V，$\Delta V_{质}$ 为 1.4 V，$\Delta V_{导}$ 为 0.12 V，$E_{分}$ 为 1.60 V，槽外导线电压分摊和阳极效率分摊各为 0.1 V，电流效率为 90%，试计算该电解槽的电能消耗和电能效率各是多少？

# 第 8 章　钨冶金

## 8.1　概述

### 8.1.1　钨冶金发展简史

钨是 1781 年瑞典化学家发现的,他用硝酸分解钨酸钙矿,获得了黄色钨酸。两年后人们又从黑钨矿中制得了黄钨酸。同年,用木炭还原三氧化钨首次制得了金属钨粉。

早期,钨冶金工业发展比较缓慢,直到 1855 年才发现钨作为钢的添加剂,炼出的钢具有特殊性能,这才加速了钨冶金工业的发展。到 20 世纪初,由于粉末冶金方法的发明,硬质合金的创造,使钨的生产进一步发展,直到目前碳化钨工具合金仍是用作金属切削工具的优良材料。

近年来,由于空间技术的迅速发展,对金属钨及其合金的需求量越来越大,尤其是对大尺寸异形件的需求量日益增加,因此更加促进了钨冶金工业的发展。1996 年世界钨精矿的总产量(含钨量)已近 4 万 t。

我国在 1911 年正式发现钨矿物,到 1918 年钨精矿的产量已居世界首位,但直到解放初期才建立钨冶金工业。40 多年来我国钨冶金技术得到了快速发展,钨的产量和钨的出口量均居世界首位。表 8-1 为我国历年钨精矿的产量和钨制品的出口量。可喜的是中国钨的出口已进入由过去长期的单纯出口原料转向出口加工产品为主的新阶段。例如,1995 年原料出口量占总出口量的比例已由 1980 年的 87.9% 下降为 0.6%。

表 8-1　我国历年钨精矿的产量和钨制品的出口量(钨含量)　　　　t

| 年　份 | 1980 | 1981 | 1985 | 1990 | 1991 | 1992 | 1993 | 1994 | 1995 |
|---|---|---|---|---|---|---|---|---|---|
| 产　量 | 23508 | — | 24899 | 32374 | 31859 | 25415 | 22889 | 27013 | 27477 |
| 出口量 | — | 15078 | — | 20056 | 18175 | 7944 | 14622 | 20450 | 21252 |

### 8.1.2　金属钨的性质

钨在元素周期表中属ⅥB族,原子序数 74,原子量 183.85,体心立方晶体,致密钨外观呈钢灰色,粗粒钨粉为灰色,细粒钨粉为深灰色,超细粒级钨粉为黑色。钨的重要物理性质如表 8-2 所示。

表 8-2 钨的主要物理性质

| | |
|---|---|
| 密度(20 ℃)/(g·cm$^{-3}$) | 19.3 |
| 熔点/℃ | 3410±20 |
| 沸点/℃ | 5700±200 |
| 平均比热(0~100 ℃)/(J·kg$^{-1}$·K$^{-1}$) | 138 |
| 熔化热/(kJ·mol$^{-1}$) | 40.13±6.67 |
| 蒸发热(沸点)/(kJ·mol$^{-1}$) | 858.99±4.59 |
| 升发热(25 ℃)/(kJ·mol$^{-1}$) | 847.8 |
| 热导率(0~100 ℃)/(W·m$^{-1}$·K$^{-1}$) | 174 |
| 电阻率(20 ℃)/(μΩ·cm) | 5.4 |

致密钨在常温下于空气中十分稳定，高于 500~600 ℃则迅速氧化为 $WO_3$，在低于钨的熔点温度下不与氢发生反应，与氮也只有在 2000 ℃以上才相互作用生成 $WN_2$。

常温下，钨对任何浓度的硫酸、盐酸、硝酸、氢氟酸及王水都是稳定的。加热到 100 ℃，钨在氢氟酸中仍是稳定的，与硫酸和盐酸发生微弱作用。硝酸和王水对钨的侵蚀稍微显著。钨能很快溶于氢氟酸和硝酸的混合酸中。其反应为：

$$W+6HF+6HNO_3 = WF_6+6H_2O+6NO_2\uparrow$$

钨在冷碱溶液中是稳定的，加热时可被碱液轻微侵蚀。在有氧或氧化剂(如 $KNO_3$、$KClO_3$)存在下，钨与熔融的苛性碱强烈地反应生成碱金属钨酸盐，其反应如下：

$$2W+2NaOH+2KNO_3+2\frac{1}{2}O_2 = Na_2WO_4+K_2WO_4+H_2O+2NO_2$$

常温下，钨能与氟作用生成易挥发性的氟化钨($WF_6$)，温度在 150~300 ℃下反应加快。而致密钨在高温(800 ℃)下才与氯发生激烈反应：

$$W+3Cl_2 = WCl_6$$

在 800~1000 ℃下，固体碳和含碳气体($CO$、$CH_4$ 等)都会与钨反应生成碳化钨($WC$)。

在 600~700 ℃时水蒸气可使钨剧烈氧化生成 $WO_3$：

$$W+3H_2O \rightleftharpoons WO_3+3H_2$$

钨与氧能生成一系列氧化物，最重要的有三氧化钨($WO_3$)、二氧化钨($WO_2$)和蓝色氧化钨($WO_{2.9}$ 与 $WO_{2.72}$ 的混合物)。其主要物理性质见表 8-3。

表 8-3 钨氧化物的主要性质

| 性质 | $WO_3$ | $WO_{2.9}$ | $WO_{2.72}$ | $WO_2$ |
|---|---|---|---|---|
| 性状 | 黄色粉末 | 蓝色粉末 | 紫色粉末 | 深褐色粉末 |
| 生成热/(kJ·mol$^{-1}$) | 842.5±2.9 | 807.5 | 754 | 589.5±6.3 |
| 密度/(g·cm$^{-3}$) | 7.2~7.4 | — | — | 11±0.1 |
| 熔点/℃ | ~1470 | — | — | ~1270 |
| 沸点/℃ | 1837 | | | ~1700 |

钨酸有两种，从沸腾的钨酸盐溶液中加酸中和析出的为黄色钨酸（$H_2WO_4$），而在常温下加酸沉淀析出的为胶态的白色钨酸（$WO_3 \cdot 2H_2O$ 或 $WO_3 \cdot H_2O$）。

三氧化钨和钨酸都能溶于苛性碱、苏打和氨溶液中，其反应为：

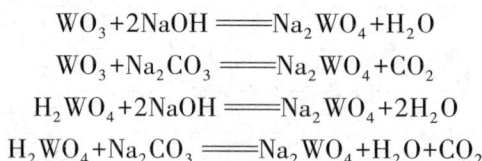

$$WO_3 + 2NaOH \Longrightarrow Na_2WO_4 + H_2O$$
$$WO_3 + Na_2CO_3 \Longrightarrow Na_2WO_4 + CO_2$$
$$H_2WO_4 + 2NaOH \Longrightarrow Na_2WO_4 + 2H_2O$$
$$H_2WO_4 + Na_2CO_3 \Longrightarrow Na_2WO_4 + H_2O + CO_2$$

在正钨酸盐中，除钾、钠、铵和镁盐外，其它金属的正钨酸盐均难溶于水。

将正钨酸盐溶液酸化，正钨酸根（$WO_4^{2-}$）将聚合成各种同多酸根，并生成相应的同多酸盐。例如，在 pH=6 时：

$$7H^+ + 6WO_4^{2-} \Longrightarrow HWO_{21}^{5-} + 3H_2O \qquad （很快）$$
$$2HWO_{21}^{5-} \Longrightarrow W_2O_{41}^{10-} + H_2O \qquad （很慢）$$

### 8.1.3　重要的同多酸盐

仲钨酸铵　简称 APT，分子式为 $5(NH_4)_2O \cdot 12WO_3 \cdot nH_2O$。将 $(NH_4)_2WO_4$ 溶液蒸发，或用酸中和，或用冷冻法，均可得到仲钨酸铵结晶，其反应为：

$$12(NH_4)_2WO_4 \xrightarrow{\Delta} 5(NH_4)_2O \cdot 12WO_3 \cdot nH_2O + 14NH_3 + (7-n)H_2O$$

$$12(NH_4)_2WO_4 + 14HCl \longrightarrow 5(NH_4)_2O \cdot 12WO_3 \cdot nH_2O + 14NH_4Cl + (7-n)H_2O$$

仲钨酸钠分子式为 $5Na_2O \cdot 12WO_3 \cdot 12H_2O$。

铵钠复盐分子式为 $3(NH_4)_2O \cdot Na_2O \cdot 10WO_3 \cdot 15H_2O$。

将 $Na_2WO_4$ 溶液中和到 pH=6.5~6.8，再加入 $NH_4Cl$，则生成铵钠复盐沉淀，其反应为：

$$10Na_2WO_4 + 6NH_4Cl + 12HCl + 9H_2O \Longrightarrow 3(NH_4)_2O \cdot Na_2O \cdot 10WO_3 \cdot 15H_2O + 18NaCl$$

偏钨酸铵分子式为 $(NH_4)_2O \cdot 4WO_3 \cdot 8H_2O$，简称 AMT。用白钨酸与钨酸铵溶液或仲钨酸铵溶液作用，或将仲钨铵酸晶体在 225~350℃ 下部分脱氨等方法可制得偏钨酸铵。偏钨酸铵在水中溶解度大。

在酸性及弱酸性溶液中，当有杂质硅酸盐、磷酸盐和砷酸盐等存在时，钨能以 $W_3O_{10}^{2-}$ 形态取代 $SiO_4^{4-}$、$PO_4^{3-}$ 等离子中的氧形成杂多酸及杂多酸盐，如 $H_3[P(W_3O_{10})]$、$H_3[As(W_3O_{10})_4]$、$H_4Si[W_3O_{10})_4]$ 等。以硅钨杂多酸为例，其反应为：

$$SiO_4^{4-} + 12WO_4^{2-} + 28H^+ \Longrightarrow H_4[Si(W_3O_{10})_4] + 12H_2O$$

钨杂多酸的特点是分子量大，在水中溶解度大，同时其水溶液的密度及黏度都大，因此在钨冶金中杂多酸的形成对沉淀回收金属钨及净化除杂都不利。在碱性条件下长期煮沸能使杂多酸及其盐转变为正盐。

### 8.1.4　钨的用途

由于钨及其化合物具有一系列优良的物理化学性质，无论金属钨还是各种钨合金及其化合物在国民经济中都得到了广泛的应用。钨材按照用途大致可分为四类：用于切削、耐磨、焊接和喷涂方面的碳化钨基硬质合金；基本上由纯钨轧制的产品；用于高速钢、工具钢、模具钢和各种有色金属合金元素；各种化工制品。

碳化钨基的硬质合金,由于在高温下(1000 ℃以上)硬度仍十分高,是良好的金属加工的刀具材料,能承受强烈的磨损。在采矿和石油工业中,主要用于钻头、推土机铲刃和粉碎机械上。它还广泛用于电气和运输设备的耐磨部分。

由纯的或基本上纯的钨金属制成的产品大量用于电气和电子工业。钨丝用作电灯的灯丝和电子管的阴极。由钨棒或钨板制的圆片用作汽车的电接触点,也在许多制品中用作触点。金属钨可用于热辐射的屏蔽,惰性气氛下焊接的电极,X 射线和阴极射线管的元件和高温电阻炉的加热元件。金属钨还广泛用于航空和航天工业。

钨作为合金成分主要用于高速钢、工具钢和模具钢,它也是高温强度合金和有色金属合金的重要组分。

钨的各种化工制品广泛用作催化剂、颜料、染料、缓蚀剂及媒染剂等。

### 8.1.5  钨的冶金原料

钨的冶金原料主要为各种钨的矿产品,但随着钨消费量的增加,二次金属回收占有越来越重要的地位。

据测算,钨在地壳中的含量为 $1.1 \times 10^{-6}$,已发现的钨矿物约有 20 多种,其中工业价值最大、储量最多的是黑钨矿和白钨矿。黑钨矿的化学分子式可用 $(Fe, Mn)WO_4$ 表示,即 $FeWO_4$ 与 $MnWO_4$ 的类质同相体。一般当 FeO 含量占($FeO+MnO$)总重的 $100\% \sim 80\%$ 时称为钨铁矿;FeO 占 $80\% \sim 20\%$,则称黑钨矿;FeO 占 $20\%$ 以下的称钨锰矿。白钨矿的化学分子式为 $CaWO_4$。黑钨矿外观呈黑褐色,密度为 $6.9 \sim 7.8$,硬度(莫氏)$5.0 \sim 5.5$,具弱磁性,含 $WO_3$ $69\% \sim 78\%$,能与 NaOH 和盐酸反应,也能与卤素作用。白钨矿外观呈白色、黄色、灰色或褐色,密度 $5.8 \sim 6.2$,硬度(莫氏)$4.5 \sim 5.0$,无磁性,易与盐酸反应。

钨的矿床按生成状态可分为两类,即脉矿和接触矿床。钨矿石中 $WO_3$ 含量并不高,一般含 $WO_3$ 只有百分之零点几,最富的矿也不过含 $2\% \sim 3\%$ $WO_3$。黑钨矿或白钨矿在矿床中常与磁铁矿、磁黄铁矿、黄铜矿、方铅矿、闪锌矿、锡石、黝锡、辉钼矿和毒砂等伴生。伴生的脉石主要有石英、长石、云母、萤石和方解石等。

开采出来的矿石,一般品位都很低,必须经过选矿法处理,以除去脉石矿物和降低杂质含量,并将黑钨矿与白钨矿分离得到黑钨精矿和白钨精矿。由于钨矿物密度大,因此主要用重力选矿精选钨矿,辅之以浮选、磁选或电选等。精选后的钨矿称为钨精矿,$WO_3$ 达 $50\%$ $\sim 70\%$。

世界上钨矿床分布在太平洋沿岸,形成断续的环带。我国蕴藏着巨大的钨矿床,据报道总资源量达到 420 万 t,约占世界钨总资源量的 47%。世界上产钨国家还有加拿大、秘鲁、俄罗斯、澳大利亚、西班牙、美国、英国、韩国和玻利维亚等。

### 8.1.6  钨冶炼的原则流程

钨冶金工艺过程一般要经过精矿分解、纯化合物制备、金属钨粉和致密钨生产等四个阶段。由于黑钨矿、白钨矿的性质不同,故其精矿分解的方法也不一样。图 8-1 为钨精矿的处理原则流程。

```
        黑钨精矿        白钨精矿
          │             │
      ┌───────┐     ┌─────────┐         ┌───────┐
      │ 碱液浸出 │     │苏打高压浸出│         │ 盐酸分解 │
      └───────┘     └─────────┘         └───────┘
          │             │                  │
          │             │               粗钨酸
          └──────→ 粗钨酸钠溶液 ←──────────────┐│
                      │                    ┌───┴──┐
                  ┌───────┐               │ 碱溶 │←──────────┐
                  │ 净化除杂 │               └──────┘          │
                  └───────┘                   ↑              │
                      │                       │              │
                  钨酸钠溶液 ────────────┐       │              │
          ┌───────┐       │           │       │              │
          │ 离子交换 │ ┌──────────┐ ┌────────┐  │              │
          └───────┘ │氯化钙沉淀钨 │ │ 溶剂萃取 │  │              │
                    └──────────┘ └────────┘  │              │
                         │                   │              │
                      人造白钨                 │              │
                    ┌───────┐                │              │
                    │ 酸分解 │                 │              │
                    └───────┘                │              │
                         │                   │              │
                      工业钨酸                 │              │
                    ┌───────┐                │              │
                    │ 氨水溶解 │←──────────────┘              │
                    └───────┘←───────────────────────────────┘
                         │
          ┌──────→ 钨酸铵溶液 ←─────────┐
          │          │
          │      ┌───────┐
          │      │ 蒸发结晶 │
          │      └───────┘
          │          │
          │       仲钨酸铵
          │      ┌───────┐
          │      │  煅烧  │
          │      └───────┘
          │          │
          │      蓝钨或WO₃
          │      ┌───────┐
          │      │ 氢还原 │
          │      └───────┘
          │          │
          ┌──────────┴──────────┐
     ┌─────────┐         ┌─────────┐
     │ 致密化制   │         │ 碳化制   │
     │ 钨丝或钨材  │         │ 硬质合金  │
     └─────────┘         └─────────┘
```

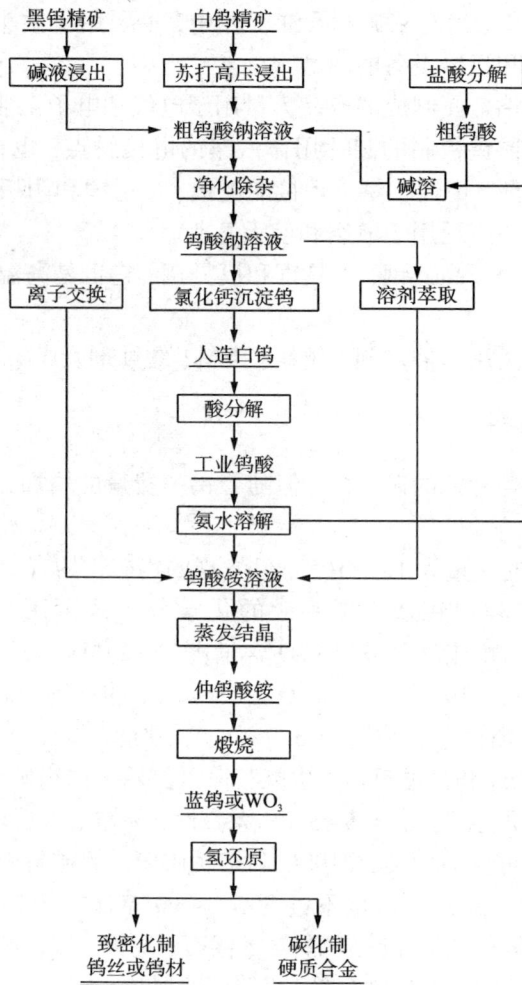

图 8-1   钨冶炼的原则流程

## 8.2   钨精矿的分解

目前工业上使用的矿物原料是黑、白钨精矿及难选黑、白钨混合中矿。常用的工业分解主要方法有苏打高压浸出法、苛性钠溶液浸出法和盐酸分解法。通常苛性钠溶液浸出法用于分解黑钨精矿,苏打高压浸出法和盐酸分解法适合处理白钨精矿。

### 8.2.1   苏打高压浸出法

苏打高压浸出法是处理白钨精矿的主要方法,特别是对低品位的白钨矿(含 $WO_3$ 12%左右)是一种有效的方法。它的实质是在 180~230 ℃下(压力 2.45~2.65 MPa),钨矿物与苏打($Na_2CO_3$)溶液相互作用,钨以 $Na_2WO_4$ 形态进入溶液,而钙、铁、锰以碳酸盐或部分以氧化物形态进入渣,从而达到初步分离的目的。分解过程的化学反应为:

$$CaWO_{4(固)} + Na_2CO_{3(液)} = Na_2WO_{4(液)} + CaCO_{3(固)}$$

分解过程的主要指标是分解率(或浸出率),它表征钨矿物原料的分解程度。分解率按下式计算:

$$分解率 = \frac{W_料 \cdot N - W_渣 \cdot N'}{W_料 \cdot N} \times 100\%$$

式中　$W_料$——钨矿物原料的质量,kg;

　　　$W_渣$——分解后钨渣的质量,kg;

　　　$N$——原料中 $WO_3$ 质量分数,%;

　　　$N'$——钨渣中不溶于水的 $WO_3$ 质量分数,%。

表 8-4 列出了分解反应在不同温度以及不同苏打用量下的浓度平衡常数 $K_c$,即反应达到平衡时浸出液中 $Na_2WO_4$ 的浓度与 $Na_2CO_3$ 的浓度之比值。同时列出了相应条件下分解率。由表 8-4 可知,当温度在 200~250 ℃,苏打用量为理论量(指按反应式 $CaWO_4 + Na_2CO_3 = Na_2WO_4 + CaCO_3$ 计算,$CaWO_4$ 完全分解转变为 $Na_2WO_4$ 所需的 $Na_2CO_3$ 量)的 2.0~2.5 倍时,钨的分解率(或浸出率)可达 99%以上。

表 8-4　$K_c$ 值和分解率与温度、苏打用量之间的关系

| 温度/℃ | 90 | 175 | 200 | 200 | 200 | 200 | 225 | 225 | 225 | 225 | 250 | 250 | 250 |
|---|---|---|---|---|---|---|---|---|---|---|---|---|---|
| 苏打用量为理论用量的倍数 | 1.0 | 1.0 | 1.0 | 1.5 | 2.0 | 2.5 | 0.75 | 1.0 | 1.5 | 2.0 | 1.0 | 1.5 | 2.0 |
| 钨的分解率/% | 31.6 | 54.7 | 58.6 | 82.9 | 97.9 | 99.4 | 45.9 | 60.8 | 89.9 | 99.5 | 63.4 | 92.3 | 98.4 |
| $K_c = [Na_2WO_4]/[Na_2CO_3]$ | 0.46 | 1.21 | 1.45 | 1.19 | 0.96 | 0.67 | 1.56 | 1.56 | 1.49 | 0.99 | 1.85 | 1.61 | 0.97 |

苏打高压浸出法也适用于处理黑钨精矿:

$$FeWO_{4(固)} + Na_2CO_{3(液)} = Na_2WO_{4(液)} + FeCO_{3(固)}$$

$$MnWO_{4(固)} + Na_2CO_{3(液)} = Na_2WO_{4(液)} + MnCO_{3(固)}$$

据计算,25 ℃下反应生成 $FeCO_3$、$MnCO_3$ 的平衡常数分别为 260 和 210。

反应生成物 $FeCO_3$ 在作业条件下不稳定,会进一步水解为 FeO:

$$FeCO_{3(固)} + H_2O = FeO\downarrow + H_2CO_3 \quad 或 = FeO\downarrow + H_2O + CO_2$$

当有氧化剂存在时,FeO 和 $MnCO_3$ 可进一步被氧化:

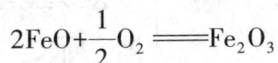

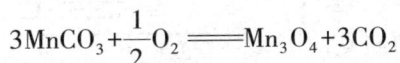

$$2FeO + \frac{1}{2}O_2 = Fe_2O_3$$

$$3MnCO_3 + \frac{1}{2}O_2 = Mn_3O_4 + 3CO_2$$

反应生成的 $CO_2$,一部分进入高压釜的气相空间,另一部分则溶解并与苏打作用生成碳酸氢钠:

$$CO_2 + H_2O + Na_2CO_3 = 2NaHCO_3$$

碳酸氢盐离子在浸出液中积累,将导致溶液 pH 下降,阻碍浸出进行。这就是苏打高压浸出处理黑钨矿或黑白钨混合矿浸出率比处理白钨矿低的主要原因。工业上处理这类矿时,

通常要加入一定量的 NaOH 或 Ca(OH)$_2$，以提高浸出液的 pH。

影响分解速度和分解率的主要因素是温度和苏打用量。此外精矿粒度、溶液的 pH 以及设备类型和作业方式都有一定影响。随着温度的升高，分解速度加快，浸出率提高。要保证钨矿物原料完全分解，必须有足够过量的苏打。在实际过程中，苏打用量取决于精矿种类、品位及操作条件。当温度为 200 ℃时，对白钨精矿而言，苏打用量为理论量的 2~3 倍；对黑钨精矿而言为理论量的 3 倍左右，并加适量的 NaOH。对黑白钨混合的低品位矿而言，视品位不同，为理论量的 4~6 倍。在上述条件下，温度为 200~230 ℃，浸出时间为 2~4 h，WO$_3$的浸出率可达 90%左右。

苏打高压浸出处理钨矿物原料的原则流程如图 8-2 所示。

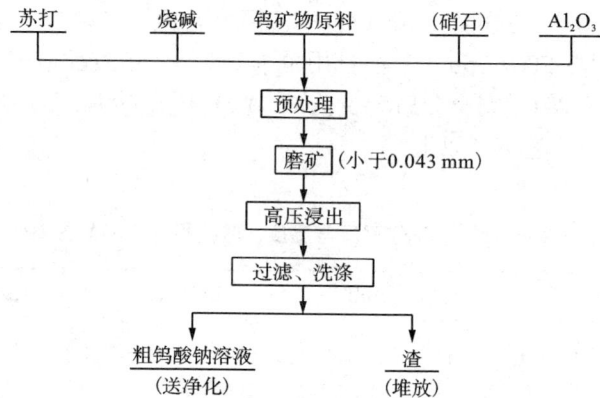

**图 8-2  苏打高压浸出法处理钨矿物原料原则流程**

高压浸出过程在高压釜中进行。生产中常用的高压釜按其结构可分为立式和卧式两种类型。以卧式高压釜为例说明其结构与工作原理。

卧式高压釜的直径一般为 1.5~1.8 m，长度为 10~15 m。卧式高压釜做成回转式，转速为 2~3 r/min，釜内装有钢球。回转过程中利用钢球磨掉矿粒表面的反应生成物，有利于提高浸出率。回转式釜系统如图 8-3 所示，物料在高压釜 1 内进行浸出，浸出后利用釜内压力将矿浆压至自动蒸发器 5，在自动蒸发器内由于矿浆本身温度高而进行蒸发并降温，蒸发后的矿浆进入料槽 10，蒸汽则进入料浆制备槽预热料浆。

苏打高压浸出法，由于苏打过

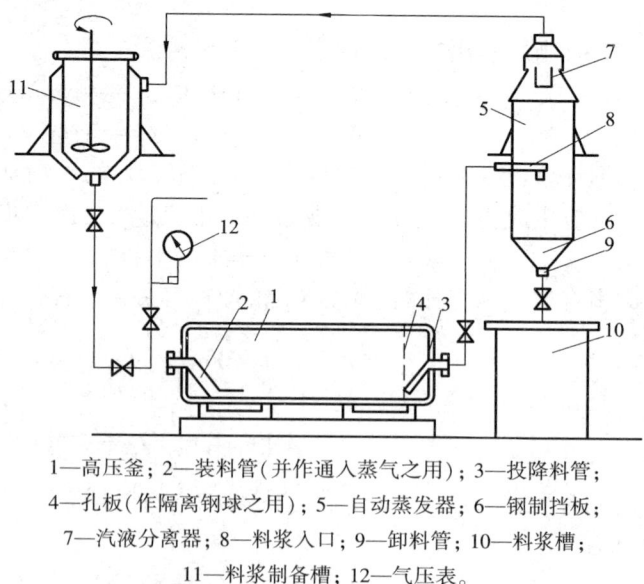

1—高压釜；2—装料管（并作通入蒸气之用）；3—投降料管；
4—孔板（作隔离钢球之用）；5—自动蒸发器；6—钢制挡板；
7—汽液分离器；8—料浆入口；9—卸料管；10—矿浆槽；
11—料浆制备槽；12—气压表。

**图 8-3  回转式高压釜系统图**

量很大，中和溶液中残余的苏打又要消耗酸，因此必须考虑从浸出液中回收苏打。回收苏打的主要方法有：

冷却结晶法　基于 $Na_2CO_3$ 在水中的溶解度随温度降低而急剧减小的原理。例如 100 ℃时，苏打在 100 g 水中的溶解度为 45.5 g；20 ℃时为 25 g；而在 0 ℃ 则为 6~7 g。据报道，当溶液中含有 90~95 g/L $WO_3$、150 g/L $Na_2CO_3$ 时，冷却到 3~5 ℃ 则有 70%~72% $Na_2CO_3$ 以及 $Na_2CO_3 \cdot 10H_2O$ 的晶体析出。

$NaHCO_3$ 结晶法　在同一温度下，100 g 水中 $NaHCO_3$ 的溶解度比 $Na_2CO_3$ 小得多，如 20 ℃时 $NaHCO_3$ 在水中溶解度仅为 9.5 g/100 g $H_2O$，因此向含 $Na_2CO_3$ 的溶液中通入 $CO_2$ 使 $Na_2CO_3$ 转变为 $NaHCO_3$：

$$Na_2CO_3 + CO_2 + H_2O = 2NaHCO_3$$

若溶液中 $Na_2CO_3$ 的浓度足够高，生成的 $NaHCO_3$ 达到过饱和时就以 $NaHCO_3 \cdot nH_2O$ 结晶析出。

另外，还可以用电渗析法从钨酸钠溶液中分离过剩苏打，也可收到很好的效果。

## 8.2.2　苛性钠溶液浸出法

苛性钠溶液浸出法为当前分解黑钨精矿的主要方法，其化学反应如下：

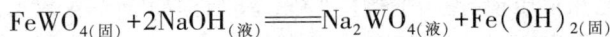

$$FeWO_{4(固)} + 2NaOH_{(液)} = Na_2WO_{4(液)} + Fe(OH)_{2(固)}$$

$$MnWO_{4(固)} + 2NaOH_{(液)} = Na_2WO_{4(液)} + Mn(OH)_{2(固)}$$

上述反应的浓度平衡常数 $K_c$（$[Na_2WO_4]/[NaOH]^2$）在 90 ℃、120 ℃、150 ℃ 分别为 0.69、2.23、2.27，表明反应进行得很完全。

在一定条件下，NaOH 溶液亦能分解黑白钨混合矿，甚至白钨矿，其反应为：

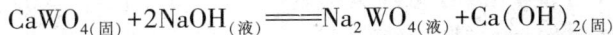

$$CaWO_{4(固)} + 2NaOH_{(液)} = Na_2WO_{4(液)} + Ca(OH)_{2(固)}$$

根据计算反应的平衡常数 $K_a$ 值很小，在 25 ℃时为 $2.5 \times 10^{-4}$，但在工业生产中有实际意义的是平衡后的浓度平衡常数 $K_c$：

$$K_c = [Na_2WO_4]/[NaOH]^2$$

式中 $[Na_2WO_4]$、$[NaOH]$ 分别代表反应平衡后浸出液中 $Na_2WO_4$ 和 NaOH 的平衡浓度，mol/L。已知：

$$K_a = a_{Na_2WO_4}/a_{NaOH}^2 = \gamma_{Na_2WO_4} \cdot [Na_2WO_4]/\gamma_{NaOH}^2 \cdot [NaOH]^2$$

则　　　　　　　　　　$$K_c = K_a \times \gamma_{NaOH}^2/\gamma_{Na_2WO_4}$$

式中　$\gamma_{NaOH}$、$\gamma_{Na_2WO_4}$——分别代表 NaOH、$Na_2WO_4$ 的活度系数；

$a_{NaOH}$、$a_{Na_2WO_4}$——分别代表 NaOH、$Na_2WO_4$ 的平衡活度。

当温度一定时平衡常数 $K_a$ 为常数，而 $\gamma_{NaOH}$ 随 NaOH 浓度升高而迅速增大，故 $K_c$ 值随 NaOH 浓度提高而增大。再者白钨矿的分解反应为吸热反应，升高温度其分解趋势增大。因此在较高温度下，采用适当过量的 NaOH 以保证足够高的 NaOH 浓度，分解白钨矿是可行的。

原料中的硅、磷、砷、钼等杂质根据其形态的不同分别以不同程度与 NaOH 反应，生成相应的盐进入溶液，主要反应为：

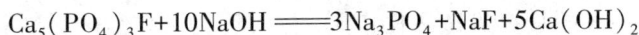

$$Ca_5(PO_4)_3F + 10NaOH = 3Na_3PO_4 + NaF + 5Ca(OH)_2$$

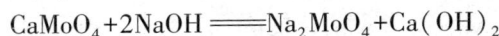

$$CaMoO_4 + 2NaOH = Na_2MoO_4 + Ca(OH)_2$$

$$FeAsO_4+3NaOH =\!=\!= Na_3AsO_4+\frac{1}{2}Fe_2O_3+\frac{3}{2}H_2O$$

$$CaSiO_3+2NaOH =\!=\!= Na_2SiO_3+Ca(OH)_2$$

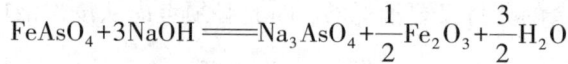

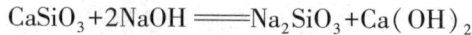

在有氧化剂存在条件下：

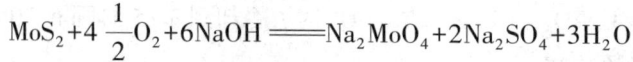

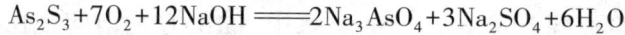

$$MoS_2+4\frac{1}{2}O_2+6NaOH =\!=\!= Na_2MoO_4+2Na_2SO_4+3H_2O$$

$$As_2S_3+7O_2+12NaOH =\!=\!= 2Na_3AsO_4+3Na_2SO_4+6H_2O$$

杂质的浸出率随操作条件及杂质在矿物中的形态而异。一般在中性气氛下硫化矿物的浸出率比在氧化气氛中小得多。

目前工业上苛性钠溶液分解黑钨精矿主要采用常压浸出和高压浸出两种工艺。20世纪80年代中期我国开发的机械活化浸出工艺目前已发展为成熟的工业生产方法。

### 8.2.2.1 常压搅拌浸出和高压浸出工艺

常压搅拌工艺与高压浸出工艺两者的工艺过程基本相似，将钨矿物原料经湿式振动球磨使其约98%的颗粒通过320目(孔眼直径0.043 mm)的筛子，然后与计算量的碱溶液一道加入到反应器中，升高到指定温度后再保温一定时间，然后卸料。浸出后的料浆经板框压滤机过滤后，粗 $Na_2WO_4$ 溶液送去净化，滤渣堆存或进一步处理回收其中所含的有价金属。

常压搅拌浸出工艺在常压搅拌浸出槽中进行，其结构如图8-4所示。它由普通钢板焊接而成，外壁为夹套式，蒸汽通过夹套间接加热物料。这种设备一般在常压下工作，亦可在0.1~0.2 MPa的压力下工作。

常压搅拌浸出工艺的主要操作条件为：碱用量为理论用量的1.5~1.6倍；NaOH浓度为480~500 g/L；反应温度110~120℃；保温时间4~6 h。钨的分解率为98%~99%。

高压浸出工艺的碱用量一般为理论量1.4~1.8倍；分解温度150~170℃；釜内压力0.5~1.0 MPa；反应时间2 h；钨的浸出率达99%以上。

### 8.2.2.2 机械活化浸出

中南工业大学李洪桂教授等研究的钨矿物原料机械活化(热球磨)NaOH分解工艺的开发和推广应用，使钨矿物原料的分解技术取得了突破性

图8-4 夹套加热的常压搅拌浸出槽

的进展。它纠正了长期以来国内外许多学者关于在工业条件下NaOH溶液不能分解白钨矿的观点，成为能处理各种钨矿物原料(包括黑钨精矿、高钙黑钨矿、白钨精矿、难选钨中矿、白钨中矿、钨细泥等)的通用工艺。

机械活化碱浸出工艺的过程是将钨的矿物原料不经预磨直接与碱溶液一道加入到热磨反应器内进行反应。过程的实质是在150~160℃的温度下，矿物原料一边被磨细，一边与碱发生反应。热磨浸出的优点在于它一方面使矿粒破碎并同时除去矿粒表面的生成物膜，使反应的有效面积增加；另一方面具有机械活化作用，这是因为磨矿后的物料其内部存在各种应力及缺陷，使反应活性增加，反应的表观活化能降低；对黑钨矿而言，表观活化能可降低18.4

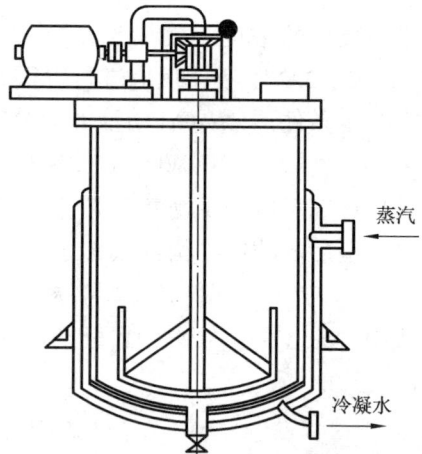

kJ/mol，对白钨矿与苏打反应则可降低 12.6 kJ/mol。此外，还对矿浆产生急剧的搅拌，从而使反应速度大大提高。它有机地把钨矿物原料的分解过程与机械活化过程结合起来。表 8-5 为机械活化碱浸工艺处理各种钨矿物原料的工艺条件和浸出效果。

机械活化碱浸工艺的特点是对原料适应性广，既能处理黑钨矿又能处理白钨矿或黑白钨混合矿，既能处理高品位矿，又能处理低品位矿；工艺流程短；钨的回收率高；杂质浸出率低；能耗低等。

表 8-5  机械活化 NaOH 分解各种钨矿物原料的指标

| 钨矿种类 | $w_{WO_3}$/% | $w_{Ca}$/% | 碱用量为理论量的倍数 | 分解温度/℃ | 保温时间/h | 分解率/% |
|---|---|---|---|---|---|---|
| 高钙黑钨矿 | 66.53~70.48 | 1.16~4.36 | 1.60~2.00 | 150~160 | 1.5~2.0 | 98.3~99.3 |
| 难选钨中矿 | 44.67~61.96 | 7~10 | 2.40~3.00 | 150~160 | ~2.0 | 97.5~98.9 |
| 白钨中矿 | 38.43~47.79 | 9.23~13.51 | 2.60~3.00 | 150~160 | 1.5~2.0 | 97.0~98.1 |
| 白钨精矿 | 72.23~77.48 | 15.84~13.51 | 2.20~2.50 | 155~165 | ~1.5 | 97.68~98.95 |
| 钨细泥 | 32.83~34.57 | 6.16~5.74 | 3.50~4.00 | 150~170 | 1.5~2.0 | 97.38~98.40 |

李洪桂教授等在完成机械活化 NaOH 分解钨矿物原料的基础上，针对国外苏打高压浸出法温度高、压力高、苏打用量大的缺点，完成了机械活化苏打分解白钨细泥的研究，并在我国钨冶金厂广为推广，其指标如表 8-6 所示。

由表 8-6 可见，我国机械活化苏打分解白钨细泥取得的技术指标大大优于国外报道的指标，已将苏打分解法的指标提高到了一个新水平。

表 8-6  我国机械活化苏打分解白钨细泥指标与国外苏打高压浸出指标对比

|  | 温度/℃ | 压力/MPa | 苏打用量(为理论量倍数) | 保温时间/h | 分解率/% |
|---|---|---|---|---|---|
| 我国指标 | 195 | 1.3 | 3.3 | 1.5 | 98.3 |
| 国外报道指标 | 225~235 | 2.1~2.4 | 3~5 | 4.0 | 96~98.7 |

### 8.2.3  白钨精矿盐酸分解法

盐酸分解法是目前工业上处理白钨精矿的主要方法，它的最大优点是一次作业就可获得粗钨酸。分解过程发生如下反应：

$$CaWO_{4(固)} + 2HCl_{(液)} \Longrightarrow H_2WO_{4(固)} + CaCl_{2(液)}$$

反应的浓度平衡常数 $K_c$（$[CaCl_2]/[HCl]^2$）的实验测定值高达 $1×10^4$，表明反应能进行完全。反应后钨以钨酸（$H_2WO_4$）形态留于沉淀物中，其中也有未分解的白钨矿和 $SiO_2$，而钙及某些能溶解于盐酸的杂质则进入溶液。

反应过程由于生成固体的钨酸膜覆盖在精矿颗粒表面，因而阻碍着盐酸继续与颗粒深部作用。为了获得较高的分解率，精矿要磨得很细，一般要求粒径<0.044 mm，因为粒度越细

与酸接触的表面积就越大,从而提高反应速度。但过粉碎是不必要的,它会增加磨矿费用并使矿浆黏度上升,对提高浸出率反而不利。另外,还要求使用理论计算量的250%~300%的盐酸才行。针对以上问题,瑞典某厂采用酸法热球磨分解法,它有利于破坏矿粒表面的钨酸膜,加快反应速度,而在酸用量仅为理论计算量的150%,温度55~60℃,分解时间4~5 h,白钨矿的分解率可达99%。

盐酸分解作业通常在带有蒸汽夹套加热的耐酸槽中进行。将盐酸加热至70~80℃,在不断搅拌下,将湿磨后约有98%精矿粒度<0.044 mm的矿浆缓慢地加入分解槽中。盐酸用量为理论计算量的200%~300%。为了防止部分钨被$Cl^-$和$Fe^{2+}$还原为低价而进入溶液造成损失,一般还要加入相当于精矿量的0.1%~0.15%的硝石($NaNO_3$)作氧化剂。加料终了,再升温至100℃,并保温1.5~2.0 h。分解率可达90%~99%。

## 8.3 纯化合物的制备

各种碱法分解钨矿物原料获得的钨酸钠溶液和酸分解白钨矿获得的固态粗钨酸都含有磷、砷、硅、钼等多种杂质。这些杂质将严重影响钨制品的加工性能和使用性能,因此必须进一步处理,除去这些杂质制取纯的三氧化钨或仲钨酸铵(APT)。APT是一种重要的含钨中间化合物,目前在我国钨品出口量中占相当大的比例,其质量标准如表8-7所示。

表8-7　我国仲钨酸铵质量标准(GB10116—1988)

| 牌　　　号 | | APT-0 | APT-1 | APT-2 |
|---|---|---|---|---|
| $WO_3$　不小于 | | 88.5 | 88.5 | 88.5 |
| 化学成分/% | 杂质含量(以$WO_3$为基准)不大于 Al | 0.0005 | 0.001 | 0.001 |
| | As | 0.001 | 0.001 | 0.002 |
| | Bi | 0.0001 | 0.0001 | 0.0002 |
| | Ca | 0.001 | 0.001 | 0.002 |
| | Co | 0.001 | 0.001 | 0.001 |
| | Cr | 0.001 | 0.001 | 0.001 |
| | Cu | 0.0002 | 0.0005 | 0.001 |
| | Fe | 0.001 | 0.001 | 0.002 |
| | K | 0.001 | 0.0015 | 0.002 |
| | Mn | 0.001 | 0.001 | 0.001 |
| | Mg | 0.0007 | 0.001 | 0.002 |
| | Mo | 0.002 | 0.005 | 0.01 |
| | Na | 0.001 | 0.0015 | 0.002 |
| | Ni | 0.0007 | 0.001 | 0.001 |
| | P | 0.0007 | 0.001 | 0.002 |
| | Pb | 0.0001 | 0.0001 | 0.0002 |
| | S | 0.0007 | 0.001 | 0.001 |
| | Sb | 0.0008 | 0.001 | 0.002 |
| | Si | 0.001 | 0.001 | 0.003 |
| | Sn | 0.0001 | 0.0003 | 0.0005 |
| | Ti | 0.001 | 0.001 | 0.001 |
| | V | 0.001 | 0.001 | 0.001 |

目前工业上净化粗钨酸钠溶液生产纯仲钨酸铵或三氧化钨的主要方法有：经典化学净化法、离子交换法和有机溶剂萃取法。

### 8.3.1　经典化学净化法

经典化学净化法是一种老方法，工艺过程由净化除硅磷砷钼、人造白钨沉淀、白钨酸分解、钨酸氨水溶解、钨酸铵蒸发结晶、仲钨酸铵干燥与煅烧等工序组成，致使流程长，金属回收率低，三废(废渣、废水、废气)量大，因此有逐渐被后两种方法取代的趋势。

8.3.1.1　净化除硅、磷、砷、钼

净化除硅、磷、砷的方法可用铵镁盐法(二步法)，即将除硅与除磷、砷分两步进行，先除硅后除磷砷。但当前国内用得最多的是镁盐法，即将除硅和除磷砷两道工序合为一道工序进行。

(1)除硅。将粗钨酸钠溶液加热近沸，用稀盐酸(盐酸：水 = 1：3)将其中和至 pH 8~9，使 $Na_2SiO_3$ 水解成偏硅酸沉淀析出：

$$Na_2SiO_3 + 2H_2O = H_2SiO_3 \downarrow + 2NaOH$$

除硅作业应避免局部过酸，引起生成硅钨杂多酸盐和偏钨酸盐而使钨损失，因此应在不断搅拌情况下分多股缓慢地加入稀盐酸。当酸度接近要求时，改用氯化铵代替盐酸，以防止中和过度。

(2)除磷、砷。采用铵镁盐法或镁盐法除磷砷，是利用溶解度很小的磷酸铵镁盐和砷酸铵镁盐或磷酸镁、砷酸镁、硅酸镁从溶液中沉淀析出的方法除磷砷或硅磷砷，其中铵镁盐法沉淀反应如下：

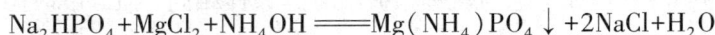

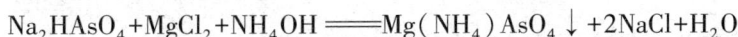

$$Na_2HPO_4 + MgCl_2 + NH_4OH = Mg(NH_4)PO_4 \downarrow + 2NaCl + H_2O$$
$$Na_2HAsO_4 + MgCl_2 + NH_4OH = Mg(NH_4)AsO_4 \downarrow + 2NaCl + H_2O$$

在 20 ℃下，$MgNH_4PO_4$ 和 $MgNH_4AsO_4$ 在水中溶解度分别为 0.053% 和 0.038%，当溶液中有过剩的 $Mg^{2+}$ 和 $NH_4^+$ 存在时，溶解度还会更低。

沉淀作业是在常温下进行的，将除硅后的溶液经过滤除去硅渣，再加氨水将 pH 由 8~9 调至 10~11，按计算量加入 $MgCl_2$ 溶液，搅拌 0.5~1 h，取样分析。

(3)除钼。当溶液中钼含量超过 $WO_3$ 含量的 0.1% 时，必须采用单独除钼作业。除钼有用溶剂萃取法的报道，但目前工业上仍在采用硫化钼沉淀法。它是基于 NaHS 与 $Na_2MoO_4$ 发生如下反应生成硫代钼酸钠：

$$Na_2MoO_4 + 4NaHS = Na_2MoS_4 + 4NaOH$$

随后将溶液酸化至 pH = 2~3，$Na_2MoS_4$ 水解生成 $MoS_3$ 而从溶液中沉淀析出，反应如下：

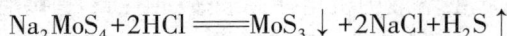

$$Na_2MoS_4 + 2HCl = MoS_3 \downarrow + 2NaCl + H_2S \uparrow$$

在该过程中，钨也发生类似的反应，但产生 $MoS_3$ 的反应优先进行，只要 NaHS 的加入量控制在按钼量计算的理论量的 200% 左右，钨的沉淀量就很小。

除钼作业在耐酸的搪瓷反应器内进行，先将溶液加热至 80~90 ℃，缓慢地加入计算量的 NaHS 溶液，煮沸，随后用盐酸(盐酸：水 = 1：1)中和至 pH 2.5~3，再煮沸 1.5~2.0 h 后过滤。

除钼后的弱酸性溶液中，可能产生少量的偏钨酸盐。因此，除钼后的溶液要加碱煮沸 1~2 h，使偏钨酸钠转变为正钨酸钠，反应如下：

$$Na_6H_2W_{12}O_{40}+18NaOH =\!=\!= 12Na_2WO_4+10H_2O$$

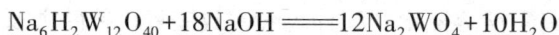

### 8.3.1.2 制取钨酸

从钨酸钠溶液中可直接析出钨酸，但析出的钨酸颗粒细，并有生成胶体的倾向，使过滤、洗涤困难，致使 $H_2WO_4$ 中 $Na^+$ 含量高。工业生产中通常采用先用 $CaCl_2$ 沉淀人造白钨，然后用盐酸分解人造白钨制取钨酸的方法。这种方法制备的钨酸颗粒粗，易于洗涤和过滤，而且在钨酸钙盐酸分解过程中能除去部分杂质。例如除钼，这是基于钼酸在盐酸中的溶解度比钨酸大得多，且随盐酸浓度提高而增加的原理达到分离除钼的目的。实践表明，当溶液中 Mo/$WO_3$ 为 0.1%~0.18%，母液中盐酸浓度在 140~160 g/L 时可除去 60%~80%的钼。当溶液中 Mo/$WO_3$=0.18%~0.46%时，还可以用金属钨粉除钼，它是基于 $W^{6+}$ 和 $Mo^{6+}$ 的还原电位相差较大，钨可将 $H_2MoO_4$ 优先还原生成钼蓝（$Mo_3O_8$），钼蓝再溶解在盐酸中生成氧氯化钼（$MoOCl_3$），生成的 $MoOCl_3$ 极易溶解于盐酸中而与钨分离。其反应为：

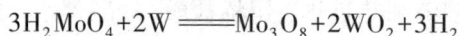

$$3H_2MoO_4+2W =\!=\!= Mo_3O_8+2WO_2+3H_2$$
$$Mo_3O_8+6HCl =\!=\!= 2MoOCl_3+H_2MoO_4+2H_2O$$

氯化钙沉白钨作业是将 $CaCl_2$ 溶液加入到净化后的 $Na_2WO_4$ 溶液中，发生如下反应：

$$Na_2WO_4+CaCl_2 =\!=\!= CaWO_4\downarrow+2NaCl$$

$CaWO_4$ 沉淀呈白色。为使钨沉淀完全，并获得颗粒较粗的 $CaWO_4$ 沉淀，工业生产中一般控制作业温度在 80 ℃左右，溶液的碱度 0.3~0.7 g/L，$Na_2WO_4$ 溶液中 $WO_3$ 含量 130~150 g/L，$CaCl_2$ 溶液的密度 1.2~1.25。

沉淀作业在带有搅拌的钢槽中进行，用蒸汽直接加热溶液。

人造白钨酸分解的原理和工艺与白钨精矿酸分解大体相同，但分解时间与酸用量均比白钨精矿少。

### 8.3.1.3 钨酸的净化及仲钨酸铵的制备

人造白钨酸分解获得的钨酸或白钨精矿酸分解获得的精钨酸应进一步转化为钨冶金的中间产品仲钨酸铵(APT)，与此同时还能进一步除去某些杂质。工业上通常采用氨溶-仲钨酸铵结晶法。

(1)氨溶。钨酸溶于氨水中的反应如下：

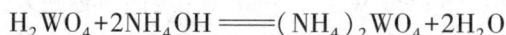

$$H_2WO_4+2NH_4OH =\!=\!= (NH_4)_2WO_4+2H_2O$$

氨溶作业在搪瓷反应锅中进行，先将钨酸调浆并加热至 70~80 ℃，然后缓慢地加到剧烈搅拌的氨水中，使钨酸转型为 $(NH_4)_2WO_4$，而大部分硅酸、氢氧化铁、氢氧化锰以及以 $CaWO_4$ 形态存在的钙等杂质留在残渣中。

(2)仲钨酸铵结晶。从钨酸溶液中析出仲钨酸铵(APT)，是钨冶金工艺的重要工序之一。无论是采用经典化学法或是溶剂萃取法，还是采用离子交换法，生产仲钨酸铵都采用结晶工序。从钨酸铵溶液中析出仲钨酸铵结晶的方法主要为蒸发结晶法。

蒸发结晶法是基于 $(NH_4)_2WO_4$ 溶液只有在过量氨存在条件下才能稳定存在的原理，采用加热的方法，蒸发除去部分氨，使溶液的 pH 下降，溶液中的钨就会以仲钨酸铵形式结晶析出，其反应如下：

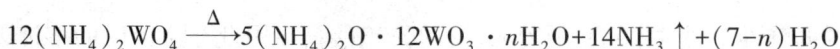

$$12(NH_4)_2WO_4 \xrightarrow{\Delta} 5(NH_4)_2O\cdot12WO_3\cdot nH_2O+14NH_3\uparrow+(7-n)H_2O$$

当结晶温度高于 50 ℃时，$n=5$，APT 为片状结晶，而结晶温度低于 50 ℃时，$n=11$，APT

结晶为针状。

在蒸发结晶过程中，P、As、Si、Mo 等杂质元素均比 APT 后析出，因此只要控制一定的结晶率，就可以使杂质留在结晶母液中，而得到纯度比原始$(NH_4)_2WO_4$ 溶液纯得多的 APT。若对产品纯度要求高，适当降低钨的结晶率就可以达到。钨的结晶率可按下式计算：

$$结晶率 = \frac{V_{(NH_4)_2WO_4} \cdot c_1 - V_{母液} \cdot c_2}{V_{(NH_4)_2WO_4} \cdot c_1} \times 100\%$$

式中：$V_{(NH_4)_2WO_4}$、$V_{母液}$——分别代表原始$(NH_4)_2WO_4$ 溶液和结晶母液体积，L；

$c_1$、$c_2$——分别代表原始$(NH_4)_2WO_4$ 溶液和母液中 $WO_3$ 的浓度，g/L。

一般控制结晶率为 90% 左右。

蒸发结晶作业有间断作业和连续作业两种。间断作业一般在带有夹套蒸汽加热的搪瓷搅拌反应器中进行，$(NH_4)_2WO_4$ 料液密度为 $1.20 \sim 1.28$（含 $WO_3 250 \sim 300$ g/L），加热使氨挥发，pH 降到 $7.0 \sim 7.7$ 时，APT 开始析出，随着 APT 的析出，溶液密度降低。蒸发的终点由溶液密度来判断，一般为 $1.03 \sim 1.08$。某些工厂在真空下进行蒸发，此时真空度控制 $40 \sim 50$ kPa，温度 $80 \sim 50$ ℃。

连续作业在连续蒸发器中进行，其结构如图 8-5 所示。料液在外部加热器 1 中加热到一定温度后送至连续蒸发器的蒸发室 2，使氨蒸发从而使溶液达到饱和。过饱和的溶液经中心管 3 进入结晶室 4 后与其中大量存在的晶体接触而发生结晶过程。晶体送过滤机连续过滤，结晶母液部分返回与原始料液混合循环。

连续结晶的优点是过程连续化，生产能力大，质量稳定，粒度均匀，同时氨易回收。

1—外部加热器；2—蒸发室；3—中心管；4—结晶室；
5—母液槽；6—泵；7—循环泵。

**图 8-5 APT 连续蒸发结晶器**

8.3.1.4 由仲钨酸铵制取三氧化钨

三氧化钨是生产金属钨粉的中间产品，用经过净化除杂的仲钨酸铵进行煅烧即可得到三氧化钨，其反应为：

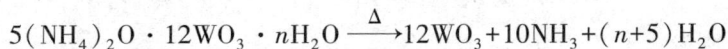

$$5(NH_4)_2O \cdot 12WO_3 \cdot nH_2O \xrightarrow{\Delta} 12WO_3 + 10NH_3 + (n+5)H_2O$$

仲钨酸铵在超过 250 ℃时则可完全分解，而实际煅烧温度要高得多。用于生产有添加剂（硅、铝盐等）的钨，煅烧温度为 $500 \sim 550$ ℃，而用于生产不加添加剂的钨时，煅烧温度为 $800 \sim 850$ ℃。在中性或弱还原性气氛中煅烧 APT，当温度高于 500 ℃时则可得到蓝色氧化钨（$WO_{2.90 \sim 2.72}$）。

不同用途的三氧化物，除纯度有要求外，还对粉末粒度及其组成有要求，而粉末粒度的粗细直接与煅烧温度有关，一般煅烧温度愈高，粒度愈粗。

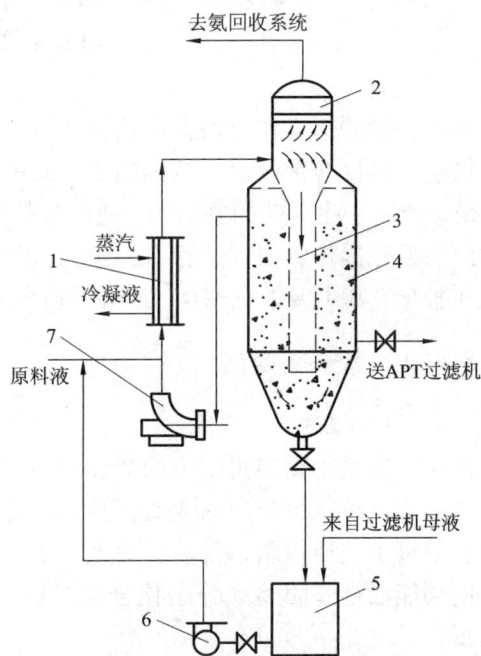

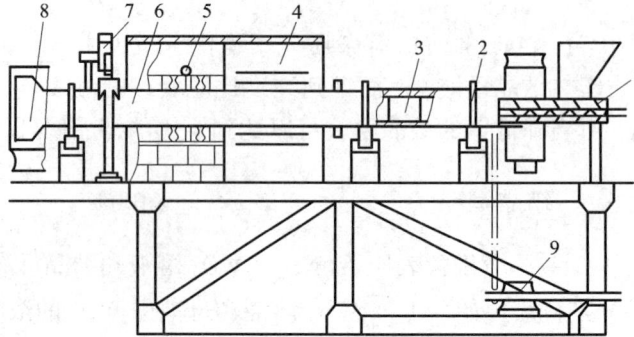

1—双轴螺旋给料机；2—滚圈托轮；3—内砌的陶瓷砖(对 $H_2WO_4$ 干燥)；4—炉子外壳；

5—热电偶孔；6—不锈钢炉管；7—振打器；8—圆筒筛；9—减速机。

**图 8-6　回转干燥煅烧炉**

仲钨酸铵的煅烧作业通常在回转式管状炉中进行。煅烧炉的结构见图 8-6。

煅烧炉的回转炉管由不锈钢制成，炉管加热段由镍铬丝加热室加热，加热室由耐火砖砌筑，镍铬丝置于耐火砖的槽沟内，通电加热。炉管由马达通过减速器带动旋转。APT 由料仓经过给料器输入炉管内。炉管有一定的倾斜度，在尾端炉料通过圆筒筛落入料桶内。炉气由排风机抽出，其中夹带有 $WO_3$ 及 APT 粉尘，一般使之通过泡沫收尘器进行回收。

### 8.3.2　离子交换法

#### 8.3.2.1　概述

离子交换是指交换树脂中的活性基团与溶液中离子间复杂的多相化学反应。

离子交换树脂可分为两大类，即无机离子交换树脂和有机离子交换树脂，后者包括磺化煤与合成离子交换树脂。目前工业上主要使用合成树脂，它是一种不溶解于溶剂的带有能够离解的功能活性基团的高分子化合物。以聚苯乙烯树脂为例，它是由苯乙烯与二乙烯苯聚合而得：

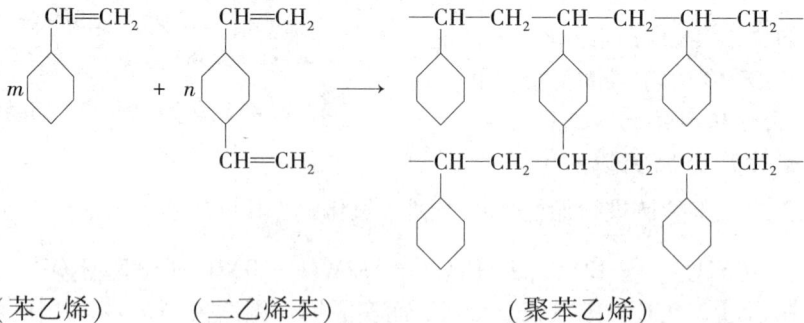

（苯乙烯）　　　（二乙烯苯）　　　　　（聚苯乙烯）

其中  的数目在 2500 个以上。

苯乙烯构成树脂的主体，它具有一定强度，不易破裂，不易溶解等性能。二乙烯苯的作用是把整个线性的苯乙烯高分子联结起来，使之具有三度空间的网状结构，这种网状结构就是树脂的骨架。二乙烯苯被称为交联剂，树脂中含交联剂的质量百分数称为交联度，交联度的大小反映了树脂结构的紧密程度，即网眼大小。交联度越大，网眼愈小，它能决定树脂的性能。交联度的大小可用下式计算：

$$交联度 = \frac{交联剂重量}{高分子部分重量+交联剂重量} \times 100\%$$

在上述合成树脂中还必须引入活性基团，树脂才具有交换能力。如上例聚苯乙烯树脂，用 $H_2SO_4$ 进行磺化，则生成具有磺酸基（—$SO_3H$）的阳离子交换树脂，其结构式如下：

$$
\begin{array}{ccc}
-CH-CH_2-CH-CH_2-CH-CH_2- \\
\end{array}
$$

（结构式：三个苯环分别连 $SO_3H$，下排两个苯环分别连 $SO_3H$）

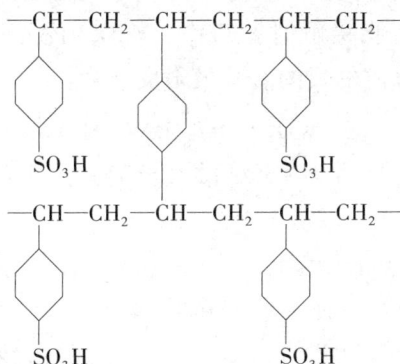

活性基团固定在树脂上，并均匀地分布在网状空间内，它在溶液中能电离，产生游离的可交换离子，如 $H^+$、$Cl^-$、$OH^-$ 等，与溶液中的离子发生交换反应。例如：

$$R\text{-}SO_3H + NaOH \rightleftharpoons R\text{-}SO_3Na + H_2O$$

式中 R 代表树脂主体，—$SO_3H$ 为活性基团。

根据引入的活性基团的不同，可将合成树脂分为四类：

强酸性阳离子交换树脂，如 R-$SO_3H$；

弱酸性阳离子交换树脂，如 R-COOH；

强碱性阴离子交换树脂，如 R-N($CH_3$)$_3$Cl；

弱碱性阴离子交换树脂，如 R-$NH_3$Cl、R $=NH_2$Cl、R $\equiv$NHCl。

离子交换反应是在树脂活性基团上发生的反应。单位体积或单位质量树脂中活性基团的数目，决定了树脂交换能力的大小，这种交换能力被称为树脂的交换容量。交换容量的大小通常以每克干树脂或每毫升湿树脂可交换离子的毫克当量数表示。

树脂交换容量又分为总交换容量和操作交换容量。前者是指树脂中所有活性基团中可交换离子总数，又称饱和交换容量。操作交换容量是指在一定的工作条件下所达到的实际交换容量，即树脂中实际参加了交换反应的活性基团数目。操作交换容量又称为工作交换容量，它的大小与操作条件、溶液中离子性质等因素有关，其数值总是小于该树脂的饱和交换容量。通常所说的交换容量一般是指树脂的操作交换容量。

#### 8.3.2.2 用强碱性阴离子交换树脂净化钨酸钠溶液并完成转型

本工艺能同时达到净化除硅、磷、砷、锡等杂质，并将 $Na_2WO_4$ 转型为 $(NH_4)_2WO_4$ 两个目的。它是我国 70 年代末期独创的钨的水冶新工艺，使制备仲钨酸铵比经典工艺少了四道过程，生产成本明显降低，已在我国钨冶金厂推广应用，并有取代经典化学净化法的趋势。净化除杂主要是基于水溶液中各种阴离子对强碱性阴离子树脂的吸附势（亦称亲和力）不同，各种阴离子对强碱性阴离子树脂的吸附势顺序大致如下：

$$F^- < OH^- < H_2PO_4^- < Cl^- < CrO_4^{2-} < C_2O_4^{2-} < SO_4^{2-} < SiO_3^{2-} < HPO_4^{2-} < HA_3O_4^{2-} < MoO_4^{2-} < WO_4^{2-}$$

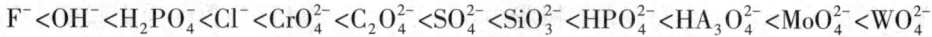

一般树脂吸附的排列在前的低吸附势的阴离子,可用排列在后的高吸附势的阴离子脱附,难解吸。吸附势差异越大,越易完成解吸,也就是树脂优先吸附高吸附势的离子。若用排列在前的低吸附势阴离子解吸排列在后的高吸附势的阴离子,则必须选择吸附势相近的阴离子,并扩大浓度差,以足够的浓度优势才能解脱吸附。本工艺以高浓度的 $NH_4Cl$ 溶液解吸 $WO_4^{2-}$ 就是依据这一原理。

在碱性钨酸钠溶液中,钨钼分别以 $WO_4^{2-}$ 和 $MoO_4^{2-}$ 存在,杂质则以 $PO_4^{3-}$、$AsO_4^{3-}$、$SiO_3^{2-}$ 等形态存在。当钨酸钠溶液与树脂接触时,$WO_4^{2-}$、$MoO_4^{2-}$ 优先被树脂吸附,而 $PO_4^{3-}$、$AsO_4^{3-}$、$SiO_3^{2-}$ 等难被吸附,从而达到分离的目的。其吸附反应为:

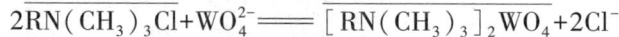

$$\overline{2RN(CH_3)_3Cl} + WO_4^{2-} \Longrightarrow \overline{[RN(CH_3)_3]_2WO_4} + 2Cl^-$$

由于 $MoO_4^{2-}$、$WO_4^{2-}$ 二者的吸附势相近,故其分离程度很小。用高浓度 $NH_4Cl$ 溶液解吸钨,其反应如下:

$$\overline{[RN(CH_3)]_2WO_4} + 2NH_4Cl \Longrightarrow \overline{2RN(CH_3)_3Cl} + (NH_4)_2WO_4$$

从而达到由 $Na_2WO_4$ 转型为 $(NH_4)_2WO_4$ 的目的。

图 8-7 为离子交换法制取 APT 的原则流程,包括稀释、吸附、洗涤、解吸等过程。

**稀释** 由于强碱性阴离子交换树脂吸附钨的反应速度较小,故料液中 $WO_4^{2-}$ 浓度不能过大,交换前必须将料液稀释,一般稀释到含 $WO_3$ 15~25 g/L 为宜。稀释后的料液通常还需过滤,过滤后的清液即为交换的原料液。

**吸附** 料液连续通过树脂层,$WO_4^{2-}$ 被吸附在树脂上,而 $AsO_4^{3-}$、$PO_4^{3-}$、$SiO_3^{2-}$ 等杂质大部分随交后液排出。当交后液中出现 $WO_3$ 后,应停止吸附作业。交后液中 $WO_3$ 含量应小于 0.1 g/L。吸附过程重要的工艺参数是树脂的交换容量,而影响交换容量的主要因素有如下几个方面:

图 8-7 离子交换法制取 APT 的工艺流程

首先是溶液中的 $WO_4^{2-}$ 浓度,它对交换容量产生双重不利的影响,一方面浓度过大,即使树脂上吸附的钨还很少,也会因来不及反应而过早穿漏;另一方面 $WO_4^{2-}$ 浓度过大,反应产生的 $Cl^-$ 也多,致使溶液中 $Cl^-$ 浓度变大,也将使交换容量降低。但 $WO_4^{2-}$ 浓度也不能过低,过低则料液体积大,废水量也大,对生产过程不利,生产中一般 $WO_3$ 浓度为 15~25 g/L;其次是溶液中 $Cl^-$ 的含量,含量高显然对提高交换容量不利,同样 $OH^-$ 的含量也不能过高,过高则易与 $WO_4^{2-}$ 竞争吸附而导致交换容量下降,故要求料液中 $Cl^-$ 质量浓度小于 1 g/L,NaOH 的含量应控制在 8 g/L 以下;再其次是料液的流速,在溶液浓度一定的情况下,料液流过树脂层的速度提高,生产能力增加,但另一方面意味着料液与树脂接触时间短,易造成过早穿漏;

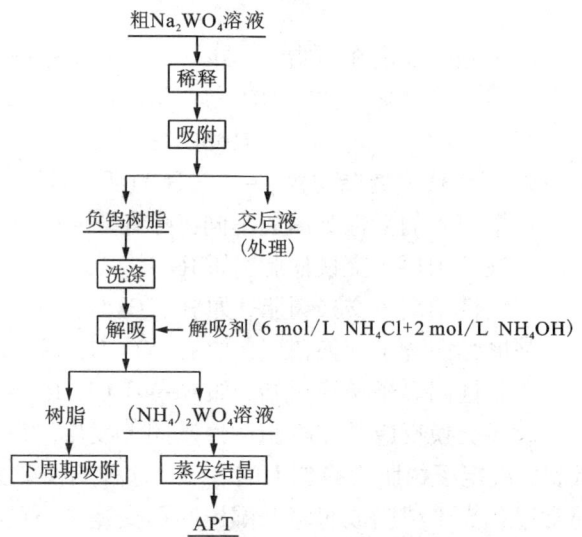

此外，交换柱的高度与直径的比值也会影响交换容量，比值大，意味着料液与树脂接触时间长，显然交换容量可提高，故应控制适当的高径比，工业交换柱一般为 5/1。

**洗涤**　洗涤的任务是洗去黏附在树脂表面的阳离子杂质，主要是 $Na^+$。因为 $Na^+$ 会严重影响 APT 质量，必须用去离子水洗净。

**解吸**　洗涤除去留在树脂孔隙中的杂质后，用 $NH_4Cl$ 和 $NH_4OH$ 的混合溶液解吸钨。采用 $NH_4Cl$ 作解吸剂，一方面保证有足够的 $Cl^-$，另一方面便于直接制取 $(NH_4)_2WO_4$，还可以使解吸与树脂再生同时进行，即解吸后树脂重新变为 $Cl^-$ 型树脂，可直接进行第二次吸附作业。解吸剂中加入 $NH_4OH$ 的目的在于保持解吸后的解吸液为弱碱性，避免在解吸过程中就产生 APT 结晶，堵塞树脂孔隙，妨碍解吸过程的顺利进行。

影响解吸程度的主要因素是解吸剂中 $Cl^-$ 浓度和解吸剂的流速。$Cl^-$ 浓度高，流速减慢，有利于解吸完全。当然 $Cl^-$ 浓度过高，流速过慢也不合算。工业生产中一般采用 $5\sim6$ mol/L 的 $NH_4Cl$ 和 2 mol/L 的 $NH_4OH$ 溶液作解吸剂，解吸剂的线速度控制为 $2\sim3$ cm/min。

解吸后的树脂床还残存有少量的 $Cl^-$，要用去离子水洗涤，以保证下一循环树脂的交换容量。洗氯后的树脂床还需用自来水自下而上进行冲洗，目的是松动树脂床，并除去积累在树脂间的悬浮物，以便恢复原状。

解吸液通常分三部分收集，最先流出来的溶液因杂质含量较多，返回吸附，中间流出的解吸液送结晶工序，后期流出的解吸液因 $WO_3$ 含量低，可补充 $NH_4Cl$ 和 $NH_4OH$ 后作下一循环的解吸剂。

离子交换过程可在间断作业交换柱或连续作业交换柱中进行。静态间断作业交换柱的结构如图 8-8 所示。柱体由钢板焊成，内衬橡胶或环氧树脂或软塑料板，在柱体的上下端设有分布板，分布板上有均匀分

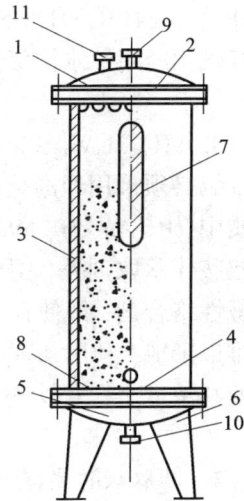

1—端盖；2—上分布板；3—柱体；
4—下分布板；5—底盖；6—支承脚；
7—窥视孔；8—水帽；9—进液口；
10—出液口；11—排气口。

**图 8-8　静态间断作业交换柱结构示意图**

布的水帽，它能使溶液均匀地流过树脂床。树脂装在柱体内，固定不动，而原料液、洗涤剂与解吸剂均是从柱顶加入，通过上分布板上的水帽，均匀地流经树脂层，最后由柱底排出。

### 8.3.3　有机溶剂萃取法

#### 8.3.3.1　概述

有机溶剂萃取是一种利用有机溶剂从与其不相混溶的液相中把某种物质提取出来的方法。它较早是在石油化工、有机化学、药物化学和分析化学中得到应用。在冶金工业中获得较大规模的发展是第二次世界大战期间，而在钨冶金方面的应用始于 50 年代末期，主要用来代替传统工艺中的沉淀人造白钨、酸分解和氨溶等三道工序，使钨酸钠溶液的处理大大简化。实践表明，萃取生产过程稳定，产品纯度高，金属钨的总回率高。

#### 8.3.3.2　溶剂萃取的基本原理

目前工业生产中最常用的萃取剂是叔铵萃取剂，如三辛胺(简称 TOA)。它的分子式为

$(C_8H_{17})_3N$，可略写为 $R_3N$，式中 R 代表烷基 $(C_8H_{17})^-$。TOA 是一种弱碱性有机络合剂，可在 pH 2~4 的条件下进行萃取。由于高分子胺密度大，黏度大，通常以煤油作稀释剂，并加入适量的高碳醇或磷酸三丁酯(TBP)以改善有机相性能。

游离胺$(R_3N)$本身对金属络阴离子无萃取能力，在萃取前需预先用酸处理，使其转变成胺盐。可用硫酸、盐酸或硝酸处理，但工业上多采用硫酸，其反应如下：

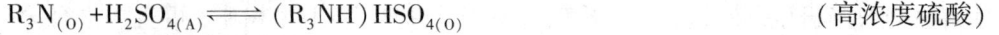

$$2R_3N_{(O)} + H_2SO_{4(A)} \rightleftharpoons (R_3NH)_2SO_{4(O)}$$ （低浓度硫酸）
$$R_3N_{(O)} + H_2SO_{4(A)} \rightleftharpoons (R_3NH)HSO_{4(O)}$$ （高浓度硫酸）

式中$(O)$、$(A)$分别代表有机相和水相。

胺盐萃钨的反应需在 pH 2~4 的条件下进行，属于阴离子交换反应。在这种条件下，$WO_4^{2-}$ 将聚合成偏钨酸根。以$[W_{12}O_{39}]^{6-}$阴离子为例，萃取反应如下：

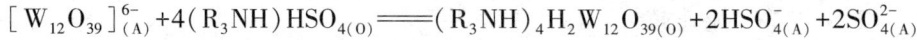

$$[W_{12}O_{39}]^{6-}_{(A)} + 4(R_3NH)HSO_{4(O)} \rightleftharpoons (R_3NH)_4H_2W_{12}O_{39(O)} + 2HSO_4^-_{(A)} + 2SO_4^{2-}_{(A)}$$

载钨有机相经用纯水洗涤除杂后，用氨水反萃取，使钨重新从有机相返回水相，其反应如下：

$$(R_3NH)_4H_2W_{12}O_{39(O)} + 24NH_4OH \rightleftharpoons 4R_3N_{(O)} + 12(NH_4)_2WO_{4(A)} + 15H_2O$$

叔胺萃钨必须采用经净化除 P、As、Si、Mo 等杂质后的钨酸钠溶液为原料液，这是因为在酸性介质中，P、As、Si、Mo 等均与钨形成杂多酸，同时被萃入有机相而影响 APT 的质量。

除用叔胺作萃取剂外，国外亦有用季铵盐(氯化三烷基甲胺)作萃取的。由于季铵盐是一种较强的碱性络合剂，即使在 pH=6~8 时，也能有效地萃取钨。而在此条件下，钨钼杂多酸络阴离子难以形成，利用 $WO_4^{2-}$ 和 $MoO_4^{2-}$ 分配比(萃取平衡时，被萃物在有机相中的总浓度与在水相中的总浓度之比称为分配比)的差异，可以达到钨钼分离的目的。但由于价格较贵，一般少用。

#### 8.3.3.3 萃取操作实践

用叔胺作萃取剂的钨萃取工艺大同小异，其原则流程如图 8-9 所示。

萃取作业包括萃取、洗涤、反萃取三个过程。

(1)萃取。将含有被萃物 $Na_2WO_4$ 的水相与含有萃取剂的有机相充分接触，使之生成萃合物如$(R_3NH)_4H_2W_{12}O_{39}$，而进入有机相。钨的萃取可分为单级萃取和多级萃取。单级萃取即有机相与水相只接触一次，这种萃取方式比较简单，但萃取率不高，$Na_2WO_4$ 在水相中含量仍很高，增加了萃取剂的用量。为了提高萃取率，一般采用多级逆流萃取流程，即 $Na_2WO_4$ 溶液与萃取剂多次接触，多次平衡。图 8-10 为三级逆流萃取流程示意图。有机相从萃取器的首端(第 1 级)流入，连续通过各

图 8-9 用叔胺处理钨酸钠溶液的原则流程

级，最后从尾端(第 3 级)排出；原料液$(Na_2WO_4)$则从另一端(第 3 级)流入，通过各萃取器后从第 1 级流出。水相与有机相互成逆流接触。有机相组成为 5%~10%(体积)叔胺、10%~

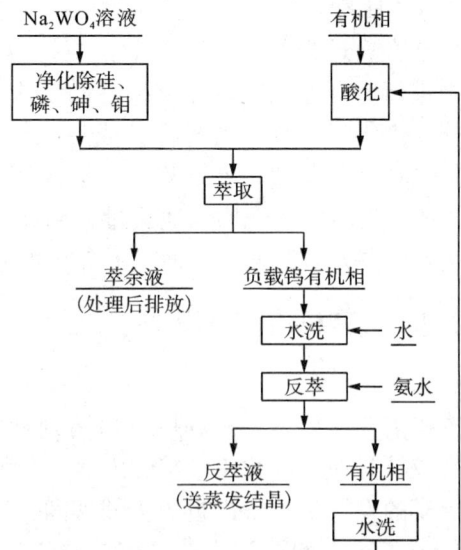

15%(体积)高碳醇,其余为煤油,萃取前用 0.5 mol/L $H_2SO_4$ 进行酸化;水相($Na_2WO_4$ 溶液)含 $WO_3$ 50~100 g/L, pH 2~4。控制有机相流量(体积)与水相流量(体积)之比为 1/1,即相比为 1/1,经过三级逆流萃钨的萃取率可达 99% 左右。萃取率($E$)可用下式计算:

$$E = \frac{WO_3\ 在有机相中的量}{WO_3\ 在料液中的量} \times 100\%$$

**图 8-10　三级逆流萃取流程**

(2)洗涤。从尾端(第 3 级)流出来的负钨有机相要用纯水洗涤,使机械夹带(如 $Na^+$)和某些同时被萃入有机相的杂质洗到水相中去,而钨仍留在有机相。

(3)反萃取。用 2~4 mol/L 的氨水与经过洗涤的负钨有机相接触,破坏有机相中萃合物的结构,使钨重新自有机相回到水相,这一与萃取过程相反的过程称为反萃取。反萃后可获得含 $WO_3$ 250~300 g/L 的钨酸铵溶液,直接送蒸发结晶。萃余水相含 $WO_3$ 小于 0.1 g/L,经处理后可排放。反萃后的有机相用 0.5 mol/L 的硫酸溶液酸化,然后返回萃取系统。

(4)萃取设备。液-液萃取设备有箱式混合-澄清槽或塔式萃取器。图 8-11 是目前常用的多级逆流箱式混合-澄清槽中一级的示意图。每一级的混合室和同级的澄清室以及上下级的澄清室相通。密度大的重相($Na_2WO_4$ 水溶液)从下一级澄清室经下部重相底流口借泵式搅拌浆的抽吸作用进入混合室,而密度小的轻相(有机相)由上一级轻相溢流口自行流入混合室。在混合室中,由于搅拌作用使两相充分接触而实现萃取。萃取后的混合液由混合相口流入同级的澄清室,借两相的密度差实现分层。分层后重相由下

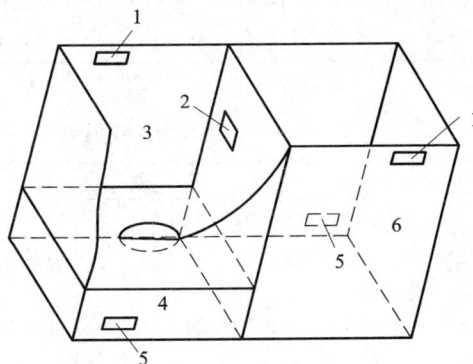

1—轻相溢流口;2—混合相口;3—混合室;
4—潜室;5—重相底流口;6—澄清室。

**图 8-11　多级混合-澄清槽中的一级**

面重相底流口进入上一级的混合室,轻相由上面的轻相溢流口流入下一级混合室。其它级的液流方向亦相同。水相最后从第 1 级重相底流口排出,而轻相则从最后一级的轻相溢流口排出。

在萃取器中为适应轻重两相流动(见图 8-11),在混合室的搅拌浆叶轮下面,装有一带孔的水平挡板,称循环板。循环板以上称混合室,以下则称潜室。由于潜室的存在,重相能稳定地连续被吸入混合室中。

反萃取在柱式反萃器中进行。反萃过程易出现的问题是钨在有机相中为偏钨酸根离子,反萃进入水相时,水相 pH 为 7.5~8.5,在由 pH 2~3 进入 pH 8.5 时,经过 pH 约为 6 的变化过程,此时易产生 APT 沉淀,导致出现乳化等不正常现象,即两相无法分离,而呈乳状液存在。为使反萃过程顺利进行,一般需将反萃液返回部分与反萃剂混合,以加大水相体积,并

使其预先含部分$(NH_4)_2WO_4$；加快搅拌速度；适当提高反萃剂中氨的浓度，使暂时形成的APT迅速溶解；反萃柱要有足够的长度，使沉淀物在达澄清室前重新溶解。

## 8.4 氢还原法生产金属钨粉

### 8.4.1 概述

金属钨粉主要用作生产碳化钨作为制取硬质合金的原料，或者经压制成形、烧结成致密金属钨作为钨材加工的原料。根据钨粉的不同用途，对其化学纯度和粒度都有严格要求。表8-8、表8-9分别为硬质合金工业和钨材加工工业对钨粉的要求。

表8-8 硬质合金工业对钨粉的要求

| 品种 | 平均粒度 | | 化学纯度/% | | |
|---|---|---|---|---|---|
| | 费氏粒度/μm | 松装密度/(g·cm⁻³) | $O_2$ | Fe | 氯化残渣 |
| 粗颗粒 | >10 | >5.5 | ≤0.2 | <0.1 | <0.1 |
| 中颗粒 | 1~3 | >2.5 | ≤0.25 | <0.1 | <0.1 |
| 细颗粒 | 1左右 | ≤2.0 | ≤0.3 | <0.1 | <0.1 |

表8-9 我国钨粉的国家标准(GB3458—1982)

| 产品牌号 | 杂质含量/(10⁻⁶，不大于) | | | | | | | | | | | | | | | 用途举例 |
|---|---|---|---|---|---|---|---|---|---|---|---|---|---|---|---|---|
| | Pb | Bi | Sn | Sb | As | Fe | Ni | Cu | Al | Si | Ca | Mg | Mo | P | C | O | |
| FW-1 | — | — | — | — | — | 50 | 30 | 10 | 20 | 30 | 30 | 20 | 100 | 10 | 50 | 2000 | 大型板坯，钨铼电偶原料 |
| FW-2 | 10 | 10 | 10 | 10 | 20 | 300 | 50 | — | 50 | 100 | 50 | 50 | 2000 | 50 | 100 | 2500 | 触头合金，高密度屏蔽原料等离子喷镀材料 |
| FW-P-1 | 10 | 10 | 10 | 10 | 20 | 300 | 50 | — | 50 | 100 | 50 | 50 | 2000 | 50 | 100 | 2000 | |

注：粒度要求，FW-1、FW-2均要求小于74μm，FW-P-1小于43~74μm。

在工业上，主要是用氢还原蓝色氧化钨或三氧化钨(黄色氧化钨)生产钨粉，它适合生产致密钨、碳化钨和多种钨合金。

### 8.4.2 三氧化钨氢还原的基本原理

氢作为还原剂还原$WO_3$分为四个阶段进行，即$WO_3$(黄色)→$WO_{2.90}$(蓝色)→$WO_{2.72}$(紫色)→$WO_2$(褐色)→W。

其反应如下：

$$WO_3+0.1H_2 \Longleftrightarrow WO_{2.9}+0.1H_2O \tag{1}$$
$$\Delta H^\ominus_{298} = +166.9\ kJ/mol$$
$$WO_{2.9}+0.18H_2 \Longleftrightarrow WO_{2.72}+0.18H_2O \tag{2}$$

$$\Delta H_{298}^{\ominus} = 76.1 \text{ kJ/mol}$$

$$WO_{2.72} + 0.72H_2 \Longleftrightarrow WO_2 + 0.72H_2O \tag{3}$$

$$\Delta H_{298}^{\ominus} = +21.8 \text{ kJ/mol}$$

$$WO_2 + 2H_2 \Longleftrightarrow W + 2H_2O \tag{4}$$

$$\Delta H_{298}^{\ominus} = 38.5 \text{ kJ/mol}$$

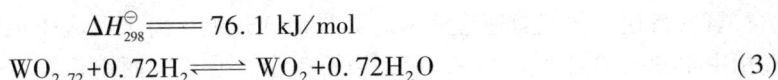

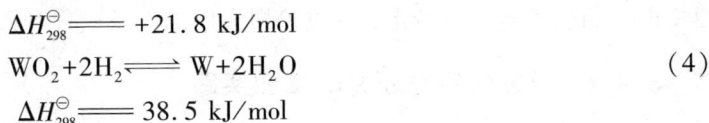

综合反应式为：

$$WO_3 + 3H_2 \Longleftrightarrow W + 3H_2O$$

上面各反应式的 $\Delta H_{298}^{\ominus}$ 为生成物的标准生成热之和与反应物标准生成热之和的差值。

以上各反应有两个特点，一是可逆的，即反应的平衡常数取决于反应进行的条件；二是吸热反应，温度升高有利于反应向右进行。各反应的平衡常数与温度的关系可用下列方程式表示：

$$\lg K_{p(1)} = -\frac{3266.9}{T} + 4.0667$$

$$\lg K_{p(2)} = -\frac{4508.5}{T} + 5.1086$$

$$\lg K_{p(3)} = -\frac{904.8}{T} + 0.9054$$

$$\lg K_{p(4)} = -\frac{2325}{T} + 1.650$$

### 8.4.3 影响还原过程的因素

钨生产中，影响产品钨粉氧含量及其粒度两项指标的主要因素有以下几点：

温度 随着温度的升高，还原速度迅速增加，故生产上一般采用高温还原。若还原温度过低，还原速度慢，产出的钨粉由于未得到充分还原，其含氧量高。但温度过高，虽然还原速度加快，但钨粉粒度却迅速增粗。这是因为随着温度升高，氧化钨的挥发性急剧增加，其蒸气在气相中被氢还原后沉积在已还原的低价氧化物或钨粉表面上，使其粒度长大。故应严格控制温度，以保证还原完全并得到适当粒度的钨粉。此外，还原温度过高，还原炉管寿命也会大大缩短。

氢气中水蒸气的含量 不断地排除氢气中的水蒸气，保持氢气低于一定的湿度，有利于还原过程继续进行，否则还原过程进行不完全，导致产品含氧量高。氢气中水蒸气含量增加，还会促使钨粉粒度长大。因为水蒸气能与氧化钨相互作用生成成分为 $WO_2(OH)_2$ 的气态物质，湿度愈大，生成的气态物质也愈多，因而气相还原反应愈剧烈，导致钨粉粒度更大。

料层厚度 舟皿中氧化钨应保持适当的厚度，即合适的装料量。料层过厚，氢气与下层物料接触不良，还原过程中产生的水蒸气也难以排出，一方面还原过程进行不完全，导致钨粉中含氧量高；另一方面由于料层内部水蒸气浓度大于外部空间浓度，致使钨粉粒度变粗。当然料层也不能过薄，否则设备利用率降低。

推舟速度 舟皿通过炉管的速度加快，意味着还原时间缩短，可能造成还原过程进行不完全。同时由于高价氧化物在低温区尚未还原就进入高温区（还原炉的温度都是分段控制，由低温到高温）造成大量挥发，钨粉粒度变粗。但推舟速度过慢，又会使设备生产能力减小。

氢气流速 氢气流速应适当。如果流速过慢，由于反应生成的水蒸气不能及时排走，使气相中水蒸气浓度变大，一方面还原不完全，另一方面钨粉粒度也变粗。氢气流速过快，舟皿中的炉料会被氢气流带走，造成钨损失增加以及氢气利用率下降。

### 8.4.4 三氧化钨氢还原的工业实践

还原设备 三氧化钨氢还原炉有固定式管状炉(四管、十一管、十三管、十五管等)和回转式管状炉。

回转式管状炉的结构如图 8-12 所示。旋转炉管由两根同心圆钢管组成，两管之间的环状空间为还原室。炉料直接由炉尾加入还原室内，由于炉管略带倾斜并不断旋转，故炉料在还原室内慢慢向炉头移动，连续地从炉头落入料桶内，氢气与炉料逆向运动。为了加强炉料的翻动，在环状的还原室内设有"T"形挡板，炉管外用 Ni-Cr 电阻丝加热，可分区域控制温度。回转式管状炉的特点是因氢气与炉料能充分接触，故还原速度快，还原率高，而且机械化程度高，节省烧舟材料。但由于炉料不断翻动，结果产生部分细粉尘被氢气流带走，因此必须有收尘设备，炉子结构复杂。

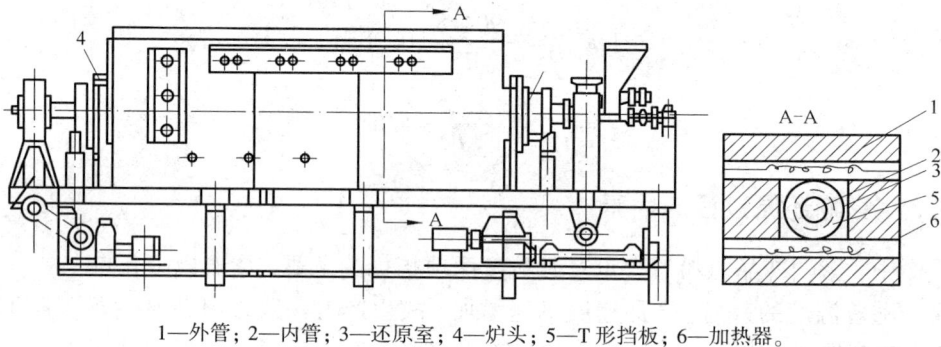

1—外管；2—内管；3—还原室；4—炉头；5—T 形挡板；6—加热器。

**图 8-12　回转式还原炉示意图**

固定式管状炉的外壳用钢板焊接而成，内衬耐火砖和隔热材料，炉管由耐热不锈钢做成，其长度稍超过炉壳长度，加热元件用 Ni-Cr 电阻丝，为便于控制不同区域的温度，共设 4 或 5 个加热带，并分别装入温度自动调节器和热电偶。还原物料装在舟皿内，从炉头推入炉管，借推舟器以一定的速度推进，每隔一定时间加一舟，如此在炉管内顺序排列的舟皿逐次移向尾端。还原物料运动方向与氢气流动方向相反。图 8-13 为十三管炉的结构图，十三根炉管分上下两排列于炉内，上排七根，下排六根。

十五管电阻加热和天然气加热还原炉，是我国近年开发成功的两种新的还原炉型。这种新炉型最大特点是推舟系统、供氢系统、安全系统及温控系统均由微机控制，按设定程序全面实行自动操作。它为我国钨业系统和硬质合金企业的改造和建设提供了首选还原设备。

还原工艺 氢还原的工艺制度是根据钨的不同用途对钨粉粒度及其组成的要求而制定的。通常分两阶段进行，第一阶段由 $WO_3$ 还原为 $WO_2$；第二阶段由 $WO_2$ 还原为钨粉，两阶段分开在单独的还原炉中进行。这样主要是便于控制各阶段的还原温度制度和其它参数，相应地控制钨粉的粒度和粒度组成。此外，还可以提高还原炉的生产效率。这是因为从 $WO_3$

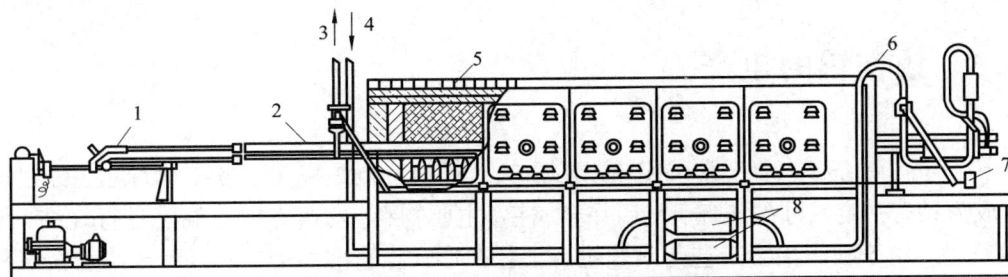

1—推杆；2—炉管；3—氢出口；4—氢进口；5—加热元件；6—氢导管；7—氢气连锁阀；8—防爆器。

**图 8-13　十三管炉固定式还原示意图**

还原为 $WO_2$ 后，舟皿中还原物料的体积已减少了一半。但两段还原的能量消耗会增加，由于增加了一道卸料、装料操作，机械损失可能相应也会增加。

生产中，一段还原常在回转式还原炉或固定式四管还原炉中进行，二阶段还原多在固定式多管还原炉中进行。表 8-10 为氢气在多管还原炉中还原 $WO_3$ 的技术条件。

**表 8-10　氢气在多管炉中还原 $WO_3$ 的技术条件**

| 还原阶段 | 还　原　制　度 | | | | |
|---|---|---|---|---|---|
| | 最高温度 /℃ | 装舟量 /(g·舟$^{-1}$) | 推舟速度 /(cm·h$^{-1}$) | 氢气流量 /(m$^3$·h$^{-1}$·根$^{-1}$) | 钨粉牌号 1 |
| 第一阶段 | 650~670 | 190~200 | 100 | 0.5~0.6 | BA、BM、BT-7 |
| | 620~640 | 190~200 | 100 | 0.5~0.6 | BT-15、ВЧ |
| 第二阶段 | 800~820 | 200~250 | 100 | 2~3 | BA、BM、ВЧ |
| | 850~870 | 200~250 | 100 | 2~3 | BT-7、BT-5 |
| 第一阶段 | 720~750 | 200~250 | 200~300 | 0.6~0.8 | 粗粒钨粉 |
| 第二阶段 | 850~900 | 500~600 | 200 | 1.7~2 | 粗粒钨粉 |

注：ВЧ—纯钨(不含添加剂)；BA—含硅、碱和 $AL_2O_3$ 添加剂的钨；BM—含硅、碱添加剂和 $ThO_2$ 的钨；BT—含 $ThO_2$ 的钨。

近年来蓝色氧化钨越来越多地取代黄色氧化钨($WO_3$)作为生产钨粉的原料。尤其是在钨丝和钨材行业更是如此。因为蓝色氧化钨具有比表面积大，化学活性高，对掺杂剂(如 Si、Al、K 等)吸收性能好等优点，故有利于生产掺杂钨丝，并有利于制取细粒钨粉及粒度组成的控制。

蓝色氧化钨还原工艺需先将仲钨酸铵还原为蓝色氧化钨。为此通常是在管状炉内，控制较低温度(350~400 ℃)通 $H_2$ 将 $WO_3$ 还原为蓝钨，或者控制炉内气压为正压，利用氨分解产生的氢能将黄色氧化钨还原为蓝钨。

由蓝钨还原为钨粉与 $WO_3$ 还原工艺大同小异，只是在控制不同粒度及粒度组成时，具体的温度有所差异而已。

## 8.5 致密钨的生产

用钨粉生产钨条,工业上常采用粉末冶金法。它的特点是以金属粉末为原料,经过压制成形,成为具有一定尺寸的压坯,然后在金属钨(主要物料)的熔点以下温度进行烧结,使其变为致密钨。由于粉末冶金工艺与陶瓷生产工艺在形式上有些相似,所以粉末冶金法又称陶瓷冶金。由金属粉末生产钨条的工艺包括压制成形、预烧结(低温烧结)和高温烧结三个阶段。

### 8.5.1 压制成形

压制成形的任务是将粉末钨变为具有一定形状和尺寸的坯件,并使坯件具有一定的强度。坯件强度的增加是由于粉末在外力作用下颗料间机械啮合力和表面原子间的连接力作用的结果。

压制是首先将钨粉与0.3%~0.5%的成形剂(常用甘油-酒精溶液)均匀混合,以便减小压制过程中粉末颗粒间以及颗粒与模壁间的摩擦阻力,然后将粉末装入具有一定尺寸的合金钢模中,通常在液压机上压制。粉末成形液压机最大压力为520 t。压制所得压坯残余孔隙率为30%~40%,密度12~13 g/cm$^3$,其断面为10 mm×10 mm或25 mm×25 mm,长度为400~600 mm。对更大尺寸的坯件应采用等静压机压制。等静压成形法是将钨粉装在橡胶或其它聚合材料的弹性压包内,放在特制的压制器中,将液体压入压制器中,从各个方向挤压弹性压包。此时,粉末与模壁之间不存在摩擦阻力,故可压制出更致密、尺寸更大、重量达数百公斤的坯件。

### 8.5.2 预烧结

预烧结也称低温烧结,其目的是提高坯条的强度和导电性能,以利于下阶段进行高温烧结。预烧结通常在氢气保护下进行,预烧结温度约为850~1300 ℃,烧结时间30~120 min。预烧结作业一般在钼丝炉内进行。

### 8.5.3 高温烧结

高温烧结又称垂熔,其目的是使坯条内部的气体杂质以及低沸点杂质充分挥发,坯条内部的原子在高温下发生急剧的流动,强烈地发生颗粒变形、烧结以及塑性流动和再结晶过程,从而使坯条由机械啮合强化为致密的金属晶体。

高温烧结在垂熔炉中进行,其结构见图8-14。

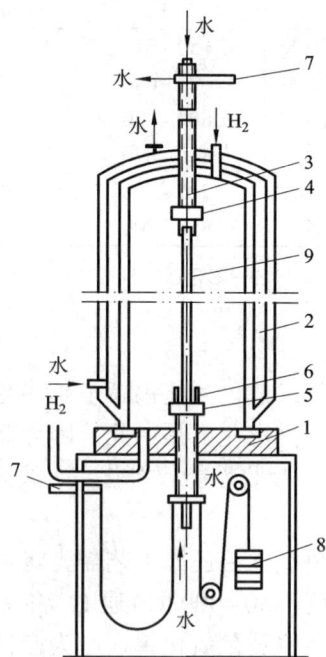

1—钢板;2—水冷炉壳;3—上导电杆;
4—上夹头;5—下导电杆;6—下夹头;
7—电缆;8—平衡锤;9—坯条。

图8-14 钨坯条烧结设备

钨坯条9固接在上夹头4和下夹头6之间，上下夹头分别与上下导电杆连接，下导电杆可自由上下移动，在氢气保护下，把电流直接通入钨坯条，靠坯条自身电阻发热而使之烧结，最高烧结温度约为3000 ℃。

大型压坯是在氢气或惰性气体或真空条件下感应电炉中、2400～2500 ℃温度下长时间进行烧结。如果在钨粉中加入0.2%～0.5%的镍添加剂，能使烧结过程活化，烧结温度可降至1400～1500 ℃，这一方法称活化烧结。

除了用粉末冶金法外，目前还发展了熔炼法(电弧熔炼、电子束熔炼、等离子熔炼等)制取致密钨。这一方法主要用于生产大型坯件，如200～300 kg重的致密钨锭，以便进一步加工。

钨的电弧熔炼或电子束熔炼是采用烧结钨条作自耗电极，用直流电或交流电进行熔炼，熔炼室内应保持1.33～0.013 Pa的真空度。

## 复习思考题

1. 简述钨的性质及其用途。
2. 钨的杂多酸是在什么条件下形成的，它的性质如何？对冶炼过程有何影响？
3. 具有工业价值的钨矿物有哪些？并阐述它们的性质。
4. 钨冶金主要包括哪几个冶金过程？请画出从钨精矿生产金属钨制品的原则流程。
5. 试分析苏打压煮法处理钨矿物原料的理论依据。
6. 何谓机械活化浸出？它有何特点？
7. 试分析影响白钨精矿酸分解浸出率的主要因素。
8. 试比较经典化学法、强碱性阴离子树脂交换法以及溶剂萃取法的优缺点。
9. 蒸发结晶法制取APT的基本原理是什么？为什么要控制钨的结晶率？
10. 铵镁盐法(或镁盐法)净化除磷砷的根据是什么？
11. 用离子交换法从粗钨酸钠溶液制取APT的工艺主要包括哪几个过程，它们在本工艺中分别起什么作用？
12. 强碱性阴离子树脂交换法为什么能同时净化钨酸钠并使之转变成$(NH_4)_2WO_4$？
13. 为什么要采用高浓度的$NH_4Cl$和$NH_4OH$混合溶液作钨的解吸剂？
14. 何谓交换容量？影响钨的交换容量的主要因素有哪些？
15. 画出用萃取法处理钨酸钠溶液的原则流程，并用示意图表示三级逆流萃取的液流走向。
16. 简述钨的溶剂萃取的基本原理。
17. 画出箱式混合—澄清萃取设备的单体图，并标明两液相流的走向。
18. 何谓萃取、洗涤和反萃取？举例说明。
19. 在氢还原过程中如何控制钨粉的粒度及粒度组成？
20. 压制成型、预烧结和高温烧结三个阶段各有何作用？

# 主要参考文献

［1］赵天从. 有色金属提取冶金手册. 北京：冶金工业出版社，1992.

［2］郭逴. 冶金工艺导论. 长沙：中南工业大学出版社，1991.

［3］罗庆文. 有色冶金概论. 北京：冶金工业出版社，1985.

［4］李慧. 钢铁冶金概论. 北京：冶金工业出版社，1992.

［5］王惠. 金属材料冶炼工艺学. 北京：冶金工业出版社，1994.

［6］施月循等. 普通钢铁冶金学. 沈阳：东北工学院出版社，1988.

［7］彭容秋. 重金属冶金学. 长沙：中南工业大学出版社，1990.

［8］邱竹贤. 有色金属冶金学. 北京：冶金工业出版社，1988.

［9］李洪桂. 稀有金属冶金学. 北京：冶金工业出版社，1990.

［10］徐秀芝、单维林等译. 有色金属冶金. 北京：冶金工业出版社，1988.

［11］陈延僖. 电解工程. 天津：天津科技出版社，1993.

［12］Fathi Habashi. Principles of Extractive Metallurgy，1985.

**图书在版编目(CIP)数据**

冶金工程概论 / 张训鹏主编. —长沙：中南大学
出版社, 1998.12(2024.2 重印)
  ISBN 978-7-81061-127-5

  Ⅰ. ①冶… Ⅱ. ①张… Ⅲ. ①冶金工业－高等学校－
教材 Ⅳ. ①TF

中国国家版本馆 CIP 数据核字(2024)第 037176 号

**冶金工程概论**
**YEJIN GONGCHENG GAILUN**

张训鹏　主编

| | | | |
|---|---|---|---|
| □ 出 版 人 | 林绵优 | | |
| □ 责任编辑 | 秦瑞卿 | | |
| □ 责任印制 | 唐　曦 | | |
| □ 出版发行 | 中南大学出版社 | | |
| | 社址：长沙市麓山南路 | 邮编：410083 | |
| | 发行科电话：0731-88876770 | 传真：0731-88710482 | |
| □ 印　　装 | 长沙市宏发印刷有限公司 | | |

| | | | |
|---|---|---|---|
| □ 开　　本 | 787 mm×1092 mm 1/16 | □ 印张 12.5 | □ 字数 315 千字 |
| □ 版　　次 | 1998 年 12 月第 1 版 | □ 印次 2024 年 2 月第 10 次印刷 | |
| □ 书　　号 | ISBN 978-7-81061-127-5 | | |
| □ 定　　价 | 36.00 元 | | |

图书出现印装问题，请与经销商调换